"十三五"江苏省重点学科建设专项经费资助（20160838）

国际法庭科学和调查系列

枪支、子弹和枪击残留物的化学分析
（第二版）

【英】詹姆斯·史密斯·华莱士◎著

张绍雨◎译

中国人民公安大学出版社

·北京·

著作权合同登记号　图字：01-2019-6539

图书在版编目（CIP）数据

枪支、子弹和枪击残留物的化学分析:第二版/（英）詹姆斯·史密斯·华莱士著;张绍雨译.—北京:中国人民公安大学出版社，2019.11　书名原文: Chemical Analysis of Firearms, Ammunition and Gunshot Residue Second Edition　国际法庭科学和调查系列

ISBN 978-7-5653-3774-1　Ⅰ.①枪…Ⅱ.①詹…②张…Ⅲ.①枪械 – 化学分析②枪弹 – 化学分析Ⅳ.①TJ2②TJ411

中国版本图书馆CIP数据核字（2019）第208539号

枪支、子弹和枪击残留物的化学分析（第二版）

（英）詹姆斯·史密斯·华莱士　著　张绍雨　译

出版发行：中国人民公安大学出版社
地　　址：北京市西城区木樨地南里甲1号
邮政编码：100038
发　　行：新华书店
印　　刷：天津盛辉印刷有限公司

版　　次：2022年7月第1版
印　　次：2022年7月第1次
印　　张：10.5
开　　本：880毫米×1230毫米　1/32
字　　数：252千字

书　　号：ISBN 978-7-5653-3774-1
定　　价：80.00元

网　　址：www.cppsup.com.cn　www.porclub.com.cn
电子邮箱：zbs@cppsup.com.cn　zbs@cppsu.edu.cn

营销中心电话：010-83903254
读者服务部电话（门市）：010-83903257
警官读者俱乐部电话（网购、邮购）：010-83903253
公安业务分社电话：010-83906110

目　录

前　言

市面上有许多为爱好者编写的详细介绍枪支的书，但是这些书大多数集中于物理方面，很少涉及枪支和弹药的化学方面。已经发表的关于枪支弹药的化学方面的文献既少又分散，制造商不愿深入地介绍他们的产品，主要是出于商业的原因。

本书第一部分想把文献中获得的化学信息集中到一本书中，并总结枪弹的历史，这和现代枪弹发展有密切关系。

本书的其余部分详细介绍了法庭枪支案件，重点介绍枪击残留物或射击残留物（gunshot residue，GSR/firearm discharge residue，FDR/cartridge discharge residue，CDR）的检测。介绍了来自恐怖嫌疑人的枪支和炸药残留物样品常规检验分析方法的开发。

北爱尔兰受到恐怖袭击（当地通常叫"麻烦"）已有将近40年。现在暴力结束了（除了很少一部分人决心继续从事恐怖主义活动），绝大多数居民得到安抚，社区正在繁荣。在"麻烦"期间，北爱尔兰法庭科学实验室（NIFSL）的案件数量巨大，本书将努力记录这个时期收集的统计数据以及为满足法庭执法需要开发的科学方法。法庭科学实验室任何从事该项工作的人，特别是缺乏枪支知识而又需要从事枪支相关的化学检验的法庭化学家，将对该内容感兴趣。

资料来源包括枪支书籍、教科书、枪支杂志、科学论文、技术报告、制造商文献、报纸文章、私人通信、个人观察以及本人的研究等。

　　NIFSL 有一段动荡的历史，曾受到恐怖主义袭击，导致大量枪支被盗；曾经受到轰炸威胁；曾经发生严重的火灾，烟火毁坏了绝大部分仪器；最终受到大规模恐怖炸弹袭击，实验室被毁，被迫迁到更安全的地方。法庭科学人员是民事服务人员，独立于警察和军队，但是由于工作的性质被认为是所谓"不列颠战争机器"的一部分，因此实验室成为一些恐怖组织的目标。一些读者可能对恐怖和非恐怖枪支检验情况的差异感兴趣，现予以简要介绍。

　　为了解释处理恐怖主义情况的实验室工作，对北爱尔兰的恐怖主义背景作简要的说明是有益的。联合王国（U.K.）由英格兰、苏格兰、威尔士和北爱尔兰组成。

　　北爱尔兰是联合王国的一部分，也是爱尔兰岛的一部分（见图1）。

图 1　不列颠群岛地图

爱尔兰岛的剩余部分是爱尔兰共和国，是一个和其他国家没有联系的独立主权国家。尽管通过政治与和平手段统一爱尔兰岛是爱尔兰共和国的意愿，但是南北爱尔兰人民，大多数的天主教徒，想用炸弹和子弹从爱尔兰岛赶走不列颠。

另一方面，北爱尔兰人民，大多数抗议者，希望保持北爱尔兰在联合王国中的位置，他们用炸弹和子弹达到自己的目的。

必须强调的是，在这些国家主义和分裂主义者中，只有很少一部分卷入了恐怖主义。

不稳定的最终结果是对安全人员和怀疑支持任何一方的人射击和爆炸。爆炸毁坏很多财产，武装抢劫各种财物时有发生。所有这些造成了国家财政长期承受严重负担。

实验室处理内乱必须立场坚定，以国家法律为准绳，来考量所有犯罪活动、暗杀、惩罚性的射击、部队和警察的射击、对军队和警察的射击以及其他所有射击都需要全面公正的调查。

1969年糟糕的内乱产生了枪手，暴力犯罪中使用枪支情况逐步升级。在"麻烦"的鼎盛时期，实验室每年要处理枪支案件近2800起。除了案件数量巨大，大部分案件性质严重，许多检验情况复杂。在"麻烦"之前，NIFSL没有枪支部，因为北爱尔兰每年只有大约6起枪案。那时，枪案检验需一人就可以完成，几乎可以作为一种爱好。

实验室枪支部门使用的仪器和方法与其他法庭实验室使用的没有区别，该部门不仅检验枪支的物理方面，还要进行化学检验。

枪支部门向安全部队提供每周7天、每天24小时的求助服务。法庭实验室人员可能去范围大、有争议、刑事警察或民事警察难以处理的犯罪现场。大多数其他实验室没有经历过的犯罪现场检查情况有：可能有诡弹或狙击手攻击；犯罪现场常常在有敌意的地区，所以现场检查的时间常常很有限（要在暴乱发生前或出现狙击手之前）；许多现场扩展到很大范围，包括大量人员和物品，颇具争议。

在检查现场时警察曾被射击，有一次当一个警员试图检查枪支是否上膛时，2个警员被装有诡弹的猎枪杀死。在另一次事件中，当从一所房子中的一个房间走向另一个房间时，一个警员被伪装的爆炸装置炸死。有一段时间伪装的汽车炸弹非常流行，常常出现在犯罪现场。还有一次，实验室收到伪装的步枪，幸运的是该爆炸装置在试射前被发现了。因此，在检验之前有必要对枪支和相关部件进行 X 射线检查。

多年来，恐怖主义者手上的特殊枪支有可能未被发现。关联报告（link report）是通过显微镜比较射击过的弹壳和弹头联系两个或更多射击案件的报告，法庭常常需要我们提供这样的报告，这常常涉及大量的工作。在一个具体的案件中，不得不检验605个射击过的弹壳和46个弹头，需要27个正常报告和19个关联报告用于法庭审判。

这种份量的关联报告很少出现在其他实验室，这是恐怖活动的直接结果。从这种性质的关联报告中看到的是，对使用多年的枪支，我们即使能够匹配使用过的弹壳，但是常常无法匹配所有的弹头。恐怖分子的武器保管条件差，一般没有保养，枪膛脏，这会导致枪支生锈、枪膛磨损，这些都能显著地改变弹头的膛线痕迹。

恐怖分子战争更邪恶之处是使用火箭发射器、迫击炮、重机枪等重型武器。这种性质的枪支曾用于攻击安全部队基地、警察所队和车辆。军队的直升机曾经不止一次遭到大口径机枪扫射。

从军队、犯罪现场等地采集的枪支及相关部件、子弹和用过的弹头、弹壳，可以发现有用的情报信息。

枪支主要有步枪、左轮手枪、手枪（根据上下文，除非特别说明，本书中"手枪"是指除左轮手枪以外的手枪，后面不再一一说明——译者注）、猎枪、机枪等，但是采集的非正常项目包括反坦克步枪、火箭发射器、榴弹发射器、信号手枪、航空武器、古董枪支、发令枪、玩具枪、防爆枪、气枪、无痛捕杀器、鱼叉枪、工业钉枪、抛绳枪、副本枪、试用枪、十字弓弩、土手枪、寻找目标的双目镜、望远镜、工具、重装和清洗设备、各种枪支的零部件、消音器、皮枪套、子弹带等。

多年来保留了大量弹道学性质的物品，并将大量信息存储在计算机上。这个统计数据库对警方调查人员很有帮助，对于爆炸物和爆炸装置也有类似的情报网。

射击事件发生后，快速确定枪支类型和来历非常重要。这可以显示哪个恐怖集团最后使用了该枪支，在哪里最后使用了该枪支，因而给警察指明到哪里去寻找罪犯，谁可能是嫌疑人。另外，在无动机枪击案中，如果可以确定与其他枪击事件有联系，那么该组织涉及枪支可能被查明。如果抓捕了嫌疑人，那么就可以进一步讯问枪支的来历。

情报工作的另一方面是可能把枪支或相关部件追溯到其他国家原来的供应商，通过检验公司记录、收据等，追溯流到爱尔兰的枪支途径。这可能获得购买者和涉及的武器运营人员信息，在偶然的情况下可能指控涉及的人员。在美国和澳大利亚曾经有过这样的指控。

宣传是恐怖分子使用的有效武器。枪支数据库常常被警察、军队、政府人员和其他官方机构用于对抗恐怖主义分子的宣传。除了武装抢劫，恐怖分子从爱尔兰或其他国家同情者的捐赠中获得财政支持，所以有必要告知他们资助的恐怖组织的行为和性质。

总之，恐怖主义和非恐怖主义情况下枪支检验的主要区别是，在恐怖主义的情况下，更多的案件性质趋于严重，案检涉及各种枪支和相关部件，需要更多的关联报告，现场检验条件各异，困难更多，需要做情报收集工作。

致　谢

　　我要深深感谢我妻子 Edna 娴熟的计算机技巧。我还要感谢我在北爱尔兰法庭科学实验室的同事们，他们的奉献和热情使我深受鼓舞。还非常感谢 Hilton Kobus 教授和他的专业知识，本书在付梓前有幸得到他的审阅。

关于作者

　　James Smyth Wallace 博士（1943—2018）是联合王国退休的法庭科学家，他曾在北爱尔兰法庭科学实验室枪支部工作了近25年。他经历了许多复杂而富有争议的案件，包括许多和恐怖主义有关的事件。他之前是法庭科学协会（Forensic Science Society）会员，研究方向为和枪案相关的质量保证、犯罪现场检验、化学检验方法开发等方面的研究。他发表了16篇科学论文，担任过1本法庭科学教材的撰稿人。他对法庭化学保持浓厚的兴趣，特别是在微量物证检验方面，本书是他去世前最后的研究成果。

词汇表

化学品

ACN　乙腈

DBP　邻苯二甲酸二丁酯

DDNP　二硝基重氮苯酚

DEGDN　二聚乙二醇二硝酸酯

DEP　邻苯二甲酸二乙酯

DMF　二甲基甲酰胺

DNB　二硝基苯

DNT　二硝基甲苯

DPA　二苯胺

DPP　邻苯二甲酸二苯酯

EC　乙基中定剂

EGDN　乙二醇二硝酸酯

IPA　异丙醇

MC　甲基中定剂

MCE　纤维素混合酯

meDPA　甲基乙基二苯胺

NB　硝基苯

NC　纤维素硝酸酯

nDPA 硝基二苯胺

NG 甘油硝酸酯、硝化甘油

PETN 季戊四醇四硝酸酯（太安）

PTFE 聚四氟乙烯

RDX 环三亚甲基三硝胺（黑索金）

TNT 三硝基甲苯

仪器方法

FAAS 无火焰原子吸收光谱法

FTIR 傅里叶变换红外光谱法

GC/MS 气相色谱 / 质谱法

GC/TEA 气相色谱 / 热能量分析法

HPLC/PMDE 高效液相色谱 / 滴汞电极法

NAA 中子活化分析

SEX/EDX 扫描电子显微镜 / 能量色散 –X 射线分析法

SPE 固相萃取

枪支、弹药

⊕ 北大西洋公约组织（NATO）参数

.22 LR 口径 .22 长步枪口径

+P 高压子弹

ACP 柯尔特（Colt）自动手枪

AP 被甲

Carbine 卡宾枪（轻短步枪）

FMJ 全金属被甲

G 号

H&K 赫科勒（Heckler）和科赫（Koch）

HP 弹头　空尖弹头

I 弹头　燃烧弹头

JHP 弹头　被甲空心弹头

Jkt　被甲

JSP 弹头　被甲软弹头

K　短

L　长

Machine pistol　自动手枪

Mag　大容量

NCNM　非腐蚀的、无汞的

P　巴拉贝鲁姆（Parabellum）（手枪弹）

Rem　雷明顿

Rev　左轮手枪

RNL 弹头　圆头铅弹头

S&W　斯密斯（Smith）和韦森（Wesson）

SMG　轻机枪

Spl　专用

SWC 弹头　圆锥状平头弹头

T 弹头　曳光弹头

TMJ 弹头　全金属被甲弹头

Win　温切斯特（Winchester）

其他

AFTE　枪支和工具痕迹检验人协会（Association of Firearm and Toolmark Examiners）

ARDS　自动残留物检测系统

CCI　卡斯凯德子弹有限公司

CDR　枪击残留物

FBI　联邦调查局（U.S.）

FDR　枪击残留物

GSR　枪击残留物

IRA　爱尔兰共和军

M 级　主要成分级

Mi 级　次要成分级

NATO　北大西洋公约组织

NIFSL　北爱尔兰法庭科学实验室

PM　死后

PMC　平山军火公司（Poongsan Munitions Corporation）

RPG　火箭推进榴弹

RWS　莱恩施 – 威斯特法利斯特 – 斯普伦斯塔夫股份公司
　　　（Rheinische–Westphalische Sprenstaff AG）

安全部队　警察和部队

SOCO　犯罪现场警官（Scenes of crime officer）

T 级　痕量级

注释

1.枪支相关术语，见 the Association of Firearm and Toolmark Examiners, *Glossary*, 3rd ed.（1994）, Available Business Printing, Inc., 1519 South State Street, Chicago, IL 60605。

2.子弹细节，见 H.P.White, B.D.Munhall, "Cartridge Headstamp Guide", published by H.P.White Laboratory, Bel Air, MD。

3.7000 格令（grain, gn）=1 磅（lb）=453.59237 克（g）=16 盎司（oz.）。

4.实验中改变、损坏、毁坏的枪支作强制报废处理。

5. 出于安全原因，"个人通信"所指的人无法指定。

6. 1992年9月，恐怖炸弹袭击了北爱尔兰法庭科学实验室，一些实验工作资料毁坏丢失。幸运的是，大量资料还是被抢救出来了，但是丢失了一些细节，在本书中将被提到。失踪的文件材料包括一些参考文献，在此向书中引用其文献却未能注明来源的作者深表歉意。

I 引言

1 定义

（a）武器

手持武器的出现早于其他武器，后者设计用于远距离致死或致伤。这样的武器包括木棒、带尖头的木棍，最终出现了尖端带石头的标枪、木制或石制的刀、匕首和箭。

原始人类很早就发射投掷物来杀伤敌人，但是这不是原先的目的。最初的原因很可能是打猎的需要，狩猎杀死动物用于衣食。当然能够在安全距离杀死动物的武器更受欢迎。

最早的发射物可能是用手扔的石头和带尖头的木棍。之后，尖端带火石的标枪和箭，弹弓、投射棍棒、弓弩、弓箭等，这些使发射物抛得更远、更快，更有杀伤力的武器陆续出现了。

人类发现和能够使用金属后，很快学会制作金属刀、短剑、长剑，以及带金属尖端的标枪和箭。这些武器大大优于木制或石制武器，直到多年后出现其他更优越的手持武器，这对人类历史产生了深远的影响。

（b）枪支

枪支（firearm）一词可能源自火焰（flame），枪击发时枪口产生火焰。枪口位于枪管最前面，弹头由此离开（照片1.1）。

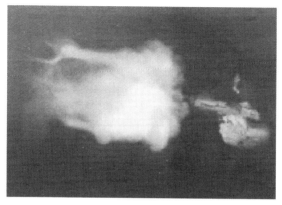

照片 1.1 枪口的闪光

枪（gun）虽然也经常见于非枪支术语，如油脂枪、喷枪、火焰枪、钉枪、杀虫剂枪、油漆枪、电击枪等，也为人们广泛接受。[电击枪是通过施加非致命高压电，使受害人瞬间致残的武器，这种枪需要接触受害人。泰瑟枪（taser gun）以同样的方式工作，但是可以用于远距离（达 15 ft）。这种枪将小电极发射到受害人身上，把枪和受害人用金属线连接起来；5 s 内通以 50000 V 电压。这种枪有 18 W 的功率输出，产生低电流（0.00036 A）。因为电流很低，不会造成严重或永久的伤害。] 用于陆地或海洋战争的重型、大口径炮，属于火炮类，超出了本书的范围。轻武器是个人可以携带的枪。

弹道学（ballistics）是研究弹丸性能的科学，与轨迹、能量、速度、射程、穿透力有关。外弹道学关注弹头离开枪口后的飞行轨迹。内弹道学关注起火药点火、推进剂燃烧产生的内部压力以及弹头受压通过枪膛时的扭力。弹道学是研究发射物和目标物作用的学问。

枪是设计用于从枪膛向目标发射致命发射物的一种工具。枪能瞄准目标、击发发射物并稳定发射。在北爱尔兰，法律把枪支定义为"任何从管筒发出，能够击发子弹、弹头或其他发射物的武器"。

这个广泛的定义没有提到击发子弹、弹头或其他发射物的方法，但是可能是压缩空气、其他气体（如二氧化碳气瓶）、机械（如弹簧）或快速燃烧的推进剂（枪药）。由于燃烧推进剂是到目前为止最广泛也可能是最致命的，这里只考虑这种方式（在刑事法律审判上，犯罪中任何像枪的东西，都可以按真正的枪处理）。

枪支具有不同的性能，如有的可以自动和手动装填多发子弹，并在一次按下扳机时反复发射子弹。这是对基本设计的精细化。最简单形式的枪可能仅仅是一根金属管，一端填入某种形式的推进剂，点火后产生足够的气体压力，用足够的能量击发发射物，造成人员伤亡。最复杂的枪械制造精良、机械精巧，能够在 200 m 范围内以高达 1500 次 / 分钟速度自动点火自动击发和弹头瞄准（极端情况 1500 发 / 分钟，600 ~ 800 发 / 分钟是比较常见和实用的）。高效能高精度的狙击步枪配置瞄准望远镜，可以狙杀在 1000 m 以外的目标。

枪相对便宜、容易制造、可靠、致命和用途多，可以用于战争、运动、自卫、打猎、执法和犯罪。法庭科学家要重视枪的犯罪用途。

犯罪中最常见的枪是手枪、左轮手枪、大到并包括 .455 ″ 口径的步枪、猎枪，最常见的是 12 "锯断"口径（照片 1.2- 照片 1.7）。下面主要讨论这些武器。虽然也会遇到轻机枪、机枪、大口径枪、徒手枪、气枪、弹簧枪、仿制枪，但是数量不多（轻机枪是重量较轻的机枪，与用二脚或三脚支撑、连续射击的机枪相比，其可以手持）。

根据使用方法，手枪和左轮手枪统称为手枪，步枪和猎枪叫作肩扛枪。

左轮手枪是一种手枪，但是为了清楚起见单独命名。左轮手枪是带有旋转轮（多匣）的单管手枪，能够携带数发子弹（大多6发）。每次扣动扳机，转轮旋转，子弹依次进入击发位置，和枪膛成一线。击发过的弹壳不会自动退出，需要手动取出。

手枪是单管枪，枪管的后部弹膛和枪管集成在一起。手枪可以是单发型，手动或自动退出击发过的弹壳，更常见的是自动上膛型。在自动上膛手枪中，子弹通常置于手枪的手柄中，可以自动装入弹膛。一旦武器击发，装弹机构通过回弹或气压从弹仓中退出弹壳，然后从弹匣中装入一发新子弹。这个过程可以反复进行，直到打完子弹。

步枪比手枪或左轮手枪的枪管更长，通常具有更大的威力，能够击打更远的目标。和手枪一样，步枪可以是单发型，也可以是自动上膛型。步枪用不同的方法退出打过的弹壳，包括手动操作的杠杆枪机、栓式枪机、滑动枪机，或者自动操作的反冲能量或（火药）气体压力。

猎枪可以是单管或双管。最常见的设计类型是枪管在铰链上向前露出后部，待发射的子弹手动嵌入，打过的弹壳手动退出。一些猎枪使用滑动枪机，反冲能量或（火药）气体压力重复装填机构（通常为战斗型猎枪）。

通常用铁或钢制造枪管。在左轮手枪、手枪、步枪枪管内有许多螺旋槽叫作来复线，所以叫作来复武器。枪管的来复线用于托住子弹，致其旋转，使其在飞行中不摇摆、不偏转。

两个凹槽之间的凸起区域称为阳线，枪支的口径是基于两条相对阳线之间距离测量的枪膛内径。根据这个极其简化的定义可以大概估计子弹的直径，子弹通常稍微大于枪管直径。枪的口径通常用英寸或毫米表示，常见手枪口径有 .22″（6 mm）、.25″（6.35 mm）、.32″（7.65 mm）、.38″/.357″（9 mm）、.45″、.455″；步枪为 .22″（6 mm）、.223″、.30″（7.62 mm），还有许多其他口径。事实上，用于特定枪支的子弹不仅取决于子弹的口径，还依赖于弹壳的长度和设计。口径是常常被误解和混淆的术语，例如：

1..22L 和 .22LR——使用同样的弹壳，但是重量不一样，口径都是0.215 " 。

2..308温切斯特枪——美国起初设计为运动子弹，但是也叫7.65×51 NATO 子弹，NATO 采用官方军用子弹，弹壳长度为51 mm。

3..45 ACP 和 .45 Auto Rim 子弹，是用于这两种枪的相同子弹。但是设计的弹壳不同。.45 ACP 没有底缘，能够用于自动手枪，而 .45 Auto Rim 有底缘，用于左轮手枪，它们不可以互换。

4..380 Rev、.38 S&W、.38 Special、.357 Magnum——这些口径大约为 .35 "，但是弹壳尺寸、弹头重量、推进剂的击发都不同，每一种设计用于不同的枪，虽然有的可以相互代替。

猎枪枪管的内表面是平滑的，没有例外；因此猎枪也叫滑膛武器。猎枪的口径通常表示为号或膛径，最常见的是12、16和20号，目前12号最为常见。号指1磅（lb）铅做成的以膛径为直径的铅球的数量。小口径猎枪通常用枪管的内径表示，如 .410 "。

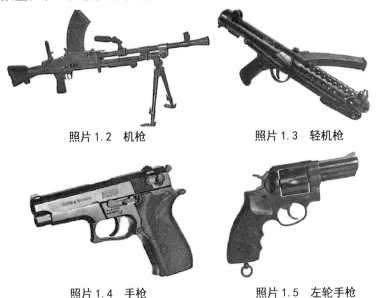

照片1.2　机枪　　　　　照片1.3　轻机枪

照片1.4　手枪　　　　　照片1.5　左轮手枪

照片 1.6　猎枪　　　　　　　照片 1.7　步枪

（c）弹壳

《牛津词典》对弹壳（cartridge）的定义是："装有爆破推进剂的，用于发射或爆破的壳体，如果是轻武器，则还装有弹头（bullet）或弹丸（shot）"。其他术语，如弹药（ammunition）或者一发（round）也可以用于描述弹壳。但是在该语境下使用弹头（bullet）是错误的。弹头应该指发射物（projectile）。

一发子弹含有底火、推进剂和弹头，所有这些包括在圆柱形的弹壳中。不射出单发弹头，猎枪一般含有数个圆形铅球，这些被全部包含在弹壳中。猎枪弹壳一般用塑料制造，带金属底基。步枪子弹一般由黄铜制造，弹头的根部插入弹壳的颈部。

图 1.1 为步枪子弹的截面图。

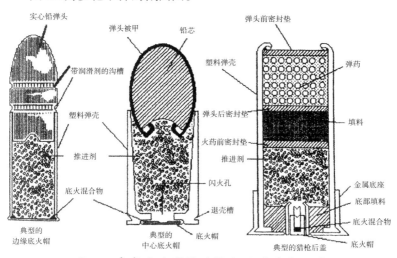

图 1.1　来复和光滑枪膛枪支子弹的截面图

（d）枪支的击发

枪的击发由枪机机械装置完成，当扣动扳机，击锤向前运动，撞击击针。在一些枪中，锤子和击针连在一起，击针穿过后膛表面上的小孔并击打底火壳。众所周知的成语"lock, stock and barrel"（枪机、枪托和枪管，表示应有尽有、一样不拉的意思——译者注）就源于枪械，这里 lock 是枪机，stock 是枪托，barrel 是枪管。

底火杯中含有化学品混合物，这些化学品彼此对震动敏感，燃烧速度快，因此底火迅速燃烧，产生火焰和一连串炽热的颗粒，进入推进剂并将其点燃。

推进剂的燃烧速度非常快，在有限的空间产生大量气体，致使温度和压力急剧上升，产生的气体压力使弹头离开弹壳进入枪膛。温度和压力的上升也使弹壳在弹膛内膨胀，因而有效地密封枪膛，防止气体向后逸出。气体向后逸出会导致压力下降，降低弹头速度。

从击针撞击底火壳，到子弹头离开枪口的时间一般为0.01s ~ 0.03s。对很低速度的手枪，子弹在枪口的速度大约为 600 ft/s；对于高速的步枪，子弹在枪口速度为 3500 ft/s。在击发中，枪内的温度和压力可以达到 3000℃和 50000 lb/in^2。

参考文献

1.Firearm Act （Northern Ireland）（London: HMSO，1969），chapter 12.

2.Association of Firearm and Toolmark Examiners，*Glossary*，3rd ed.（Chicago，IL: Available Business Printing，1994）.

3.G.Burrard Major Sir，*The Modern Shotgun*，vol.1，*The Gun*（Southampton，UK: Ashford Press，1985），17.

4.*Textbook of Small Arms*（London，UK: HMSO，1929），267.

5.C.L.Farrar，and D.W.Leeming，*Military Ballistics—A Basic Manual*（London，UK: Brassey's Publishers），18.

6.J.S.Hatcher Major General，*Hatch's Notebook*，3rd.（Mechanicsburg，PA: Stachpole Books），198.

II 枪和子弹的历史方面

2　枪药的历史

当用于发射物的推进时，一种叫黑火药的混合物颠覆了战争艺术的历史。黑火药是硝酸钾、木炭和硫磺的混合物，组成、粒度和纯度有变化。现代黑火药的典型组成为硝石75%、木炭15%、硫磺10%[7]。在黑火药真正发明之前，十一世纪中国和印度将硝石、木炭、硫磺和其他成分的混合物用于燃烧弹和烟火[8]。历史常常要猜测，现在还不能确切地知道是谁在何时发明了黑火药，也不知道是谁在何时将黑火药用于枪支发射物的推进。英国方济各会僧侣Roger Bacon 于1249年首次记载了黑火药的配方，但是他没有将黑火药用于枪弹推进。被认可的将黑火药用于枪支发射物的，是十四世纪德国方济各会的僧侣 Berthold Schwartz[9]。

当黑火药用作枪的推进剂时，普遍被称为枪药。起初枪药各组分是简单混合的，但是在使用枪支过程中各组分容易分离为各自的成分，而且容易吸湿。早期枪药组分纯度变化很大，所以枪药的质量也不够稳定。

配制枪药的方法在不断改进，十五世纪开发了一种细枪药，其中各组分以小颗粒彼此混合。

多年的实验确定了枪药的最佳组成。不同时期使用的一些配方实例如下：

	% 硝石	% 木炭	% 硫磺
c.1253，Roger Bacon	37.50	31.25	31.25
1350，Arderne	66.6	22.2	11.1
1560，Whitehorne	50.0	33.3	16.6
1560，Bruxelles studies	75.0	15.62	9.38
1645，British Government Contract	75.0	12.5	12.5
1781，Bishop Watson	75.0	15.0	10.0

注：其他配方用于爆破和烟火。

上面最后两种配方，任何明显变化产生的枪药燃烧速度会降低，剧烈程度减弱。

黑火药用于枪弹推进剂，一直到十九世纪末出现无烟推进剂。

参考文献

7.T.L.Davis，*Chemistry of Power and Explosives*，3rd ed.（London，UK: Chapman & Hall），39.

8.W.W.Greener，*The Gun and Its Development*，9th ed.（London，UK: Arms and Amour Press），13.

9.W.C.Dowell，*The Webley Story*（Leeds，UK: Skyrac Press），179.

10.T.L.Davis，*Chemistry of Power and Explosives*，39.

3 点火系统的历史

自从十四世纪早期引入枪药到1805年苏格兰牧师 Reverend Alexander John Forsyth 开发推进底火，推进剂的点火都是重要问题[11]。

点燃推进剂的第一种方法把点燃的树枝或红热的金属丝放入枪膛后部的炬穴，接触推进剂。这种直接点燃方法有许多缺点：点火物需要接近火种，易受风雨影响，不易点燃。

为了解决以上缺点，开发了"慢"的火绳。火绳有根浸泡了浓硝酸钾溶液并干燥了的芯。将火绳芯按在接触孔洞上点燃，火绳就会以大约每分钟1英寸的速度闷烧，并在末端发出火花，直到到达并引燃推进剂[12]。这种方法的主要缺点是引燃速度慢和受天气条件限制。

第一个完成点燃的机械装置是火绳枪（matchlock）。火绳通过火绳柄连在枪上，触发动作降低火绳引火端，进入装有松散火药的点火锅（击发火药）。点火锅里的火药被火柴点燃后，火焰通过枪膛后面的小孔引燃主火药击发。这是点火系统的重大进步，因为引发时间已经基本和触发时间同步。早期的火柴触发器有个开放的引火锅，因此突如其来的风可能将火药从击发锅内吹走。虽然点火系统的闷烧火柴系统还依赖于天气条件，但是通过在点火锅上加盖，在一定程度上解决了这个问题。

点火系统的下一个重要进展是簧轮枪（wheellock）。它的工作原理和火绳枪相相同，把点火锅内的火焰传到枪管小孔，引燃主火药。但是，引燃点火锅内的火药是由固定在点火石或黄铁矿石上的火花完成的，点火石或黄铁矿石固定在动臂上，贴在被弹簧操作的旋转锯齿金属轮[13]。每次引发子弹之前，轮子的弹簧用一个机关拉紧。

燧石枪（flintlock）比簧轮枪的点燃装置更为可靠和先进。在簧轮点火器中火花由摩擦运动产生，而在燧石点火系统中，火花由打火运动实现。

小锤（cock，hammer）上牢牢地夹着一片燧石，和 L 形钢闪光锅盖（也叫火镰）组成了产生火花的电池。当小锤下落，燧石撞击铰链的锅盖上面，产生的火花点燃点火锅里的枪药。点火锅里枪药产生的火焰被引导到枪筒后面的小孔，引燃主推进剂[14]。

所有这些点火方法，从热金属丝到燧石点火，或多或少都依赖于天气，无法提供现代子弹点火的可靠性。但是随着1780年引入防水引火锅，燧石点燃器成为更有效的点火装置，在大多数天气条件下，为相当可靠的点火方法[15]。

燧石也不是没有缺点的。点不着火也并非不常见，因为每片燧石只能用20 ~ 30次，所以点火系统需要有效地维护。发火药潜在的弱点是关键时刻受风雨影响点不着火。另外，扣动扳机和点燃主推进剂之间的短暂时间间隔也令人讨厌。燧石和火镰摩擦、火花下落引燃主推进剂都需要时间，射击者不得不为时间延迟而付出代价，特别是瞄准移动目标时，需要快速、可靠、经济的点燃助推方法[16]。

根据许多作者的介绍，Reverend Alexander Forsyth 研究了金属雷酸盐的一系列化合物。1800年，这些化合物就为人熟知，当用硬物猛烈撞击这些物质时，会爆炸并产生火花。1805年，Reverend Alexander Forsyth 把金属雷酸盐的这个性质用于枪的点火，因此发明了撞击式点火系统。

1807年，他申请了发明专利，其中插入弹匣以后少许雷酸汞进入枪膛的接触孔。受到枪的扳机撞击产生火焰，雷酸汞通过接触孔点燃推进剂，瞬间点火获得成功。

插入的弹匣很复杂，后来其他人做了改进，雷酸汞可以更加方便和有效地点燃枪药。

由此产生了几个小的发明，包括管式点火器、补丁击发器，最终出现撞击帽，后者被证明是最有效和最实用的装填击发药的方式。1816年 Joshua Shaw 发明了撞击帽（小的防水铜帽）[17]。这种撞击帽（击发器）放在用螺丝固定在枪管上的永久性空头上，通过枪扳机撞击而爆炸（"a flash in the pan"说法源自燧石枪中的盘状结构）。

参考文献

11.*Textbook of Small Arms*（London, UK: HMSO, 129），2.

12.F.Williamson, *Firearms*（Rochestoer, NY: Camden House Books），4.

13.E.James, *The Story of Firearms Ignition*（Curley Printing），4.

14. J.G.Rosa, and R.May, *An Illustrated History of Guns and Small Arms*（Cathay Books），22.

15.W.C.Dowell, *The Webley Story*（Lees, UK: Skyrac Press），193.

16.F.Wilkinson, *Firearms*（Rochester, NY: Camden House Books），44.

17.W.W.Greener, *The Gun and Its Development*, 9th ed.（London, UK: Arms and Amour Press），115.

4 弹头的历史

最早的枪支投射物包括石头、带羽毛的铁箭、铁珠等[18]。最早的手持式枪支的孔径为 1.5 " 到 2.0 "，用适当大小的圆形石头作投射物。1340 年，开始用球形铅弹[19]。那时枪支又大又重，现在枪支口径越来越小，重量越来越轻。到手枪出现时，球形铅弹的直径为 0.6 "、0.7 "。这种类型的子弹使用了多年，在滑膛枪枪口装子弹，不需要和枪管密合。

1520 年，发现膛内膛线可以改善射击准确度，可以提高枪的有效射程，德国枪械师 Augustin Kulter 首次将其用于枪[19]。膛线的引入以及后膛装填枪支的发展使人们专注于子弹设计。

设计有来复枪膛枪的子弹必须和枪膛密合，否则子弹击发时不会夹在来复装置上，如果过于密合，将难以装弹。对来复枪膛的枪支，无论子弹从枪口还是从后部装弹，都有问题。紧密密合的球形铅弹难以装弹，特别是在枪膛被射击污染弄脏的时候。

很早就想解决这个问题，包括在铅球周围加装带痕（驱动带）。在磨具中铸造子弹，铅带可以装在弹头上。球形部分容易切合枪膛，铅带部分足够大，切合来复装置。这样的弹头也不能令人满意，因为离开枪口后铅带发生扭曲，弹头容易受到风的影响，精度较差。

这段时间，设计和试验了大量的弹头，发现加长弹头比球形弹头性能稳定。直径一定时，加长弹头重量更大，飞行更稳定。1855 年，J.Jacob 上将制造了圆尖形带 4 个卡托的弹头用于来复装置。另一种机械配套弹头是英格兰工程师 Joseph Whiteworth 发明的，他发明了内六角枪膛和六角形弹头。六角形弹头沿圆柱体有 6 个平面，对于来复装置会产生扭动。这种机械切合的弹头制造非常困难，很不实用。至此，弹头的直径降低到 .45 ″。法兰西军队的 Minie 上尉最早解决了这个问题。他制造了带有尖的空底和半球形铁杯的圆锥形弹头。枪药燃烧时，产生的膨胀气体迫使铁杯进入弹头，稍微扩大了弹头，能够卡住来复装置。不久后发现，没有铁杯也能产生同样的效果，也就放弃了 Minie 弹头。

1863 年，William Ellis Metford 制造了圆柱—圆锥形弹头，其后部有空心压痕。该弹头使用碲硬化铅，圆柱部分裹在纸套里。这种设计的弹头形状和现代弹头很相像[20]。

和弹头设计相关的另一个问题是来复装置会导致铅从弹头上剥落下来，在枪膛内沉积，能够使弹头变形，影响射击准确度。从十九世纪早期起就用碲和锡提高铅的硬度。这样，会减少铅在枪膛内的沉积和弹头的变形，也减小了弹头接触目标时的变形。不过铅的沉积问题并未彻底解决，只略微减轻了沉积的程度。有人发现，通过润滑弹头可以大大减轻由于摩擦引起的铅熔化沉积的量。可以把牛油和蜂蜡等润滑剂放在加长的弹头尾部环形纹线上进行润滑。

弹头被甲能够解决铅沉积和弹头变形问题。1883 年瑞士军队的 Major Rubin 提出了带有软的铅芯和铜被甲。这是弹头开发中一个重要的进展，因为到目前为止来复旋转的速度受非被甲弹头的作用决定。有了这种新的弹头，旋转速度可以显著增加，来复线可以更浅（对发射的子弹给定的不同旋转速度，来复扭转速度可以改变）。

弹头被甲一般比弹芯材料硬，但是还要足够软，能够被来复装置剥下来而不至于磨损枪膛。很长时间以来，弹头被甲由铜镍合金（80% 铜、20% 镍）、铜锌合金（90% ~ 95% 铜、5% ~ 10% 锌）或者覆盖了较软金属和防锈的钢制得以保护枪管[21]。1922年 1% ~ 2% 的锡加入到铜锌合金中起到了润滑作用。

现代自动装弹枪支大多不使用非被甲铅弹头。对于高速枪支，暴露的铅弹表面会熔化，造成枪膛的铅沉积，使弹头变形，枪支的准确性丧失。现代润滑非被甲铅弹头通常限于低速的左轮手枪和 .22 " 口径的边缘发火的步枪和手枪，也就是枪口速度小于 1200' /s 的枪。另一个影响非被甲铅弹头使用的重要因素是在自动装弹的枪中容易出现装弹问题，因为非被甲铅弹头比同样的被甲弹头容易受损。

绝大多数现代弹头为铜锌合金完全被甲和部分被甲两种类型，并根据使用意图生产了性状、大小、重量、设计不同的产品。

参考文献

18.J.G.Rosa, and R.May, *An Illustrated History of Guns and Small Arms*.

19.W.C.Dowell, *The Webley Story*（Leeds,UK:Skyrac press），198.

20.W.C.Dowell, *The Webley Story*, 202.

21.P.J.F.Mead, *Notes on Ballistics*, 6.

5　子弹的历史

从历史来说，独立金属子弹的开发年代不算久远。枪药作为枪的推进剂已经有670年历史，但是独立金属子弹只有160年历史。现代独立金属子弹大约有122年历史，110年前开发了高速无烟火药[22]。

在引进独立子弹前，枪药是从枪口装入的，将一定数量的枪药放入枪管，然后用探杆压实，垫上垫子，再放入弹头，然后点燃枪药。很显然，这种系统有以下缺点：难以获得更大火力，装药速度慢；点火的方法容易受到天气条件影响，需要辅助物品，如枪药、点火药（细的枪药）、弹头、垫子和探杆。由于从枪口装药时间长，在枪的早期，独立子弹的优点很明显，许多人都想使用这样的子弹。

最早减少装药时间的方法是在枪的后座装药，枪管后部的孔比枪管的口径还大。插入带有发火锅、枪药和子弹的可移动铁盒，可以带着装好的多余的插入式铁盒[23]。

大约在1550年，开发了一种纸质子弹，枪药和弹头裹在筒形纸包中，或者一小纸袋枪药用线系着子弹。使用时撕开纸包（通常是射击者用嘴），将少量枪药放入点火锅，再将枪药和子弹从枪口倒入枪管。有时会将纸探入枪管，防止弹头从枪管脱落。

纸在子弹制造中使用了200多年，17世纪中叶仍在使用纸质子弹。

当完整的子弹，包括纸装到枪中点火后，纸质弹壳燃烧。但是，纸片可能在枪膛中继续闷烧，当再装弹时可能引起爆炸。由此，产生了在组装前将纸硝化能够完全燃烧的纸质子弹。这一时间，硝化的动物肠衣也用于子弹。在潮湿的天气，纸质子弹可能出现问题，子弹不得不保存在防水容器中。曾想到集中上光的方法做防水子弹，但是没有获得广泛应用。

最早完全独立的子弹是由瑞士机械师 Jean Samuel Pauly 于1808年制造的。Pauly 把这种子弹直接装到枪的后部，点火时用一根针穿刺。

1812年，Pauly 对一种改进的子弹申请了专利。这种子弹有一个圆形黄铜片，纸卷在上面，里面装着火药，后面用一小片纸密封，可以防潮[24]。

这是枪的历史上最重要的进展，是最早完全独立的中心点火的枪的实例。该系统只能用于 Pauly 设计的枪，没有被广泛接受。但是，这确实确立了完全独立子弹的原理，就是子弹作为枪的集成部分，有自己的点火方法。图5.1是 Pauly 子弹的截面图。

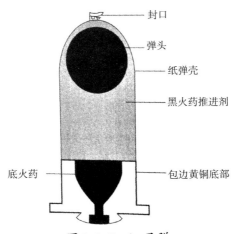

图 5.1 Pauly 子弹

1831年普鲁士人 Johann Nikolas Dreyse 开发了另一种带有集成底火的子弹是针式枪弹。其原来的形式是纸或亚麻信封，后来完全由纸制造。这种子弹底部平坦，在子弹上面扎口，放在口袋里。在口袋的底部装有雷汞，长长的弹簧针穿过火药，直达雷汞。图5.2为 Dreyse 子弹的截面图。

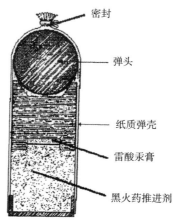

图 5.2 Dreyse 子弹

　　针式枪概念的进一步发展，进而出现了底部带底火和带纸板的弹壳，底部有金属箔帽，穿刺锤面向子弹底部的金属箔帽。底部中心有孔连接金属箔帽，通过短发火针穿刺发火。

　　1840年，Joseph Rock Cooper 发明了不带传统弹壳的新型子弹。这种子弹枪药装在子弹底部的小洞里，借助外部摩擦点火。其他人利用这种概念，把雷酸盐装在锥形子弹中，一发火药放在后面的小孔中，用软木塞封闭，并装有底火系统[25]。

　　由于对向后的气体没有保护，子弹本身只有引发时重量的1/15，这种子弹火力不足，常常走火，于1856年被弃用。

　　1846年之前，完全独立子弹都有一些共同的缺点。所有的子弹在点火时都没有有效地密封，因此向后逸出的气体会减弱系统效率。通过引入金属弹壳，在点火时弹壳能够瞬间扩张，密封枪腔，解决了这个问题。

首个完全独立子弹技术的实例记录是19世纪50年代的针式点火子弹。这种子弹带有薄薄的铜弹壳,撞击针从底部沿弧形撞击(19世纪70年代黄铜代替铜弹壳材料得到普遍应用)。撞击针对准起火组分,但是和点火组分隔离。图5.3为针式点火子弹的截面图。

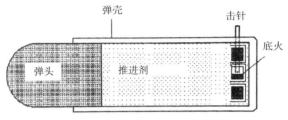

图 5.3 针式底火子弹

通过点火时有效地密封枪管,针式底火子弹使子弹底部位置更加实用,这种子弹到20世纪30年代才开始制造。这个系统的主要缺点是只能在一个位置抛射这种子弹[26]。

子弹发展的另一个阶段是边缘底火(rimfire)子弹。1846年,法国人 Houllier 申请专利发明了带有空心边缘盛放发火药的子弹,这一发明被另一个法国人 Flobert 发展。这种子弹开始没有枪药,发火药起到点火药和推进剂的作用。

1854年,美国企业 Smith & Wesson 设计了加长的弹壳,以便装一发枪药。边缘底火系统变得越来越普及,用于一系列口径子弹的制造。边缘底火子弹的主要优点是根据枪的结构子弹可以装在弹匣中。

随着枪越来越小、越来越有威力和系列化的发展趋势,边缘底火子弹无法满足高压要求。这是不容易解决的缺点,这是边缘底火子弹减少的主要原因之一。边缘底火子弹的另一个缺点是不适用于现代枪支的上膛和退膛系统设计,这需要大的底火药量,要确保底火药在边缘平缓地扩散,这在制造上多有不便。

边缘底火子弹的制造仅限于.22 "和.17 "口径，而其他现代枪支子弹使用中心底火（centerfire）子弹。

中心底火子弹1808年由Pauly制造，但是1854年Smith & Wesson企业对边缘底火和中心底火金属弹壳都申请了专利。此外，子弹开发还有一些小的进展，其中有些源自于工程和冶金的进步，有的源自枪支的发展，有的因现代无烟火药的开发。

过去这些年，现代子弹的发展已经达到了很可靠的标准。具有讽刺意味的是，一些大的著名军火制造商正在认真考虑制造完全燃烧的子弹或无壳子弹，这可能用于现代枪支[27]。

参考文献

22.F.C.Barnes, *Cartridges of the World*, 3rd ed.(Digest Books), 3.

23.W.C.Dowell, *The Webley Story* (Leeds, UK: Skyrac Press), 204.

24.W.H.B.Smith, and J.E.Smith, *The Book of Rifles* (Castle Books), 29.

25.W.C.Dowell, *The Webley Story*, 218.

26.W.C.Dowell, *The Webley Story*, 219.

27.I.V.Hogg, *Encyclopedia of Modern Small Arms* (London, UK: Hamlyn/Bison), 77.

6 枪的历史

枪的历史漫长又复杂，子弹的发明与发展历史也是如此：在点火系统方面，从粗制黑火药枪口装药，到现代使用无烟火药推进剂的黄铜基中心底火。在机械装置方面，从小树枝明火接触火药，到简单的枪膛点火孔，再到点火针撞击底火混合物迅速点燃推进剂引火。在金属材料方面，从简单绑在木棍上的金属管，到能够单发至全自动点火的精细机械高科技枪支；从能够承受早期火药微弱压力的粗铁，到能够承受每平方英寸上万磅的高强度金属。子弹和枪支的历史发展近于平行，因为二者是配套使用的。

一般认为枪在欧洲使用了两个世纪，先于印刷，因此枪支早期发展的可靠原因很少见。最早的枪是大约公元1300年从东方国家引进欧洲的加农炮（cannon），能发射大石头、铁球、箭矢。虽然（现在）大的加农炮重达4吨，可以发射重达350 lb的石头，但是早期的加农炮不大，可以发射大约半磅的箭矢。

早期的手枪就是手持式加农炮，现在叫火门枪（cannonlock），就是带点火的枪。这些很显然来自早期小型加农炮，最早于1324年在欧洲使用[28]。火门枪有圆筒形枪管，大约9 " ~ 12 " 长，固定在棍杖上。火门枪从枪口装药，填充物为圆形石子、金属球、箭弩等。使用时，棍杖夹在手臂下，用一只手瞄准，用点着的小树枝或热的金属丝通过枪筒上的小孔接触枪药点火。

手持式火门枪经历了不同的发展阶段。火门枪从缩短设计以用于骑马射击，到作为多功能武器，如兼具枪、棒或斧的功能。许多不同设计的手持火门枪被广泛应用了许多年，直到15世纪中叶被火绳枪（matchlock）完全取代。

火绳枪开发于15世纪，机械上能够带火种引发底火混合物，使枪支带有基本的瞄准功能[29]。早期的手枪枪管固定在木头或金属固件上，引入了火绳滑膛后枪支变得更复杂，开始像现代枪支了。制造了各种火绳枪，使用了许多年，直到最终于17世纪被簧轮枪（wheellock）和燧石枪（flintlock）超越。

簧轮枪大约开发于1515年[30]。这是枪的重要发展，因为除了省去了火绳，簧轮枪可以制造成想要的大小，小到可以带在身边。和手持式加农枪相比，簧轮枪可以和棒杖、箭、箭弩结合。簧轮枪机械复杂，容易出现故障，难以维修。这促使了设计更简单可靠的机械，导致出现了燧石枪。

燧石枪发明于1525年，设计了比簧轮枪更简单可靠的机械。燧石枪使用得很成功，直到大约19世纪中叶被撞击枪（percussionlock，caplock，雷帽枪）超越。燧石枪的成功可以用以下事实说明：1935年德国和比利时制造的燧石枪曾出口非洲和亚洲[32]。

撞击枪发明于1808年，到了1816年其性能更加简单可靠。撞击枪是现代枪支的先驱，使用带有小金属杯的底火帽，金属杯底部装有雷汞。金属杯永久装在空凸起的上方，凸起连着火药，通过枪小锤的撞击运动，挤压金属杯和凸起之间的雷汞产生火花，通过凸起引燃火药。

现代枪支使用撞击原理，但是撞击帽（底火）是子弹的集成部分。

第一个具有反复击发功能的枪是左轮手枪，1853年由 Samuel Colt 制造[33]。直到今天绝大多数枪都是单发的。这是最严重的缺点，因为射击者在装弹时无法自卫。但是，这种左轮手枪是多发枪支的先驱。左轮的原理并不新，1650年前燧石左轮手枪就制造出来了[34]，但是这些都不是实用的枪，因为很容易出现机械故障。

当子弹离开枪口，在子弹运行的反方向会有一个反弹。尽管这种反弹令人讨厌，但是可以用于退出射击过的弹壳，装入新的子弹，扣上扳机。这也可以通过使用击发中产生的气体实现。

在自动装填系统中，前后运动的滑块在每一次射击后停止运动，直到再次扣动扳机。这种机制可以改变以便枪支继续射击直到子弹耗尽或停止射击。一些枪支装有选挡杆，可以单发或以预设数量连发，也可以全自动射击。

早在1718年有一种手动重复射击枪，1862年 Richard Gatling 博士发明了这种使用左轮枪管的武器。这种武器有严重的限制，直到1884年 Hiram Maxim 爵士首次专利发明了真正的全自动机枪。这是第一款自动枪，使用管退式操作[35]。Maxim 机枪的开发注意力集中于开发自动装弹的步枪和手枪。

步枪源自火枪，带有长长的枪管。当时生产了十几种自动装弹的步枪。第一种具有使用价值的自动装弹步枪是1885年奥地利 Mannlicher 发明的，是管退式操作[36]。

首次成功用于多发手枪的管退式自动装弹系统是由 Hugo Borcharott 设计的，1893年上市。George Luger 改进了这个设计，非常成功地制造了手枪，直到1942年这款手枪还在生产[37]。

今天，自动装弹枪或者是管退式或者是气动式，自从生产马克沁重机枪以来，主要改进包括一系列机械的进步，产生了现代高度可靠的自动装弹的半自动或全自动枪，使用遍及全世界。

参考文献

28.W.H.B.Smith，and J.E.Smith，*The Book of Rifles*（Castle Books），8.

29.F.Wilkinson，*Firearms*（Rochester，NY: Camden House Books），4.

30.W.H.B.Smith and J.E.Smith，*The Book of Rifles*，18.

31.W.H.B.Smith and J.E.Smith，T*he Book of Rifles*，21.

32.W.H.B.Smith and J.E.Smith，*The Book of Rifles*，25.

33.J.E.Smith，*Book of Pistols and Revolvers*（Castle Books），20.

34.W.H.B.Smith，*Book of Pistols and Revolvers*，19.

35.J.S.Hatcher Major General ，*Hatcher's Notebook*，3rd ed.（Stackpole Books），32.

36.W.W.Greener，*The Gun and Its Development*，9th，ed.（London，UK: Arms and Amour Press），731.

37.W.H.B.Smith，*Book of Pistols and Revolvers*，28.

III 枪支和子弹的化学方面

7 弹壳

设计弹壳的目的是用于盛放底火、推进剂并将弹头牢固地固定在弹壳颈部。弹壳设计受不同因素影响，最重要的影响因素如下：

子弹的作用；

武器的类型；

弹头的设计；

点火类型，就是 Boxer 底火还是 Berden 底火。

弹壳主要是由黄铜（大约70% 铜和30% 锌）制造，但是其他材料，如钢、覆锌、黄铜、青铜、铜、漆；铜；镍覆黄铜；铜镍合金（大约80% 铜、20% 镍）；青铜（大约90% 铜、10% 锌）；铝；特氟龙覆铝和塑料也会遇到。烧结了聚四氟乙烯（特氟龙，Teflon）的黄铜弹壳表面具有润滑作用，因为特氟龙的摩擦系数很小，减少了炽发的可能性。

钢是仅次于黄铜的常用材料。一例弹壳的钢参数如下：碳 0.08% ~ 0.12%、铜0.25%、锰0.5%、磷0.035%、硫0.03%、硅 0.12%[38]。

猎枪弹壳通常为塑料并带有黄铜或钢覆盖的基底，或者为纸，带有黄铜或钢覆的基底，也会遇到全部为塑料的猎枪弹壳。在旧的猎枪子弹中，也有全黄铜的，现在全黄铜子弹主要用于自动装弹场合。一些 .410 ″ 口径的猎枪子弹是全铝质的。

除了猎枪子弹，目前黄铜是最常用的弹壳制造材料。经使用发现，黄铜具有强度高、富有延展性、不生锈、易于拉伸、重量适中、容易获得等优点。

弹壳严格的制造参数和质量控制过程，表明了弹壳在发射中重要的作用。除了子弹成分外，子弹必须：

在存储、运输和使用中安全；

密封，防止水和油的侵袭；

即使在非常不同的天气条件下也能保持需要的弹道性能；

储存多年后仍然保持原来性能；

足够坚固，能够承受恶劣环境，如战场；

能够保持温和、稳定的枪膛压力；

在保证发射的条件下容易从弹链或弹匣中上膛；

在紧急状态（比如战争）时相对便宜，容易制造；

击发后保留弹头一段时间，让推进气体压力有效上升，直至达到最佳性能；

射击中有效密封枪膛。

在制造过程中，黄铜的类型很重要，制造商会仔细确认使用的黄铜质量。四例黄铜参数如下[39]：

1. 铜68% ～ 74%、锌32% ～ 26%。杂质不超过：镍0.2%、铁0.15%、铅0.1%、砷0.05%、钙0.05%、铋0.008%。没有锡和碲，其他杂质不超过痕量。

2. 铜65% ～ 68%、锌35% ～ 32%、镍不超过0.2%。单个杂质不超过0.1%：铅0.1%、铁0.05%、硫0.03%。

3. 铜70%、锌30%。其他杂质合计不超过0.25%。

4. 铜72% ～ 74%、锌28% ～ 26%。杂质不超过0.1%：铅0.1%、铁0.05%。

当枪支发射一发子弹，内部气压增加，温度上升，导致弹壳扩张，紧贴弹膛。这是弹壳的重要作用，防止气体向后逸出。这样的气体逸出会降低发射物的速度，因此降低枪的效能，有可能导致枪支机械的失效。

如果弹壳的黄铜太软，就无法从弹膛壁弹回，很可能使射击后的弹壳难以退膛。如果黄铜太硬，弹壳可能因为太脆而开裂，卡住枪的机械。如果弹壳的黄铜硬度适中，就能够恢复到接近原来的大小，射击过的弹壳容易退膛。

对于高速子弹，黄铜的硬度从底部到颈部通常越来越小。低速子弹的弹壳一般都是标准硬度。

弹壳的底部必须足够坚固，以便能够承受上膛和退膛磨损（对一发子弹，在装弹和退弹中这可能发生数次），而弹壳的颈部必须足够坚固，以便能够牢固支撑弹头，但是又要足够柔韧，在发射的时候能够扩展，密封枪膛。高温射击气体能够在很短的时间内使弹壳内压力上升到40000 lb/in^2 [40]。

由于弹壳在装弹、射击、退膛中受到很大的力，弹壳的厚度和硬度需要细心控制。弹壳底部的金属必须有足够的厚度以承受射击时多次向后的撞击。如果弹壳的金属壁太薄，纵向拉伸弹壳的力可能导致其断裂，或者后部和弹壁分离。因此，弹壳的金属厚度要精确控制，从底部到颈部逐渐减小。在设计阶段需要考虑的另一个因素是子弹的重量。

现代高速子弹需要大量的推进剂，这由在子弹大部分长度上加大直径，而只在前部减小直径实现。高速子弹的壳是锥形和颈状的，以避免退膛困难，在高压力下如果使用圆柱形弹壳很容易遇到这种情况。大多数低速弹壳也略呈锥形。

枪支的装弹和退弹机械需要与点火系统类型相匹配，这决定了弹壳的设计方案。几乎所有的弹壳外表底部都有封印标记。制造商、代码、标记、制造年代（主要出现在军用子弹上）、口径，或者其他代码信息盖印在子弹的底部。即使是旧子弹，有时为了便于厂家核对信息，也可能在子弹的头部给出详细的印记参数。

底火杯和弹壳底部外面用漆密封连接，以防止水和油的侵入。漆有时用颜色做标记，这是为了生产中方便检查，有时是为了辨认弹头的类型，如球形弹头、曳光弹头、被甲弹头等。有时在插入弹头前对弹壳口内部抛光，以便连接处防水，抵抗推进剂气体压力（Hornby 曾经发明特别的黑色镍板用于所有金属弹壳，声称表面比传统子弹更光滑，性能更可靠）。

一些政府出于政治和经济的原因通过向叛乱分子提供子弹来支持另一个国家的叛乱，通常会伪造子弹的来源。这可以通过在弹头上不做印记或使用假印记来实现[41]。这样做的目的是为了逃避责任或嫁祸于人。

参考文献

38.Private communication, 1974.

39.Private communication, 1976.

40.S.Basu, Formation of gunshot residues, *Journal of Forensic Sciences* 27, no.1（1982）: 72.

41.P.Labbett, Clandestine headstamps, *Guns Review Magazine*（1987）: 128.

8 底火杯（帽）

中心底火子弹的底火放在金属小杯中，这个金属小杯位于弹壳底部中央，叫作底火袋。在边缘底火子弹中，底火放在弹壳内底部边缘空隙里。

理想的底火杯金属应该容易延展，气密性良好，足够坚固，能够承受来自击发针的冲击，即使被击发针严重击凹也能承受底火爆炸和射击产生的气体压力。

底火杯一般用弹壳的黄铜制造，铜、镍覆铜或黄铜、铜合金、铜—镍合金、锌覆钢杯也会遇到过。使用黑火药的底火杯一般由软铜制造，因为使用黑火药的枪击发针撞击较弱，黑火药产生的气压较低。另一方面，无烟火药一般比黑火药产生的气体压力大，但是更难点燃。无烟火药需要更"热"的底火，需要来自击发针更强的撞击。因此，软铜只适用于低压子弹。

两例底火杯的金属组成如下：(a)铜95% ~ 98%、锌5% ~ 2%、铅不超过0.05%、砷不超过0.1%、铋不超过0.002%、碲不超过0.01%，杂质不超过痕量[42]。(b)铜72% ~ 74%、锌28% ~ 26%、杂质总量不超过0.1%、铅不超过0.1%、铁不超过0.05%[43]。

有两种底火用于中心底火子弹，这两种底火只有设计方面的区别。欧洲设计偏爱Berdan底火，而加拿大和美国喜欢Boxer底火设计。两种底火的不同是设计，Berdan底火没有集成的砧，因为砧是弹壳的一部分；而Boxer底火有插入底火杯的砧。Boxer底火更好一些，因为可以更换（见图8.1）。

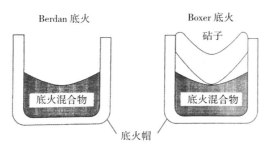

图 8.1　Berdan 和 Boxer 底火

Berdan 杯空的时候内部用清漆油漆，填充后用圆纸片覆盖，然后用清漆密封。

铜镍合金或铜合金杯填上雷酸汞底火成分，用锡箔圆片覆盖，边缘紧贴底火成分，用清漆油漆。常用的清漆是一级虫胶。填充后杯环面用清漆覆盖，用来防水、防油。

一般来说，步枪、手枪和左轮手枪的底火杯大小、结构和底火成分都不同。步枪、手枪和左轮手枪的底火杯直径为 0.175 " ～ 0.210 "，猎枪子弹底火杯直径通常为 0.240 " ～ 0.245 "。

虽然手枪和左轮手枪的底火杯和步枪的底火杯直径相同，但是步枪的底火杯金属较厚，底火杯较深，能够盛放较多的底火。步枪底火杯较厚是必要的，因为击发针撞击力较大，会经受较大的压力。需要较多的底火成分，因为步枪子弹使用了更多的推进剂。

根据子弹的类型和口径，手枪、左轮手枪、步枪和猎枪的底火成分范围为 0.013 ～ 0.352 g，但是多为 0.05 ～ 0.12 g。

参考文献

42.W.C.Dowell, *The Webley Story*（Skyrac Press）, 267.

43.J.Stonley, Primers and complete rounds, *Guns Review Magazine*（March 1986）: 166.

9　底火组成

枪弹的底火成分是混合物，受撞击后突然点火，用于点燃弹壳内的推进剂。底火成分必须能够产生大量热气体和固体颗粒，但是不能产生冲击波。

理想的底火成分应该含有便宜、容易获得、处理相对安全、粒度一致、简单的化合物，当受到冲击时迅速发生分解，释放大量的热量。接近于符合上述要求的唯一的化合物是二硝基间苯二酚铅，但是该化合物过于敏感。实际上没有满足上述理想底火全部要求的单一化合物。

由此，理想的底火成分应该是混合物，单一化合物没有爆炸性，但是混合后能相互增加敏感度，能快速点燃并迅速燃烧。事实上，大多数底火成分是含有一种或多种炸药成分、氧化剂、燃料、敏化剂、黏合剂等的混合物。增加其他成分的作用是稀释炸药，使爆炸分解转化为快速燃烧。在有些情况下，添加一个成分可能起到两种作用，例如，硫化锑既作为燃料，又是摩擦敏化剂，阿拉伯胶既是燃料又是黏合剂。氧化剂在弹壳内小的空间为燃料燃烧提供氧气，延长燃料燃烧时间，足以点燃推进剂。添加剂还可以增加单位重量底火成分产生的气体体积，防止气体温度过高，产生炽热的固体颗粒分解产品。

底火成分敏感度不同，但是也可以在一定程度上控制单个成分粒度变化。有时这比组分比例还重要。由于晃动引起的物理分离造成成分不统一会引起敏感度较大的变化，甚至引起失效。黏合剂可以阻止这样的分离，使一定成分在装置中处于固定位置。

燃烧的速度、气体的体积、产生的固体颗粒重量、火焰持续的时间是影响底火成分功能的主要因素。对典型的 0.15 g 底火成分，室温和常压下气体的体积是 1.5 cm^3。热气体夹带的炽热颗粒百分比随底火组成变化，可以达到 70%。炽热颗粒被认为能通过热辐射促进燃烧。不同底火产生的火焰能够有效维持 400 μs~750 μs，全部维持时间达到 650 μs~1500 μs[44]。

一般而言，小手枪底火含有炸药、氧化剂、燃料和摩擦剂，其他化合物为敏化剂和黏合剂。

使用的炸药包括叠氮化合物、雷酸盐、偶氮化合物、硝基化合物和硝酸盐，如叠氮化铅、叠氮化银、雷酸汞、斯蒂芬酸铅、TNT、PETN（也作为敏化剂）等。

使用的氧化剂包括硝酸钡、氯酸钾、过氧化铅、硝酸铅等。

使用的燃料包括硫化碲（也作为摩擦剂）、阿拉伯胶（也作为黏合剂）、硅酸钙（也作为摩擦剂）、硝酸纤维素、炭黑、硫氰酸铅、铝、镁、锆或合金等金属粉。

使用的摩擦剂包括玻璃粉、铝粉（也作为燃料）。

使用的敏化剂包括特屈拉辛（tetracene）、TNT、PETN 等。

使用的黏合剂包括阿拉伯胶、黄原胶、胶水、糊精、海藻酸钠、橡胶、卡拉胶等。

能够混合物中氧化剂的量提供底火完全燃烧需要的充足的氧；否则，可能产生对枪支有害的产物（摩擦剂可以被认为是敏化剂，因为使混合物对摩擦敏感）。一种底火成分中可能有不止一种炸药、氧化剂、燃料和摩擦剂，有时还要加染料，作为产品的标识。有时任何一种成分都不是炸药，但是混合后可以成为基本炸药。

1805年，Reverend Alexander Forsyth 开始用雷酸汞作为底火的基本成分，从此撞击系统发展成今天的撞击式底火，成分高度可靠、广泛使用。这一发展始于1805年，今天还在继续。生产厂家不愿提供配方详细信息，因此底火组成和子弹的化学成分信息都散见于各类文献中。

大多数作者接受 Reverend Forsyth 基于雷酸汞的撞击式底火组成。但是，有一些令人信服的观点认为其组成是含有可燃材料蜡的氯酸钾颗粒，直到1831年雷酸汞才作为炸药成分广泛用于底火[45,46]。

早期的底火成分含有雷酸汞和氯酸钾以及其他成分。随着1850年引入金属弹壳，发现黄铜弹壳不适用于含有雷酸汞的底火成分，因为黄铜可以形成锌汞齐而变脆。使用雷酸汞作为底火的旧子弹哑火是常见的事，常常导致弹壳炸裂。不管子弹的放置时间和成分，必须小心哑火（misfire），因为可能发生吊火（hang-fire）（吊火是击针和子弹发射活动之间的延迟，值得注意。如果发生吊火现象，射击者在放枪之前必须把枪支指向安全方向一段时间）。汞齐化使得用过的弹壳没法再次装弹使用，而出于经济的原因再装弹使用很有必要。铜弹壳可以解决这一问题。1869年 Hobbs 通过在黄铜底火帽内上漆避免了黄铜表面和底火混合物的直接接触，使得使用黄铜和雷酸汞成为可能。

当使用黑火药为推进剂，会在枪膛内沉积大量污物。燃烧时，黑火药产生其重量44%的热气体以及56%的固体物质（以白色浓烟形式）[47]。在1870—1890年间引进的无烟火药遇到了另一个主要问题：无烟火药燃烧时产生较少的污物，但是无烟火药比黑火药难以点燃，因此需要装填更多的底火。无烟火药燃烧后枪膛内部相对洁净，但是，在枪支使用后即使迅速清理也容易生锈。

生锈的原因源自底火成分中的氯酸钾。氯酸钾燃烧后产生氯化钾，沉积在枪管的内壁，然后吸收空气中的水分，导致枪腔内迅速生锈。枪支清洁剂是有机混合物，不溶解氯化钾，因此即使使用后迅速清理，留在来复和表面的盐颗粒还是会生锈。水对从枪中除去痕量盐分很有效，但是水本身也会造成生锈，而且也很难清除。黑火药燃烧后产生的厚厚的残留物有效地保护了金属表面免受盐作用生锈，在一定程度上免除了底火燃烧后释放的金属汞的作用。

使用雷酸汞和氯酸钾产生的问题导致需要继续寻找合适的其他替代物，这样在弹壳和枪内发生的化学反应得到了深入的研究。研究的目标是获取既无腐蚀性又无汞（noncorrosive and nonmercuric，NCNM）、令人满意的底火。

出于经济的原因需要回收再利用用过的弹壳，自1898年起美国军队轻武器底火制造不再使用汞。汞曾于后来（大约1930年）用于商业底火。1898年美国军队采用无汞底火成分，代号H–48，用于 .30Krag 子弹，这种底火的组成如下：

氯酸钾	49.6%
硫化锑	25.1%
硫	8.7%
玻璃粉	16.6%

第一次世界大战期间使用的无汞底火混合物为 Frankford Arsenal FH － 42（1910），组成为：

氯酸钾	47.20%
硫化锑	30.83%
硫	21.97%

1911年发现硫氰酸盐－氯酸盐混合物对撞击敏感，由此 Winchester Repeating Arms Company 研制了 35–NF 底火成分：

氯酸钾	53%
硫化锑	17%
硫氰酸铅	25%
TNT	5%

当一批受潮的硫和不纯的氯酸钾导致成千上万个含有 Frankford Arsenal FH-42底火的子弹不能击发后，这种底火就不被使用了。从第二次世界大战到20世纪50年代，Frankford Arsenal 采用了 Winchester Repeating Arms Company 的 35-NF 底火混合物，后来被标准化为 FA-70，用于 .45 ACP 和 .30-06 子弹。

现在，典型的 .22 ″ 口径的边缘底火成分是美国子弹公司 "NRA" 研制的：

氯酸钾	41.43%
硫化锑	9.53%
硫氰化铜	4.70%
玻璃粉	44.23%

应该注意到，在研制无腐蚀性底火方面，德国人比美国人领先了大约23年，一些德国底火成分公开发表在文献上，这可能是出于专利权的原因。

第一个无腐蚀底火由德国企业莱茵施-威斯特法利斯-斯普伦斯塔夫股份公司（Rheinische-Westphalische Sprengstoff AG, RWS）于1891年生产：

雷酸汞	39%
硝酸钡	41%
硫化锑	9%
苦味酸	5%
玻璃粉	6%

（硝酸钡代替了氯酸钾）

接下来1910年同样的企业发明了 .22 " 口径的边缘底火成分：

雷酸汞	55%
硫化锑	11%
过氧化钡	27%
TNT	7%

从1911年起，瑞士军队也使用了无腐蚀底火混合物：

雷酸汞	40%
过氧化钡	25%
硫化锑	25%
碳酸钡	6%
玻璃粉	4%

直到1927年，美国商业无腐蚀底火出首次现在市场上，其中一些底火成分如下[48]：

	Remington Kleanbore	Western	Winchester Staynless	Peters Rustless
雷酸汞（%）	44.50	40.79	41.06	38.68
硝酸钡 （%）	30.54	22.23	26.03	9.95
硫氰酸铅 （%）	4.20	8.22	5.18	–
玻璃粉 （%）	20.66	28.43	26.66	24.90
铅混合物（?）（%）	–	–	–	25.91
黏合剂胶 （%）	0.20	0.33	0.58	0.56

目前，底火分为三类：含汞腐蚀性的、无汞腐蚀性的、含汞非腐蚀性的。由于雷酸汞和氯酸钾的缺点，主要开发、生产具有满意的点火性能又不含这两种化合物的底火。早期 NCNM 底火成分使用硝酸铜替代雷酸汞，硝酸钾替代氯酸钾，组成如下：

硝酸铜铵	30% ~ 40%
硝酸钾	42% ~ 25%
硫	10% ~ 7%
铝	10% ~ 28%

第一个实用的 NCNM 底火混合物具有满意的点火性能和保质期，由 RWS 于1928年生产。这种底火的通用名称叫作 "Sinoxyd"（Sinoxide/Sinoxid），一般组成如下：

斯蒂芬酸铅	25% ~ 55%
硝酸钡	24% ~ 25%
硫化锑	0% ~ 10%
过氧化铅	5% ~ 10%
特屈拉辛	0.5% ~ 5%
硅化钙	3% ~ 15%
玻璃粉	0% ~ 5%

（斯蒂芬酸铅替代雷酸汞）

这是以前现代 NCNM 底火组成。很少有例外的是，由于政府军用子弹成分的严格要求，从1931年开始美国商业底火变为无腐蚀的，早期的 NCNM 底火混合物可能无法满足，但是到20世纪50年代，美国军用子弹都是无腐蚀的。这是由于早期 NCNM 商业底火混合物经常点不着火，储存时间不能令人满意，因而必须保存大量手持武器子弹。军用子弹必须具有明确的可靠性和保质期。

英国无论是商业还是军用子弹使用的底火都是含汞和有腐蚀性的，逐渐变为 NCNM 底火，直到20世纪五六十年代才完成。

Sinoxyd 型底火炸药成分是斯蒂芬酸铅（三硝基间苯二酚铅），其对静电非常敏感，处理干燥的盐时有致命的危险。制备纯净的盐很困难，因此产生并注册了许多制备专利，包括碱化。一些人宣称获得了特别晶型的盐，可以降低静电危险。

替代斯蒂芬酸铅炸药成分被认为制造更容易、使用更安全，这包括叠氮化铅、二硝基酚、许多有机酸的铅盐、亚磷酸盐、苦味酸包合物以及发火金属合金等。

1935年叠氮化铅被注册为专利用于底火混合物，配方如下：

叠氮化铅	12%
硝酸钡	23%
硫化碲	20%
硅化钙	10%
特屈拉辛	3%
过氧化铅	20%
氢氰酸铅	12%

1939年申请注册的一种底火混合物专利，其成分除了二硝基酚代替斯蒂芬酸铅外，其余和 Sinoxyd 一致。由于温度、湿度和铜对二硝基酚具有决定性的作用，所以后来二硝基酚就不再用于底火混合物了。

正常的斯蒂芬酸铅每个分子中有一个铅原子，而碱式斯蒂芬酸铅中有两个铅原子。1949年申请注册了用碱式斯蒂芬酸铅的底火混合物专利：

碱式斯蒂芬酸铅	40%
硝酸钡	42%
硫化碲	11%
硝酸纤维素	6%
特屈拉辛	1%

其他代替斯蒂芬酸铅的包括许多有机化合物的铅盐，但是都没有被广泛接受。

1954年，实现了制备斯蒂芬酸铅水合物的纯化合物。但是直到现在，不纯的化合物（~93%）仍然被广泛应用。

复合次磷酸盐曾经成功用作斯蒂芬酸铅和特屈拉辛的替代品。一个1939年的专利配方如下：

斯蒂芬酸铅	33%
次磷酸钙	7%
硝酸铅	14%
氢氰酸铅	10%
硝酸钡	16%
玻璃粉	20%

当用水湿润，次磷酸钙和硝酸铅之间，发生化学反应，产生超级敏感的不吸湿化合物，可以与氧化剂和染料结合。

1944年获得专利的底火混合物含有三盐，就是碱性斯蒂芬酸铅－斯蒂芬酸铅－次磷酸铅，组成如下：

三盐	50%
硝酸铅	30%
玻璃粉	20%

1955年，专利签发给了一种无毒、无铅的边缘底火混合物，这种底火使用双盐，即斯蒂芬酸亚铁－次硫酸亚铁。一种无玻璃粉边缘底火三盐混合物，即斯蒂芬酸钾－斯蒂芬酸铅－次磷酸铅，配方如下：

三盐	10%
斯蒂芬酸铅	36%
硝酸钡	50%
特屈拉辛	4%

大约在1949年，Frankford Arsenal 公司生产了不同寻常的底火混合物，叫作 P－4 底火（代号 FA 675）：

稳化红磷	18%
硝酸钡	82%

尽管这是生产简单、相对安全、令人满意的底火混合物，但是不长时间就停产了，主要因为两个缺点。结果显示，铜、铋、银、铁、镍能增加红磷成酸性化合物的氧化速度。底火杯必须用锌衬

底，避免接触到铜。红磷纯度必须高，使用前必须从商品红磷中除去主要杂质（铁和铜），对净化的材料覆盖7.5%氢氧化铝阻止氧化。

尽管 P－4 底火只使用了大约1年，通过用 PETN、RDX 或 TNT 覆盖稳定的红磷，1961年该底火得到改进，形成下列混合物：

稳化红磷	25%
PETN、RDX 或 TNT	5%
硝酸钡	70%

含红磷的其他组成如下：

硝酸钡	50%
红磷	17.85%
过氧化铅	17.85%
锆粉	14.28%
	0.02% 混合平衡

红磷	20.83%
硝酸钡	58.33%
三硫化碲	20.83%

红磷／铅酸盐	72.99%
氯酸钾	14.59%
黄氏胶	0.72%
阿拉伯胶	0.04%
玻璃粉	10.94%

氯酸钾	37.68%
硫化碲	37.18%
硝酸纤维素	20.10%
红磷	5.02%
	0.02% 混合残留平衡

但是，红磷底火从来没得到广泛应用，可能是由于制造困难。20世纪60年代早期，在开发更安全、更便于制造、更便宜、更

好的斯蒂芬酸铅的替代品方面取得了重要进展，成为迄今为止成功的 NCNM 底火混合物的炸药成分。

1962 年，Kennedy 对许多含碱性斯蒂芬酸铅螯合物的复合物申请专利，这些复合物没有斯蒂芬酸铅的静电危险。专利中列出的44种混合物中，虽然单碱式苦味酸铅－硝酸铅－次磷酸铅、双碱式苦味酸铅－硝酸铅－乙酸铅、单碱式苦味酸铅－硝酸铅－次磷酸铅也同样适合作为底火，但是单碱式苦味酸铅－硝酸铅－乙酸铅更适合。玻璃粉因为会损坏枪孔，不被一些人认可。一种玻璃粉底火混合物组成为：

任何上述复合物盐	46%
硝酸钡	50%
特屈拉辛	4%

1962 年，Staba 对硝基氨基四唑铅－斯蒂芬酸铅，或者叫 Staba盐的双盐申请专利，这种体系具有比斯蒂芬酸铅更好的热稳定性。一种声称比斯蒂芬酸铅为基础的底火更优越的底火组成为：

Staba 盐	20%
硝酸钡	50%
硫化碲	15%
特屈拉辛	5%
铝	10%

1966 年，Staba 对某种形式的碳申请专利，这种碳分散时能产生龟裂（非常尖锐、锯齿状凹边缘）。边缘底火组成为：

斯蒂芬酸铅	20.00%
Staba 盐	25.00%
硝酸钡	36.25%
特屈拉辛	3.00%
卡拉胶	0.75%
无烟煤粉	15.00%

另一种 Staba 底火混合物组成为：

Staba 盐	48.5%
特屈拉辛	3.0%
PETN	14.0%
铝	10.0%
硝基氨基胍啶	23.0%
卡拉胶	1.0%
阿拉伯胶	0.5%

在开发底火混合物中有一个有趣的阶段是使用发火金属合金，1936年首次申请专利，1964年改进组成。这些稀土合金，用于香烟打火石，轻轻刮擦时能够产生火花。典型的发火合金是"稀土金属"，大致组成如下：铈 50%、镧 40%、其他稀土元素 3%、铁 7%。

在许多专利中，发火合金代替了斯蒂芬酸铅和特屈拉辛，最敏感的一种合金组成是：

稀土金属 / 镁（80/20 合金）	50%
硝酸钡	20%
二氧化铅	10%
锆粉	20%

发火合金底火混合物从来没有得到广泛应用，可能因为撞击感度不够[45]。

数百种专利底火成分说明这一领域实验活跃。几种实例组成如下：

雷酸汞	20% ~ 50%
硝酸钡	19% ~ 45%
铬酸铅	2% ~ 20%
硫氰酸铅	3% ~ 25%
锆粉	2% ~ 30%
玻璃粉	30%

碱式三硝基间苯二酚铅	27%
二硝基苯基叠氮化铅	13%
硝酸钾	30%
三硫化锑	7%
玻璃粉	23%
雷酸汞	33%
硝酸钍	40%
硝酸钴	10%
硫化锑	17%
氯酸钾	85%
石棉纤维	1.5%
硝基甲酚	4.5%
石蜡	8.5%
蓖麻油	0.5%
氯酸钾	48% ~ 53.5%
铁氰化钾	33.33% ~ 36%
玻璃粉	13.33% ~ 16%
特屈拉辛	1% ~ 4%
重氮硝基酚	12% ~ 18%
硝酸钡	25% ~ 40%
三硫化锑	8% ~ 18%
过氧化铅	15% ~ 25%
硅化钙	8% ~ 20%
特屈拉辛	4% ~ 7%
重氮硝基酚	15% ~ 20%
碱式叠氮化铅	6% ~ 12%
硝酸钡	20% ~ 30%
过氧化铅	12% ~ 20%
玻璃粉	20% ~ 28%

叠氮化铅	20 ~ 50 oz.
玻璃粉	20 ~ 25 oz.
铝片	6 ~ 8 oz.
硝酸钡	35 ~ 38.5 oz.
三硝基甲苯	0 ~ 25 oz.
加拿大香脂或纤维素乙酸酯	0 ~ 2.5 oz.
m- 硫代甲酰胺基甲苯	0 ~ 1 oz.

雷酸汞	65.0g
硝酸钡	22.0g
硫化锑	11.0g
黑索金	15.5g
碳酸钡	1.5g

阿拉伯胶	30g
硫化磷	15g
碳酸镁	12g
碳酸钙	5g
氯酸钾	60g

雷酸汞	37.5%
氯酸钾	37.5%
硫化锑	25%

雷酸汞	25.9%
氯酸钾	48.2%
硫化锑	3.7%
玻璃粉	22.2%

雷酸汞	19.1%
氯酸钾	33.3%
硫化锑	42.8%
硫	2.4%
粉煤灰	2.4%

三硝基间苯二酚铅	40%
特屈拉辛	2%
硝酸钡	40%
过氧化铅	3%
硅化钙	11%
玻璃粉	4%
雷酸汞	27%
氯酸钾	37%
硫化锑	29%
玻璃粉	7%
雷酸汞	15%
氯酸钾	35%
硫化锑	45%
硫	2.5%
黑粉	2.5%
斯蒂芬酸铅	40%
特屈拉辛	3%
硝酸钡	42%
过氧化铅	5%
硅化钙	10%
斯蒂芬酸铅	40%
特屈拉辛	3%
硝酸钡	42%
过氧化铅	5%
硅酸钙	10%
斯蒂芬酸铅	37%
特屈拉辛	4%
硝酸钡	32%
硫化锑	15%
铝粉	7%
PETN	5%

硫氰酸铅	33%
氯酸钾	30%
玻璃粉	25%
硝酸铅	12%

斯蒂芬酸铅	33%
铅和钙的次磷酸、硝酸复盐	31%
玻璃粉	20%
硝酸钡	16%

在英国和美国，除了寻求斯蒂芬酸铅的替代品和大量试验底火成分外，大多数现代子弹含有斯蒂芬酸铅和硝酸钡的Sinoxyd底火，二者一般占总重量的60%~80%。这些底火还含有：

硫化锑；

特屈拉辛；

硅化钙；

过氧化铅；

铝粉；

玻璃粉；

次磷酸铅；

过氧化铅；

锆；

硝酸纤维素；

季戊四醇四硝酸酯（泰安）；

黏合剂。

组成控制非常严格，成分是分析纯级。

最近一些东欧国家生产了雷酸汞/氯酸钾基底火，他们也生产了斯蒂芬酸铅基的底火。

现代美国底火混合物组成实例如下[49]：

正斯蒂芬酸铅	36%
硝酸钡	29%
硫化碲	9%
过氧化铅	9%
特屈拉辛	3%
锆	9%
泰安	5%

碱式斯蒂芬酸铅	39%
硝酸钡	40%
硫化碲	11%
特屈拉辛	4%
硝酸纤维素	6%

正斯蒂芬酸铅	37%
硝酸钡	38%
硫化碲	11%
特屈拉辛	3%
泰安	5%
硝酸纤维素	6%

正斯蒂芬酸铅	41%
硝酸钡	39%
硫化碲	9%
硅化钙	8%
特屈拉辛	3%

正斯蒂芬酸铅	43%
硝酸钡	36%
硅化钙	12%
特屈拉辛	3%
过氧化铅	6%

一些现代英国底火混合物实例如下[50]：

斯蒂芬酸铅	35%
特屈拉辛	3%
过氧化铅	15%
硝酸钡	47%

斯蒂芬酸铅	46%
特屈拉辛	4%
硝酸钡	25%
硫化锑	20%
铝	5%
斯蒂芬酸铅	44.2%
特屈拉辛	3.3%
硝酸钡	20.4%
玻璃粉	25.0%
次磷酸铅	6.8%
阿拉伯胶	0.3%
斯蒂芬酸铅	38%
特屈拉辛	2%
过氧化铅	5%
硝酸钡	39%
硫化锑	5%
硅化钙	11%

一种有趣和非常成功的底火由 Eley 发明，叫作 Eley 底火。因为先天危险、处理困难，Eley 不用斯蒂芬酸铅，而使用计算量的单氧化铅和斯蒂芬酸，这种底火处理起来要安全得多。在处理的最后阶段，向每个成分中加入一滴水，引起单氧化铅和斯蒂芬酸的反应形成斯蒂芬酸铅。最后的产品干燥后和传统的底火没有差别。

传统的子弹射击后释放出铅、锑、钡。这些元素会损害室内射击指导者的健康，因为他们每天都处于不健康的环境。为了解决这个问题，Dynamit Nobel AG 研制了无毒底火，叫作 Sinox。在这种无毒底火组成中，斯蒂芬酸铅被2- 重氮 -4, 6- 二硝基苯酚（diazole）代替，硝酸钡和硫化锑用过氧化锌和钛金属粉代替。

Sinox 底火混合物含有特屈拉辛、重氮二硝基苯酚、过氧化锌 / 钛粉和硝基纤维素球粉[51]。将这种底火与全被甲弹头（底部也封闭）配合使用，不会损害人的健康。

CCI 和 Fiocchi 生产无铅底火，Fiocchi 用二唑替代铅化合物，CCI 用二唑、锰（Ⅳ）氧化物和铝[52]。

Dynamit Nobel 正在研究用钛取代传统 Sinoxyd 底火中的硅化钙。从开发之日起，无铅底火就达到了和传统含铅底火激烈竞争的程度，将来很有可能代替含铅底火。

现在底火混合物可以分为六种：（a）含汞腐蚀性；（b）含汞非腐蚀性；（c）无汞腐蚀性；（d）无汞非腐蚀性，如 Sinoxyd 类；（e）Sinox 类，就是无铅底火；（f）其他（非常底火成分）。

在边缘底火子弹中，双组分底火成分（基于铅、钡化合物）比三组分类型（基于铅、钡、碲化合物）更常见。但是，三组分边缘底火也并不罕见。一些厂商在边缘底火子弹中既使用双组分底火又使用三组分底火。

底火不仅用在枪的子弹中，还用于其他场合，包括空包弹、燃烧弹、迫击炮弹、焰火弹、手榴弹、火箭推进榴弹、座位弹射机械、抛弃装置以及其他大型子弹系统中。

参考文献

44.*Kirk-Othmer Encyclopedia of Chemical Technology*, 2nd, 8（New York: Wiley-Interscience）, 654.

45.B.A.Bydal, Percussion Primer Mixes, *Weapons Technology*（November/December 1971）: 230.

46.G.R.Styers, The History of Black Powder, *AFTE Journal* 19（4）（October 1987）: 443.

47.T.L.Davis, *Chemistry of Powder and Explosives*（New York: John Wiley & Sons）, 42.

48.J.S.Hatcher Major General, *Hatcher's Notebook*（Stackpole Books）, 353.

4 9.J.E.Wessel, P.F.Jones, Q.Y.Kwan, R.S.Nesbitt, and E.J.Rattin, *Gunshot Residue Detection*, The Aerospace Corporation, El Segundo, CA.Aerospace report no.ATR-75（7915）-1（September 1974）, chap.2, p.13.

50.Private communication, 1975.

5 1.R.Hagel, and K.Redecker, Sintox—A new, non-toxic primer composition by Dynamit Nobel AG, *Propellants*, *Explosives*, *Pyrotechnics 11*（1986）: 184.

5 2.W.Lichtenberg, Methods for the Determination of Shooting Distance, *Forensic Science Review* 2,（1）（June 1990）: 37.

10　推进剂

　　轻武器子弹推进剂可以定义为："配制、设计、制造、研制的，可以以高度可控和预先确定的速度产生大量炽热气体的爆炸材料。"[53]

　　理想的推进剂应该是单一、固体、无毒、稳定、容易保存、容易击发、密实、便宜、便于用容易获得的材料制造、燃烧时无烟或无固体残留物（即完全转化为气体）的化合物。推进剂必须自身提供在有限空间燃烧所需要的氧，必须迅速燃烧但是不能爆炸，必须具有令人满意的能量/质量关系。

　　当然，没有一种化合物能满足所有这些要求。实际上，推进剂是由混合物组成的。

　　推进剂必须满足的一般条件：

　　制造简单、快速、相对安全、价格合理，材料在战时容易获得（军用推进剂）。

　　必须上膛安全、不吸湿，容易除去燃烧产物，对枪支和弹壳没有损害。

　　在不同存储条件和天气条件下性能稳定，不随时间延长而失效（特别适用于军用推进剂，军用推进剂需要保存较长时间）。在很热的枪膛内保持相当长时间不被击发（这也适用于底火成分）。

　　推进剂的能量/质量比及能量传递速度必须和系统匹配，系统就是弹壳和枪膛内空间、弹头重量、需要的压力和弹头速度。

因此，需要一系列推进剂来满足一系列枪支和子弹的不同弹道学需要。

　　燃烧速度非常重要，因为如果推进剂释放气体的速度太快就会爆炸，可能损坏枪支和射击者。如果燃烧太慢，子弹就达不到足够的速度。燃烧速度可以通过控制各个推进剂组分的颗粒大小和几何形状来实现 [推进剂颗粒（grain），是指具有简单几何形状的小颗粒或具有复杂几何形状的较大颗粒。不要将颗粒（grain）和质量单位格令（grain, gn）混淆，7000 gn= 1 lb= 453.59237 g。笔者认为颗粒最好用 granule 以避免混淆]。

　　燃烧速度除了和推进剂特有的燃烧性质有关外，还可以通过改变推进剂颗粒表面的涂层（缓和剂）改变燃烧速度。

　　推进剂常常叫作枪药、射击药或者简单地叫药。但是，推进剂很少是真正的药粉，其颜色、性状、颗粒大小各不相同。图 10.1 显示了一些推进剂颗粒的形状。

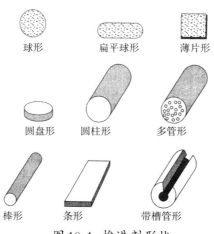

球形　　扁平球形　　薄片形

圆盘形　　圆柱形　　多管形

棒形　　条形　　带槽管形

图 10.1　推进剂形状

推进剂颗粒须一致，即推进剂颗粒不能破裂、有孔洞，因为这样会引起颗粒内部燃烧，导致爆炸或过高的压力。

推进剂颗粒形状和燃烧速度的关系非常复杂，这取决于推进剂的表面性质，表面性质影响分解速度；取决于推进剂周围的环境，环境影响热量向推进剂表面传送的速度，会导致化合物的分解。推进剂表面性质和气相理论的关系非常密切。

以设定的速度传送推进剂气体的过程，包括选择在枪支操作压力下需要的燃烧速度的推进剂成分，然后设计推进剂颗粒以获得需要的推进剂颗粒表面，提供需要的气体推进速度，就是必要的时间/压力关系。

自从1870—1890年间引入无烟火药，在小型武器中使用黑火药推进剂已经大为减少。现在，黑火药还用于特殊场合，如防爆枪、平底船枪、电缆枪、信号枪，也被黑火药爱好者使用。黑火药还用于不同类型的空包弹、大口径枪子弹。黑火药有几个主要缺点：（a）燃烧后产生大量固体残留物，能够吸收空气中的水分，造成枪生锈；（b）严重的污染也能够影响枪支的机械功能；（c）燃烧后产生的大量烟雾能够妨碍后面射击的视线；（d）烟雾能够导致误判射击位置。

黑火药是木炭、硝石（硝酸钾）和硫磺的混合物，常见的比例为15∶75∶10。木炭是燃料，硝石提供一定空间内燃烧需要的氧，硫是黏合剂，帮助把各种成分黏合在一起，其次也起到燃料的作用。黑火药呈黑色、颗粒状，燃烧速度通过颗粒大小控制。

黑火药燃烧时，开始部分燃烧，进行化学反应，产生热的气体。气体向各个方向扩展，加热周围部分，达到燃烧温度，引燃周围部分，产生更多热量，提高周围温度，这样继续燃烧。因为黑火药放在弹壳有限的空间内，压力上升，热量无法散出，因此在有限的空间，燃烧非常迅速，因此压力上升非常快。

黑火药燃烧产生浓密的含有非常细小颗粒的白色烟雾，暂时悬浮在热气体中。

　　分析特定品牌的黑火药燃烧产物的结果如下[54]：42.98% 重量为气体，55.19% 为固体，1.11% 为水。分析固体产物（重量百分比）和气体产物（体积百分比）的结果如下：

固体产物		气体产物	
碳酸钾	61.03	二氧化碳	49.29
硫酸钾	15.10	一氧化碳	12.47
硫化钾	14.45	氮气	32.91
氢氰酸钾	0.22	硫化氢	2.65
硝酸钾	0.27	甲烷	0.43
碳酸铵	0.08	氢气	2.19
硫	8.74		
炭	0.08		

　　不同品牌的黑火药不尽相同。不同厂家生产的黑火药组成变化不大，但是即使组成相似不同的木炭、不同种类（纯度）的硝石、不同的含水量等都能够产生不同的弹道性能。在第一次世界大战中，由于短时间硝酸钾短缺，硝酸钠被作为替代品。硝酸铵也被用作硝酸钾的替代品。

　　棕色火药（可可粉）代表了黑火药的发展顶峰，是黑火药最成功的形式，展现了更好的燃烧性能。部分燃烧的棕色木炭由燕麦秆制造，具有胶体性质，在压力下具有流动性，能够将颗粒物黏在一起。这使制造慢速燃烧的推进剂含有很少或者不含硫。典型的棕色火药含棕色木炭 19%、硝石 78%、硫 3%。无硫棕色火药含棕色木炭 20%、硝石 80%。

　　黑火药的现代取代物是"Pyrodex"，运输、存储和使用安全，比传统的黑火药燃烧干净。Pryodex 含有木炭和硫，但是含量比黑火药中的低，硝酸钾含量增加。Pyrodex 还含有高氯酸钾、苯甲酸钠和双氰胺[55]。

现代轻武器子弹的无烟推进剂几乎毫无例外地以塑性硝酸纤维素（NC）为主要氧化剂（六硝基纤维素，一般叫作硝基纤维素）。为了达到特定目的增加了其他化学品：

高能氧化塑化剂，如硝化甘油(NG–甘油三硝酸酯)，增加功能。

燃料型塑化剂，如邻苯二甲酸酯、聚己二酸酯、聚脲，增加物理和处理性能。

有机结晶化合物，如硝基呱啶，舒缓弹道性能。

稳定剂，如二苯胺、2–硝基二苯胺、二硝基甲苯、N–甲基–p–硝基苯胺、中定剂、二苯脲（N, N¹–二苯基脲），和不分解产物结合增加化学稳定性。

一系列无机添加剂，如石灰、石墨、硫酸钾、硝酸钾、硝酸钡，增加可燃性，便于操作，减轻枪口闪火（石墨覆盖在颗粒上作为润滑剂，防止颗粒彼此粘连，抑制静电）。

金属粉，有时加入一些金属线以改变热和导热性能。

有的厂家增加着色剂标志物，协助产品的识别。

含有硝酸纤维素作为唯一氧化剂的推进剂叫作单基推进剂，含有硝酸纤维素和硝化甘油（或其他爆炸物塑化剂）的推进剂叫作双基推进剂。当双基推进剂中含有相当数量的有机结晶化合物，如硝基呱啶，就是三基推进剂。三基推进剂不可能出现在小型武器中。

稳定剂是必需的，因为硝酸纤维素长期放置会发生分解反应。分解反应会产生四氧化二氮，这种化合物是自动催化剂，能够加速分解反应[56]。稳定剂作为四氧化二氮的捕集剂，可以延长产品的保质期。稳定剂的用量为0.5% ~ 2.0%。分解产物能够导致枪支腐蚀，为了中和分解产物，一些推进剂中加入了碳酸钙。常见稳定剂为二苯胺及其硝基衍生物（见图10.2）。

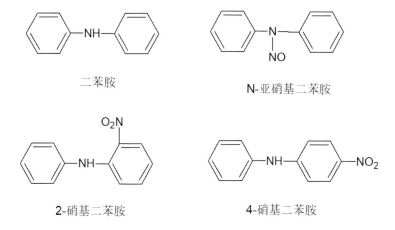

二苯胺

N-亚硝基二苯胺

2-硝基二苯胺

4-硝基二苯胺

图 10.2 稳定剂

二苯胺是最常见的稳定剂，特别是常用在单基火药中。有人提出二苯胺不是双基推进剂好的稳定剂，因为二苯胺能够水解 NG [57]。2-硝基二苯胺用于双基和三基推进剂。

另一种常见的稳定剂是乙基中定剂（见图 10.3），虽然有时也用甲基中定剂 [58]。甲基中定剂（对称二甲基二苯脲，II 号中定剂）也作为缓和剂以减小燃烧速度。乙基中定剂常出现在双基推进剂中。间苯二酚也用作稳定剂（见图 10.4）。

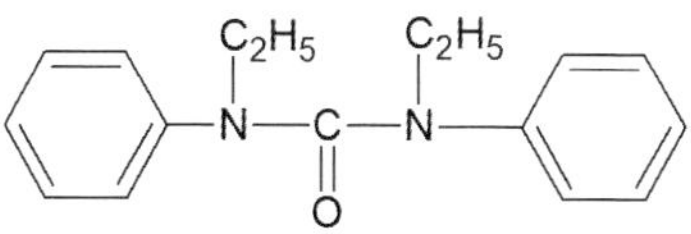

图 10.3 乙基中定剂（对称二乙基二苯脲） 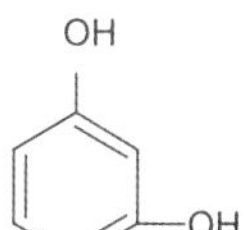 图 10.4 间苯二酚

塑化剂可以增加推进剂颗粒的强度和可塑性。一些塑化剂的实例见图 10.5 和图 10.6 [59, 60]。

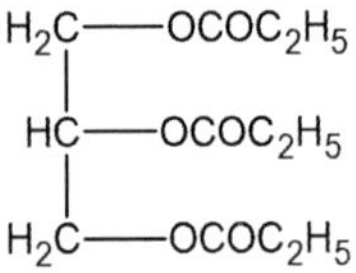
H2C—OCOC2H5
HC—OCOC2H5
H2C—OCOC2H5

图 10.5 三乙酸甘油酯

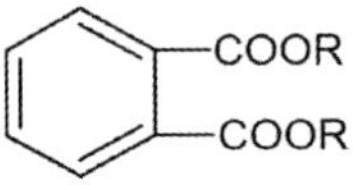
COOR
COOR

R为CH_3，邻苯二甲酸二甲酯

R为C_2H_5，邻苯二甲酸二乙酯

R为C_4H_9，邻苯二甲酸二丁酯

图 10.6 邻苯二甲酸二甲酯、邻苯二甲酸二乙酯和邻苯二甲酸二丁酯

枪口闪火抑制剂（消光剂）包括二硝基甲苯（见图 10.7）。二硝基甲苯可以降低爆炸热量作为闪火抑制剂。硝基胍是另一种闪光抑制剂，通过产生氮稀释枪口的可燃气体。硝酸钾和硫酸钾也用作闪火抑制剂，但是二者的缺点是都会产生烟雾。

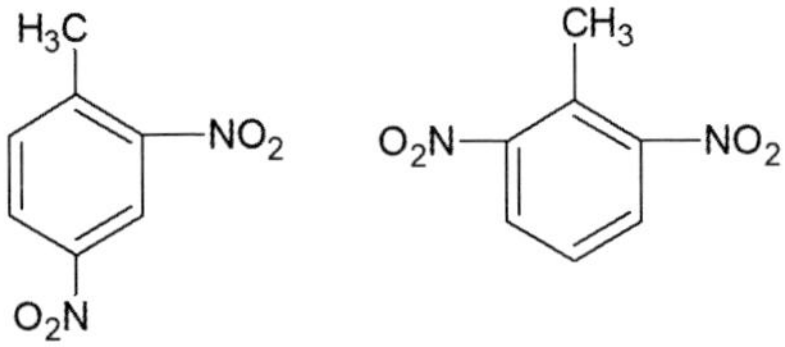
H3C
NO2
O2N
CH3
O2N
NO2

图 10.7 2，4- 二硝基甲苯和 2，6- 二硝基甲苯

减轻磨损的添加剂包括蜡、滑石和二氧化钛。

黏合剂（保持颗粒形状）包括乙酸乙酯、树脂（也叫松香，来自松树或柏树的液体或黏稠物质）。

脱硫剂用于减少铜残留物在枪膛来复线上的积累，包括金属锡和二氧化锡化合物，金属铋，以及三氧化铋、碳酸铋（I）、硝酸铋、碲化铋等化合物。铋的化合物容易溶解在熔化的铋中，形成脆性大或容易去除的合金。也可以用铅箔，但是由于其具有毒性已经被放弃了。

单基和双基推进剂成分的实例分别见表10.1和表10.2。

无烟火药比黑火药燃烧时产生的固体残留物和烟相对少。无烟火药燃烧主要产生氮气、一氧化碳、二氧化碳、氢气、水蒸气等。无烟火药的用量随口径弹头重量／类型、需要的压力／速度、弹壳内空间等而变化。步枪使用的子弹含有的推进剂重量为：0.22 ″口径的0.45 g（6.9 gn）～.378 ″口径的6.45 g（99.5 gn）。手枪和左轮手枪为：0.25 ″口径的0.06 g（0.9 gn）～.44 ″ Magnum 口径的1.72 g（26.5 gn）。猎枪为：20口径的1.10g（17.0 gn）～12口径的2.0 g（30.9 gn）。

一般而言，火药产生700 cm³/g～1100 cm³/g 气体，火焰温度从冷推进剂的2000 K到很热推进剂的4000 K。双基推进剂产生的典型气体组成为：二氧化碳28%、一氧化碳23%、氢气8%、氮气15%、水26%。

在无烟火药中发现的其他成分包括：樟脑、氨基甲酰吡咯（carbazole）、甲酚、二聚乙二醇二硝酸酯（DEGDN）、癸二酸酯、二硝基甲酚、正己二酸二丙酯、2,4-二硝基二苯胺、PETN、TNT、RDX、丙烯酸树脂、阿拉伯胶、合成树脂、铝、氯酸／草酸／高氯酸铵、草酰胺、碳酸／水杨酸／硬脂酸铅、氧化镁、硫化铝钠、碳酸／碳酸氢钠、凡士林、邻苯二甲酸二辛酯、二氧化锡、环烷酸钾、三苯化铋。

NG 在双基推进剂中的百分比为5% ～ 44%。

除了用于枪支子弹，推进剂还作用于其他装置和用途，例如驱动涡轮机、移动活塞、从喷气式飞机中弹射飞行员、剪断螺栓和电线、打开火箭蛱蝶、在特殊操作中作为热源、开动导弹中的泵、清理地下钻孔的堵塞、发动飞机引擎、丢弃飞机上的储物，一般为系统在相对较短的时间内提供控制良好的强大力源。推进剂也用于空包弹。

表 10.1 单基推进剂（% 组成）

硝酸纤维素（NC）	89.0	99.0	97.7	90.0	79.0	85.0	87.0	96.25	94.25	94.0	98.0	99.4	92.4
硝酸钡	6.0						6.0						
硝酸钾	3.0						2.0				.25		
淀粉	0.75												
石蜡油							4.0						
二苯胺	1.0	1.0	0.8	1.0	1.0	1.0	1.0	1.0	1.0	1.0	1.0	0.6	0.6
二硝基苯				8.0		10.0							6.5
甲基中定剂								2.0	2.0	1.75			
邻苯二甲酸二丁酯				1.0		4.0		2.0	2.0	1.75			
三乙酸甘油酯					5.0								
锡			0.75				含 NC		0.8				
石墨			0.75		0.2		含 NC				0.5		
硫化钾							0.75	0.75	0.75				
染料	0.25												
三硝基甲苯					15.0								

表 10.2 双基推进剂（%组成）

	77.45	52.15	56.50	59.65	85.45	59.40	58.00	76.5	89.4	79.25	51.5
硝酸纤维素	77.45	52.15	56.50	59.65	85.45	59.40	58.00	76.5	89.4	79.25	51.5
硝基甘油	19.50	43.00	28.00	36.00	9.00	36.00	40.00	21.5	8.0	15.00	43.00
邻苯二甲酸二乙酯		3.00		0.40	0.40	0.40				3.50	3.25
邻苯二甲酸二丁酯					1.10						
邻苯二甲酸二苯酯											
二硝基甲苯			11.00	0.35	0.65	0.55					
硫酸钾	0.75	1.25	1.50★								
硝酸钾	0.60								0.8		1.3
乙基中定剂		0.60	4.50					2.0	1.0		1.00
石墨	0.30			1.05	0.25	1.00	0.60			0.60	0.20★
硝酸钡	1.40										
炸蜡			0.08★								
甲基纤维素			0.50★								
硫酸钠				0.10	0.10	0.10	0.10			0.10	
碳酸钙				0.40	0.40	0.40	0.10			0.10	
二苯胺				1.00	1.00	1.00	0.50			0.50	
水				0.50	0.90	0.55	0.40			0.60	
甲基中定剂									5.0★		
锡									0.8		

★ 加入基本组成。

参考文献

53.*Kirk-Othmer*, *Encyclopedia of Chemical Technology*, 2nd ed., vol. 8（New York: Wiley-Interscience）, 659.

54.T.L.Davis, *Chemistry of Powder and Explosives*（New York: John Wiley & Sons）, 43.

55.E.C.Bender, The Analysis of dicyandiamide and sodium benzoate in pyrodex by HPLC, *Crime Laboratory Digest* 16, no. 3（October 1989）: 76.

56.T.Urbanski, *Chemistry and Technology of Explosives*, vol. 3（Oxford, UK: Pergamon Press, 1967）, 554.

57.T.Urbanski, *Chemistry and Technology of Explosives*（New York:John Wiley & Sons, 1980）, 561.

58.T.Urbanski, *Chemistry and Technology of Explosives*（New York:John Wiley & Sons, 1980）, 645.

69.S.Fordham, *High Explosives and Propellants*, 2nd ed.（Oxford, UK: Pergamon Press, 1980）, 171.

60.J.M.Trowell, and M.C.Philpot, Gas chromatographic determination of plasticizers and stabilizers in composite modified double base propellant, *Analytical Chemistry* 41（1969）: 166.

11 发射物

枪支法案（Firearm Act，北爱尔兰）把枪支定义为"任何致命的筒管武器，从中可以发射弹丸、弹头或其他发射物"。这个非常宽泛的定义几乎把见到的任何带有筒管，并能发射发射物的装置类型都涵盖了。可以把发射毒箭的吹管确定为武器吗？那是"气体"操作的，具有筒管，也能发射致命发射物。虽然不能认为吹管具有致命性，但是和武器相比，它能够瞄准和发射发射物，是能杀人的发射物。因此，我们把主要注意力集中到发射物设计上。军用和民用市场有许多类型的发射物。

在本书中，只详细考虑传统的发射物。武器中传统的发射物有弹头、弹丸和独弹，同种类型中每一种的大小、形状、重量、组成和物理性质都不一样。

武器的范围很广，可选的枪支 / 子弹组合数量非常大。有如此多发射物的原因涉及内外弹道学、目标的性质、损伤弹道学，这些都超出了本书的范围。

弹头

任何子弹类型都是为特殊目的而设计的，一件武器能用的子弹范围非常重要。图11.1显示了圆头子弹不同的物理设计[61]。这只显示了适合不同口径的一种设计的子弹类型。其他设计的子弹又有不同类型，例如，截顶的圆锥体、圆锥体，或螺旋尖顶、平顶、半填充切顶、填充切顶、圆球，等等，所有的子弹类型都有不同的口径，甚至子弹的底部设计还可以变化[62]（见图11.2）。

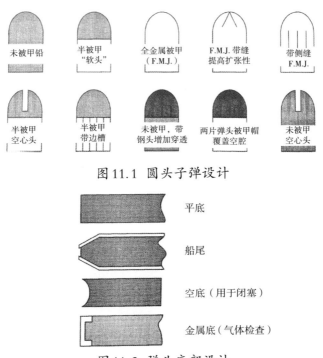

未被甲铅　　半被甲"软头"　　全金属被甲（F.M.J.）　　F.M.J.带缝提高扩张性　　带侧缝F.M.J.

半被甲空心头　　半被甲带边槽　　未被甲，带钢头增加穿透　　两片弹头被甲帽覆盖空腔　　未被甲空心头

图11.1　圆头子弹设计

平底

船尾

空底（用于闭塞）

金属底（气体检查）

图11.2　弹头底部设计

即使不考虑组成的差异，子弹的弹芯和被甲也有多种。子弹有被甲（jacketed）、非被甲（unjacketed）或部分被甲（partially jacketed）不同类型。非被甲的子弹仅限用于左轮或火力较低的手枪或来复枪。非被甲子弹表面覆盖着一层很薄的铜或黄铜，有润滑作用，还有美化作用。"穿衣"（coat）或"沐浴"（wash），不是传统意义上的被甲。无被甲子弹常常用蜡或油脂润滑，以减少铅在枪筒内的剥离。

高速的子弹必须全部或部分被甲，非被甲的铅弹高速击发，会产生变形，大量的铅会被来复线从其表面剥落下来。在枪筒内部大量脱落的铅，会对后面射击的准确度产生较大的影响。在自动上膛

的枪械中未被甲的铅弹还容易受到供弹机构的损伤。

在大多数弹头中，铅芯底部暴露在热的推进剂气体中，这作用于被甲和未被甲的子弹（不包括完全金属被甲的弹头）。有些弹头底部带有气体隔离垫以防止热气体的侵蚀。这种侵蚀能够影响弹头的对称性，因而影响弹头的射击精度。弹头的底部可以填充或覆盖一种物质，且不受击发产生的温度和压力的影响，如氧化铝（Alox）润滑剂。另一种方法是用凹陷铜杯覆盖弹头底部。这种弹头的底部被被甲覆盖。电镀板被甲常常覆盖全部弹头。一些带有暴露铅头软体的弹头部分被甲，常常在底部收口。那些全部被被甲包裹，包括底部也被甲的弹头，叫作全金属被甲（total metal jacket，TMJ）子弹。

传统的弹头叫作"弹丸"（ball load），单词"球"一词源自早期武器开发中使用圆球作为发射物。现代来复枪膛使用的弹头是非球形发射物。传统弹头设计主要考虑穿透力和阻力（把撞击的动能迅速转变为穿透人和动物的力量），这由物理设计和选择合适物理性质的材料实现。

被甲的材料几乎总是比弹芯材料硬，穿甲弹被甲除外。被甲由电镀或更常见的独立于弹头制造，然后弹头被挤进被甲。另一种制造方法是把熔化的铅倒入被甲中。被甲的边缘常常部分包住弹头底部，或者用其他物理方法覆盖。

当被甲弹头击中目标，弹芯和被甲可能会分离，为了防止这样的情况发生，使用了卷曲、折叠、特别被甲形状、熔弹芯技术。另一种感兴趣的方法是使用叫作弹芯熔合（Core-Bond）的产品，将金属表面氧化物熔掉，使金属铅直接结合到被甲上。这在两种金属间产生一定程度的合金，据说这可以产生比物理方法更优越的结合效果。还使用了被甲和弹芯焊接法[63]。

弹头被甲材料包括镀金金属；铜镍合金；覆铜镍合金钢；镍；覆

锌、铬、铜钢；覆漆钢；黄铜；镀镍或镀铬黄铜；铜；青铜；铝 / 铝合金；尼龙（Nyclad）、覆特氟龙或铬钢（稀有）。黑色特氟龙弹头有黑色硫化钼涂层的金属被甲，涂层用作润滑剂。钢被甲内外常以涂层作为抗腐蚀措施。镀金属是迄今为止最常见的被甲材料，锡被认为有润滑性能，有时使用到被甲材料中。该合金叫作 Lubaloy 或 No-baloy 合金，含有90%铜、8%锌和2%锡。

弹头底部和头部被甲的厚度和硬度不同，头部薄可以对撞击有更好的延展性，头部厚可以获得对目标更好的穿透性。被甲对弹芯的物理附着可以变化。这取决于想要弹头对目标的作用，或者控制弹头的延展性，或者获得对目标更大的穿透性，或者防止弹芯和被甲分离。图11.3显示了不同的物理设计[64]。

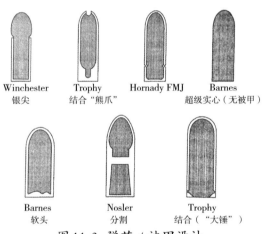

图 11.3 弹芯 / 被甲设计

弹芯可以由不同材料制成，铅因为密度高而且便宜、容易获得和制造成为迄今最常用的材料。但是，也会使用铜、黄铜、青铜、铝、钢（有时用热处理加硬）、贫铀、锌、铁、钨、橡胶和不同的塑料制造弹芯（当绝大多数铀放射性同位素被从天然铀中除掉，就得到贫铀。贫铀比铅密度大67%，是理想的弹头被甲材料，不仅用于小型武器还用于大型军火组成。由于具有残留的放射性，其使用备受争议）。至今带铅芯和铜合金被甲的弹头最常见。

整体弹头是没有被甲的固体金属弹头。铜或铜锌合金最为常见，但是也有铜镍、碲铜、金属和聚合物复合的材料。这些弹头比铅弹头对环境友好，并且据说准确度更高。由于造价较高，整体弹头远不及铅弹头普遍。

有时弹芯材料使用头部和底部硬度不同的组合（双芯弹头），例如铅头和钢底、钢头铅底、软铅头和硬铅底的被甲弹头。

弹头铅可以是软铅，也可以是锑、锡或二者硬化的铅。在早期的弹头开发中，汞也用于弹头的硬化。合金材料的量变化很大，例如，锑从 <0.5% 到高达12%，但是典型的是2% ~ 5%，锡为 <0.5% ~ 10%，典型的是3% ~ 5%。如同锑，达到一定的硬化需要大量的锡；因此，考虑到成本因素，锑更常使用。

一些被甲弹在子弹头部带有小空穴，里面填充了和弹芯不同的材料。在一些子弹的空穴空着，不填什么东西。弹头尖端通常用比弹芯轻质的材料，如塑料、铝、纤维、碳酸钠、聚碳酸酯、尼龙、纸、软钢。一些软尖和非被甲的弹头在头部使用金属帽增加穿透性，保护头部不受损伤，或改进自动枪上膛。常用的材料有铜、钢、铝帽和塑料帽。

普通弹弹头常常叫作"填充弹头"，设计用于特别目的，如曳光弹、燃烧弹、被甲弹等。

穿甲弹头

穿甲（AP）弹有完全由钨合金、钢、铁、黄铜、青铜、铍铜或贫铀构成的发射物或发射芯。最有效的 AP 弹头通常限于步枪弹头，因为 AP 需要中速度和距离是重要的因素。一些左轮手枪和其他手枪被描述成能够穿透金属，虽然它们可能对车身和一些装甲车身有效，但是对较厚的装甲板无效。穿甲弹头是有被甲的，很少例外。

穿甲步枪弹头通常有尖端填充，设计作为对穿甲芯撞击隔垫，这个隔垫非常硬和脆，能够打破没有隔垫的冲击。穿甲芯也常常在芯和弹头被甲之间用薄铅鞘包围，穿甲芯通常为硬化钢，如钨/碳、钨/铬、锰/钼、铬/钒或铬/钼等材料。

两种穿甲芯材料的参数为：

1. 含2%~3%钨和1.25%碳的钢。

2. 含3%~4%钨、1.1%碳和痕量锰的钢[65]。

碳化钨也已经用作穿甲芯，具有优良的穿透性，是由钨和碳、镍、钴和其他元素形成的合金。碳化钨密度大约是钢的2倍，比铅高1.4倍。碳化钨没有磁性，非常硬。分析穿甲芯的结果为：

钨	93.90%
碳	1.65%
钛	1.55%
镍	1.55%
铁	0.43%
	＋痕量元素

已经制造了含有催泪剂和碳化钨穿甲芯/曳光/催泪气体的碳化钨穿甲弹头。用硬化钢而不是碳化钨芯制成了类似的穿甲/曳光/催泪气体弹头。

一种中国制造的碳化钨弹头，带有退壳底座，速度很快非常有效。美国也用贫铀作为弹头芯材料生产一种带底座穿甲弹头[66]。

有一系列口径和设计的穿透金属的左轮手枪和手枪可以使用以下几种弹头：

KTW弹头：原来的设计有硬钢或钨钢芯，带有铜气体核实，现在的版本是实心黄铜或青铜弹头，没有气体核实。二者都有一半金属镀层，弹头的暴露部分涂以绿色特氟龙。

National 弹头：尖头实心钢弹头，基底用黄铜杯包裹。

ABC（美国弹道公司）弹头：非被甲实心钢尖端弹头。

Arcane 弹头：圆锥形平底弹头，由实心铜合金制造（0.380 ″ 口径是圆头）。

THV（Tres Haute Vitesse）弹头：一种不寻常形状的弹头，用实心黄铜制造，因为硬度大、设计形状和速度高，穿透能力为传统弹头三倍。

现代穿甲弹在铜或铝等较软被甲外常有硬钢或钨。一些子弹结合了较贵重的炸药或燃烧尖端帮助穿透较厚的盔甲。高价的燃烧弹 / 穿甲弹尖端带有燃烧和炸药的碳化钨穿透器。

曳光弹头

射击时曳光弹头在其后面留下可以看见的痕迹，以便可以看到弹道，如果需要弹道（弹道痕迹）可以被矫正。曳光弹弹头在底部有个洞穴，填充了能被推进剂点燃的混合物。虽然更常见的是步枪口径，可用的弹头还有手枪和左轮手枪口径。

曳光成分常装在基底洞内的金属小罐里。已知有铜、黄铜、镀金属钢、铜涂层的钢等小罐。有的成分放在底部洞穴中，而没有使用小罐。典型的曳光弹头含有镀金属的弹甲和铅芯以及含曳光成分的底部洞穴。圆纸片、铅、钢或黄铜垫圈和清漆用来密封弹头底部。

在老式子弹中使用了磷化合物（曳光弹和燃烧弹中），但是在现代子弹中镁几乎完全取代了磷。

4 例曳光成分如下[67]：

过氧化钡	86%	（氧化剂和上色剂）
镁粉	12%	（燃烧材料）
树胶	2%	（黏合剂）

硝酸锶	51.7%（氧化剂和上色剂）
镁	33.3%（燃烧材料）
聚氯乙烯	5.4%
羟基苯甲醛 （带黄色染料）	9.6%
镁粉	38.0%
蜂蜡	4.8%
硝酸锶	42.8%
虫漆（Shellac）	4.8%
氯化橡胶	4.8%
碳酸镁	4.8%
镁	13%
铝	3%
硝酸锶	73%
铁	6%
树脂材料	5%

　　黑色或暗色的点火曳光弹头也叫延迟曳光弹头。该弹头是离枪口一定距离才引燃，以免让射击者炫目或不让人看清射击位置。这些弹头的底座中在明亮燃烧的曳光成分上面有延迟燃烧点火成分。一种曳光点火剂混合物含有高锰酸钾和铁粉[68]。一种延迟曳光点火组分含有镁粉175 g、石墨粉10 g、三氧化铋315 g。一种"不可见"曳光弹点火组分含有76% 过氧化铋、23% 五硫化碲、1% 石墨粉。钛金属也用作一些曳光成分。

　　有夜曳光、日曳光和昏暗点燃曳光弹头。黄色、绿色、橘黄色和白色曳光颜色，可以产生不同的亮度。曳光点火成分也可以产生不同的亮度，就是亮的白天使用，暗的夜晚使用。

　　较暗的曳光组分包括：

聚氯乙烯	16%
镁粉	28%
硝酸锶	56%

聚氯乙烯	17%
镁粉	28%
锶粉	55%

有的曳光组分可以发出红外光，例如含有硼、高氯酸钾、水杨酸钠、碳酸铁或碳酸镁（作为阻燃物或黏结剂）的混合物。

单程照明（one-way luminescence，OWL）曳光弹在标准的子弹中使用非可燃曳光材料代替惰性的发光物质。

有的步枪炸药/曳光弹头，含有铜合金弹甲和钢芯。有一种炸药装在洞穴顶部，含有40%PETN、45%叠氮化铅、15%特曲拉辛。这种炸药下面是黑火药或无烟火药，在弹头底部小金属杯中装有曳光成分。

通过在已知系列球形或其他子弹中放入曳光弹，曳光弹头还用于指明弹匣或弹袋中子弹快要用完的时间。

燃烧弹头

燃烧弹头用于可燃的目标，在弹头头部有燃烧组分，撞击时就能被点燃。燃烧弹头常见于步枪口径。

镁是最著名的燃烧剂，熔点约为650℃，熔化后很容易点燃。燃烧组分容易被点燃，产生足够的热熔化使用的镁。一些燃烧组分的实例如下[65]：

铝	20%
"铝热剂"（Hammerscale）	40%
硝酸钡	35%
硼酸	5%

在小型子弹中不可能遇到这种混合物。更可能遇到：

镁 / 铝合金	50%
硝酸钡	50%

硝酸钡	32.0%
过氧化钡	53.3%
镁	9.8%
羟基苯甲醛	4.9%

磷是另一种著名的燃烧剂，磷或磷基组分已用于燃烧弹和曳光弹中。因为制造困难，这种组分大多数被镁类混合物取代。但是，在早期的子弹中还会使用磷，一些非欧洲国家还在制造这种子弹。磷或磷基组分有燃烧或曳光作用，还有一种组分是磷和铝的混合物。

用于早期子弹的其他燃烧成分为氯酸钾基，含有氯酸钾和作为发火成分的硫氰化汞。另一种较老的燃烧组分含有硝酸钾、镁、铝和氧化铅[69, 70]。多用途填充弹头，如被甲 / 燃烧 /、被甲 / 曳光、观察曳光弹头，撞击时会留下可见痕迹并产生一团烟雾。一种这样的烟雾药含有 85% 二氧化铅和 15% 铝粉。还有曳光 / 燃烧、被甲 / 燃烧 / 曳光弹头。在多用途填充弹头中还含有炸药和催泪剂。第二次世界大战中多用途装填弹头实例见图11.4。

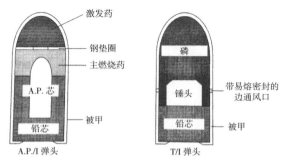

图 11.4 多用途填充弹头

在被甲／燃烧弹头中起爆药为氯酸钾、镁、碲的混合物。主要燃烧成分为镁、铝、氯酸钡、硫和硝酸纤维素。曳光／燃烧弹头有两个边出口，用含锡、铋、碲熔融金属密封。在通过枪管时部分热熔化熔融的密封金属，点燃接触空气的磷，使磷既产生曳光又用于燃烧。

霰弹丸和独弹

猎枪霰弹为圆形金属球，大小不同、硬度各异，材料根据用途而变化。用在12、16和20号口径的特殊的立方体弹丸，据称与圆形弹丸相比，该弹丸具有更快的打开方式和更低的跳弹危险。

在猎枪子弹中，霰弹装在弹壳内。子弹中的霰弹一般大小和组成相同，但是有一系列大小霰弹的子弹可以利用（duplex）。

猎枪霰弹可能是软弹丸（就是含少于0.5%合金金属的铅），或者硬弹丸（冷硬弹丸，就是含0.5%~2.0%合金金属的铅），或者超硬弹丸（就是含3%以上合金金属），或者钢弹丸（铁弹丸，就是软钢霰弹）。钢弹丸的引进出于环境原因，因为铅有毒。但是，钢弹丸性能较差，因此研发其他无毒替代品（评价了铋弹丸，根据性能和毒性水平，铋的前景良好）。用钨、镍、铋及其混合物增加霰弹弹丸的密度，使其接近于铅。

霰弹有时表面涂石墨、镀铜或镀镍。镀金属的弹丸正常用于硬或超硬的弹丸。合金金属通常为碲，虽然也遇到过含量高达12%碲的，典型铅霰弹含0%~6%碲。生产的钨聚合弹丸，正如名字暗示的，含钨金属包埋在热塑性塑料中。

有时弹丸和塑料缓冲材料（一般为白色颗粒状聚乙烯）混合，防止射击时弹丸变形。近距离射击时缓冲材料可能出现在伤口。防止变形的另一种创新是在弹丸通过枪管时使用弹丸杯包裹弹丸，当弹丸离开枪口时弹丸杯从弹丸上脱落。

猎枪子弹中可能有多到4个弹塞，大多有2~3个弹塞。当发射物进入枪管时，弹塞用于提供气密封，将从推进剂和霰弹分开，堵住弹壳口。弹塞通常为纸、纸板、塑料（系列颜色）、毛毡（可能是或不是蜡或油脂化的），偶尔为衣物材料。弹塞可能面向蜡纸或用黑色或其他颜色的上光纸，全部弹丸可能用纸标签覆盖，标签上印着子弹的信息。

射击时，弹塞被推出枪口，但是由于其形状和重量，只能抛出很短的距离，除非被风刮得较远。但是，近距离射击（通常不到6 ft）弹塞可能出现在伤口。

在猎枪射击中，弹塞可以提供有用的信息。通过化学检验可以提供关于底火的信息和推进剂的种类，物理检验有时可以确定口径，给出弹丸大小的提示。各个厂家生产的弹塞成分、颜色、厚度、设计不同，物理检验可以揭示子弹的身份（弹塞还出现在一些步枪、左轮手枪和手枪子弹中。超过1个弹塞的子弹很少见。有时弹塞用硝化纤维素制造，但是更多的是用上光或蜡纸板制造。这样的弹塞置于推进剂和弹头之间）。

有时在猎枪弹壳中装有单个带膛线的重弹、单个铅球或电镀钢球。这些弹头是为近距离激烈对抗或特殊目的而设计的。例如，警察击穿发动机缸体，使正在逃逸的机动车停下来。附膛线的重弹可以将猎枪变为临时性的短程步枪，能够在近距离内获得相当大穿透力和制动力。某些独弹制成空尖形，以便在击中目标时增加扩张。制造带底座的独弹可以从滑膛射出，但是从来复猎枪中射出更有效。特别目的的子弹可用于猎枪。例如，大型独弹用于破坏门锁和铰链，便于武力进入房屋或车辆；带底座的弹头和独弹、催泪气体、辣椒球、烟幕；用于暴乱控制的飞镖或橡胶弹和装豆子的袋子。特别猎枪子弹还用于军事上的排弹。猎枪子弹特别适合装到特殊设备上或装入化学制剂。

几个特别子弹的例子如下。一种由铁和牙科石膏混合物组成的圆柱形易碎金属/陶瓷独弹，用于破坏门锁进入住所。有时一块填料被附接在独弹底部，以便在独弹通过滑膛枪枪管时提供气密性密封。

另一种非常规12号口径猎枪弹是法国的"Silver Plus"。这是一种从猎枪射出的箭形弹头，据说速度很快，精度是传统铅制独弹的4倍，穿透性是传统独弹的3倍。这种弹头被两片环套包围，当发射物离开枪口时，两片环套脱落[71]。

有一种12号口径的猎枪子弹叫作"龙呼吸"，是一种焰火弹，产生大约40码的焰火。一种20号口径能发出闪光和雷声的榴弹，能产生很强的爆响，枪炮口火焰达到1码，能产生眩晕/转移人的注意力的效果，并被特种部队使用。其他特别用途的子弹包括穿甲/燃烧弹，其中一种装有锋利的钢钉，另一种含有独弹和霰弹丸混合物。还有一种12号口径的空包弹用于剧场，旨在引起人们的注意。

手制子弹

许多爱好者使用手制子弹（用新的组件，就是弹壳、底火、推进剂、弹头来制造子弹）和再装子弹（用用过的弹壳和新的底火和推进剂，用新弹头或自制的弹头制造子弹），这种情况在美国比较常见。重新装弹可以大大降低子弹费用，为枪支提供不寻常的老式子弹，为特制枪提供子弹。无论是手制子弹还是再装子弹，都适用商业上可以得到的底火和推进剂，这些和商业制造的子弹基本相同。

再装者要么使用商业弹头，要么用商业上可以买到的铅合金棍或一系列合适的废金属合金。用于再装目的的制造的子弹两种配方如下：

1.90% 铅、6% 碲、4% 锡；

2.83.5% 铅、11.5% 碲、5% 锡。

通过用不同数量的锡和锑使铅变硬，再装者可以控制弹头的硬度。他们还可以铸造混合弹头，用模子铸造头部和底部，然后用环氧树脂胶将两部分粘在一起。

适合用于制造弹头的废金属来源包括旧铅管、旧电缆管、旧房顶铅板、商业铅丝、旧锡器、高速轴承、50/50模棒（铅和锡）、基本白金属（92%锡、8%锑）。再装弹头主要资源为轮重金属（约90%铅、1%锡和9%锑）和印刷类金属（有五种类型，组成范围62%~94%铅、3%~15%锡、3%~23%锑）。莱诺（Linotype）是最常用的金属类型（85%铅、4%锡、11%锑）。

如果人工制造的弹头满足硬度和精度标准，再装者不会在意确切的组成。含有90%铅、5%锡和5%锑的合金是较为常用的混合物。铸造的弹头通过热处理进一步硬化。为了让热处理有效，必须在合金中加入少量的砷。

其他类型的发射物

不太流行和不常见的发射物包括爆炸弹头，脱壳次口径弹，信号弹，蜡、橡胶、塑料和木质弹，脆头弹，催泪弹，警棍弹，箭形弹，毒弹，复合弹，用于手枪和左轮枪的霰弹丸，其他特殊目的发射物类型等也偶然出现在法庭科学案检中。

爆炸弹头

爆炸弹头不是最近才有的概念。大约在十九世纪中叶发明了两种步枪炸弹，一种使用撞击杯和黑火药，另一种使用雷酸汞。图11.5显示了这两种类型的爆炸弹头。

发射物

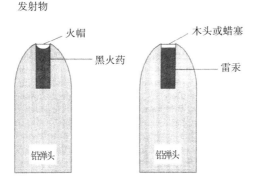

图 11.5　炸弹弹头

在第二次世界大战中，开发了几种带集成撞击针的步枪爆炸弹头。一种在黄铜衬套内含点火针。衬套可以在铜杯内自由地前后滑动，滑杯前端有个小洞，击发时击针回到铅芯；撞击时击针向前运动，尖端刺穿铜杯前端的洞，引爆炸药混合物（见图11.6）。

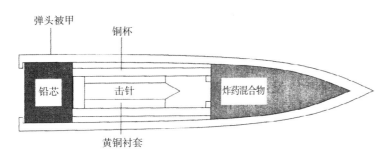

图 11.6　炸药弹头

另一个类似的设计含有击发针，击发针撞击引爆0.42 g雷酸汞（42%）和氯酸钾（58%）混合物。还开发了自带击发针的爆炸和燃烧弹头，燃烧组分含有5 gn 的白磷和炸药以及7 gn 的斯蒂芬酸、过氧化钡和硅酸钙的混合物（见图11.7）。

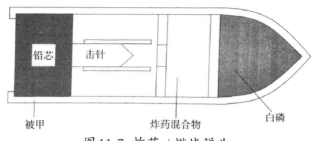

图 11.7 炸药／燃烧弹头

步枪爆炸弹头的进一步设计是，不带击发针，弹头头部含有 40 mg 雷酸汞底火，撞击时引燃压缩的黑火药，这反过来引爆含有氯酸钾和硫化碲的炸药混合物的金属杯。PETN 炸药也被用于步枪炸药弹头。

美国 Velet Cartridge Company 和 Binghan Limited（Exploder/Devastator）生产现代炸药。他们提供一系列不同口径的手枪和步枪弹头。Velet 爆炸弹头是正常的半被甲的空心炸弹，含黑火药或 Pyrodex 炸药成分，底火帽密封空穴。撞击时引燃底火杯，引爆炸药混合物。Velet 还生产装汞的发射物。除了没有铅弹丸，Exploder 弹头基本上和 Velet 爆炸弹头相同[72]。

在里根遇刺案中涉及使用 Devaster 爆炸弹头。这些弹头含有 .22 " LR 口径铜涂布铅空心弹头，变化是深深的钻孔装有含大约 24 mg 叠氮化铅的铝合金小罐。硝化纤维素漆用于密封小罐的底部。开始时使用 RDX 炸药，但是后来被叠氮化铅代替[73, 74]。

信号弹

这种弹头含有一些种类的烟火成分，可以用于信号目的，在较短的时间提供光源或烟火。主要有 38 " Special 和 9 mm Parabellum 口径短程弹头或 12 号和 16 号口径的猎枪子弹[72, 75]。

蜡弹

蜡弹用于模拟决斗、快速平息抗议、短程训练和空包弹。橡胶和塑料弹头也用于短程训练。这种子弹通常装有手枪底火。

木质弹头

木质弹头常用于需要自动武器功能的空包弹。如果某种形式的弹头的爆炸装置和枪口不匹配，短程射击可能有致命的危险。一些木质弹头可能带有小口径发射物的底座。

脱壳次口径弹头

底座是堵住弹头下部的轻质塑料容器。和传统的弹头有很多相似，带有弹头的底座装在弹壳的颈部。当小口径弹头（较轻重量）从大口径枪管发射出来，底座用于产生很高的弹头速度。很高的速度源自在大口径枪中发射轻质的弹头，底座在枪管和弹头之间形成一种衬管，作为气封和推进垫。美国雷明顿公司"加速器"（Accelerator）子弹是这类风格子弹的实例（见图11.8）。

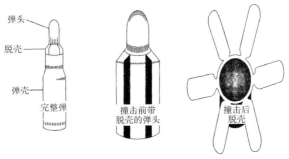

图 11.8　雷明顿"Accelerator"子弹

当底座和弹头通过枪膛时，它们经过来复线一起开始旋转。当弹头和底座离开枪口时，旋转速度可以达到3000 r/ s，产生的离心力打开底座的前端。因为质量轻和体积较大，在离枪口大约18 ft处底座和弹头被空气阻力分离。底座可以运动约100码，因其运动速度很快，底座也是危险的发射物。

发射过的底座的法庭意义是，从枪管射出的弹头可能没有来复线痕迹，一个武器可能用于发射多个不同小口径的发射物[72, 76]。

多弹头

弹壳内装有不止一个弹头的子弹已经被生产出来。这种想法是为了增加子弹的"阻挡力"。已知一个弹壳中可以顺序装入4枚弹头，相比于正常弹头这种弹头小、重量轻。这样的子弹不多见。如果一个人被这样的子弹在近距离射中，将会产生一个弹孔以及在身体内发现不止一个弹头[77, 78]。在更远距离射击时一发子弹可能产生不止一个入射口。这方面的变化是一堆发射物一个接一个装在一个正常的镀金属的被甲内[79]。在历史上有兴趣的是7.62 mm Nagant左轮手枪子弹。弹头全部包含在弹壳内，在弹头前面向内呈锥形状放置[80]。

特殊目的子弹类型

Glaser安全塞是带铜被甲、填充小铅弹丸、在头部用易碎栓塞的高速发射物。当接触目标时，顶部的压力防止其碎裂，但是穿过目标时，栓塞碎裂导致弹头解体，释放出弹丸。这极大地提高其阻挡能量，将其所有能量传递到目标，防止过度渗透，最终减少跳弹的危险。

和传统子弹相比，一种叫作Hydra-Shok的弹头设计用于在身体内增加膨胀（开伞），因而提高组织摩擦。弹头是带有中心柱的中空点。当弹头穿过软组织，帮助子弹开伞中心柱转移静水压力[81]（见图11.9）。

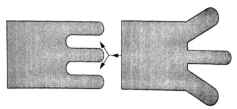

图11.9 Hydra-Shok弹头

另一种帮助弹头扩展的弹头设计是将钢或铅球插入中空点空穴，在接触目标时被推回，因此帮助膨胀。

Ultra-Shok 子弹是中心柱和铅丸在螺丝头前的结合。

一种不平常的设计是 PMCUltra-Mag 子弹。子弹从青铜（一系列铜合金，通常含有锡，有时带其他添加元素，如 P、Mn、Al、Si、Zn）机械内发出，底部带塑料塞子的空心管产生气封。管子快速运动，从伤口通道中心以放射状切割成条块，因而产生破坏性渗透伤[82]。

一种叫"the Eliminator"的子弹使用全金属被甲，带红色塑料尖端。这种子弹由铜、镍制作，减轻枪管污染。弹头物理设计成蘑菇状不会穿透身体，因此不伤及旁边无辜人员。

比传统弹铅头杀伤力大10倍的铝弹头，常用于劫机和绑架人质。据称，因为重量较小和速度较快，这种弹头能比正常弹头快速致伤。击中目标时，因为重量较轻减速快，难以穿透目标，因而把动能全部转移到目标上。这种子弹通过一种化学涂膜，将半润滑的尼龙涂层结合到铝上[83]。

另一种主要为执法使用的子弹是 BAT（Blitz-Action-Trauma）子弹，设计为高"停止能"（stopping energy），其发射物具有较短的射程。这种子弹是被甲的，用实心铜合金制造，从弹头的头部到底部有不同直径的孔道（见图11.10）。

图 11.10 BAT 弹头

塑料塞充满了大孔全部和小孔的一部分。击发时，由于底部孔的气压作用，帽从弹头分离。由于和传统的弹头相比重量较轻，弹头会失速，因此能量很快损失，如果子弹偏离目标对无辜人员的危险较大。因为头部较大，弹头在目标内迅速变形，因此降低了过度穿透或跳弹的危险，这两种情况都可能伤及无辜的旁观者[84]。

一种专门设计用于击碎汽车挡风玻璃，且能致伤车内目标的弹头，以 Equaloy 的名字生产。由于重量很轻，所以弹头速度很快。在击中过氧化树脂时弹头破裂，释放出弹丸，将所有的动能传递给目标。这种弹头的穿透能力大大降低，降低了跳弹的风险[85]。

MagSafe 弹是带有镀金金属的被甲弹，内装6号铅弹珠外覆环氧树脂。由于重量大大减轻，可以获得很高的速度。碰撞后环氧树脂破裂释放出弹丸，因而向目标传递动能[86]。这种子弹也大大减少了过度穿透和跳弹的危险。

多用途响弹（Spliat，训练用的合成塑料子弹）是用金属填充的塑料子弹，金属在弹头模塑成型时注入。弹头比传统弹头轻，因此可以获得较高的速度。撞击时破碎，最终消除了穿透过深和跳弹的危险。响弹有不同的口径、质量、速度，易碎程度可以根据目的改变。.38″ Special 口径飞机子弹设计在处置劫机事件时保证不穿透飞机窗口和机身，而其他子弹设计穿透车身，打伤车上人。一种12号口径的猎枪弹丸设计用于破坏门锁和铰链，解救人质，而这样做的时候，弹头完全解体。响弹产生传统铅弹头10倍大的伤口，不会过分穿透，所有能量都传给了目标[87]。

Shell X-Ploder 弹头是自卫短程弹头，带有压缩弹丸芯。撞击时散开造成较大的组织伤，不会跳弹。

毒弹头
弹头内的毒物概念现在很时兴，已经被试验了很长一段时间。

和所有的毒物一样，杀伤效果与毒物剂量和时间有关，但是，这也是吸引暗杀的概念。虽然弹头本身没有致人死亡，而后面的毒物具备加倍的杀伤力。

1892年，Lagard 在弹头加入了炭疽病毒。

前苏联制造了含有 38 mg 乌头碱的有毒弹头（一种植物生物碱，致死量 4 mg）。乌头碱是从一种叫作乌头（Aconitum napellus）的开花植物的根中提取的，这种植物在美国有 3 种，在前苏联至少有 1 种。几个世纪以来，乌头碱一直被用于涂抹有毒箭头。图 11.11 中所示是前苏联的设计。一旦撞击，钢锲被向后推动，扩大了槽形弹甲铅芯。随着目标内弹头的破裂，毒物被释放出来。

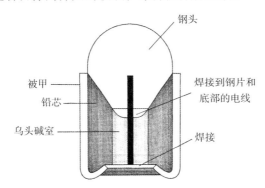

钢头

被甲

铅芯

乌头碱室

焊接到钢片和底部的电线

焊接

图 11.11 前苏联设计的有毒弹头

德国改进了苏联的设计，用盛有氰化物的水溶液的安瓿代替乌头碱，氰化物比乌头碱作用更快。一旦撞击，钢撞击头推向弹头内部，击破弹头释放出毒物。图 11.12 为德国设计的毒弹头。

另一种德国设计的弹头头部是中空的被甲弹头。撞击后钢块向铅芯击碎玻璃安瓿，氰化氢液体会从头部空穴中流出来（见图 11.13）。

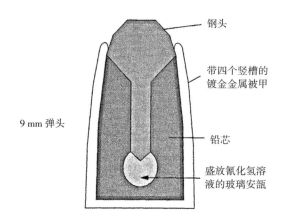

图 11.12 德国设计的毒弹头

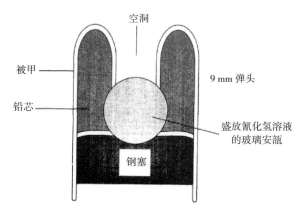

图 11.13 另一种德国设计的毒弹头

　　1978 年 8 月，一个住在巴黎的比利时逃兵被一小块直径只有 1.7 mm 的铂—铱合金弹丸击中。小球上的两个洞含有大约 0.4 mg 的蓖麻毒素（一种从蓖麻中提取的有毒蛋白质）。这次谋杀没有成功。但是，三周后在伦敦，同样的枪弹杀死了 Georgi Markov。在该案中，受害人被雨伞刺中大腿，射入有毒弹丸。

　　1975 年，人们发明了一种手枪，它能够在 250 ft 的范围内准确发射毒镖。还有伪装为拐杖和雨伞的飞镖发射器。飞镖上涂抹了蛤蚌毒素。发射器几乎不发出声音，毒素不留下任何痕迹而且没有解药。这个主题的另一个变体是伪造的 7.62 mm 口径子弹，带独立弹头，弹壳内充满炭疽孢子或肉毒杆菌毒素，在墙上或地面上击破，释放毒物，用于攻击一定范围的人[88, 89]。

一种 7.9 mm 口径的伪装子弹，装有毒气，也被设计用于同样的目的。一种 .32 " 口径的毒气子弹被设计和制造出来，用于手枪射击。

贝类毒素、蓖麻毒素、乌头碱、肉毒毒素、蛇毒等曾被军方和间谍组织研究用于化学和生物武器。

霰弹弹丸

手枪和左轮手枪子弹可以装铅霰弹，主要用于短程有害鸟兽控制。弹丸可以装在弹壳内，用塞子密封，弹丸装在纸、纸板、塑料或木底座内。手枪子弹制造厂也生产弹丸／弹头[90]。

警棍弹（Baton rounds）

如名字暗示的，这种子弹带有用于致伤而不是杀死人的发射物，用于暴乱的控制。使用塑料或者橡胶弹头，比传统的弹头大得多。这样的子弹也会致命，很小的 5.56 mm 口径塑料弹头曾经对爱尔兰军造成了伤亡。

塑料、蜡、木材、橡胶等抛出物可以用于枪支和防暴弹。覆盖了一层橡胶钢珠和涂盖了橡胶的金属管也用于这些目的。

小橡胶弹丸和填充了 9 号铅弹的豆袋被用于 12 号口径的猎枪，用于防暴控制。

这些抛出物都设计为非致命的，很少造成死亡。

彩弹（paintball）

彩弹是 20 世纪 80 年代兴起的游戏，游戏者通过向对方弹出填充了染料的易破的油和胶质彩弹，彩弹一般用二氧化碳或空气枪发射。游戏可以在室内或室外进行。

彩弹技术过去常常被军队、管理人员、执法人员、准军事和安全组织使用（用于训练，在暴乱处置中承担角色，对危险的嫌疑人进行非致命压制）。

彩弹主要含有聚乙烯醇和其他无毒水溶性物质和染料。所有的彩弹现在都是可以生物降解的，大小不等，包括0.68 "、0.50 "和BB枪用的6 mm彩弹。

还有彩弹炮，由木板制作，爆炸产生很大声音并发出彩色喷雾。还有烟雾弹、火光弹、声音弹（用于产生大的声音，引起不安）。还有BB榴弹炮，用纸浆制作，用黏土弹丸。

脆性弹头

这种子弹通常仅限于.22 "口径，用于射击场。脆性弹头击中目标后碎裂，不会跳弹。脆性弹头含有用合成材料黏合的铁或铅，一个厂家介绍了用羊毛脂粘接铅和铁的22 "短弹头[88]。这种弹头也用于训练目的。

最近常常见到一系列口径的脆性弹头，因为室内训练倾向于使用无铅子弹，传统的铅弹头被使用无铅底火、无毒易碎的替代品代替。PMC子弹系列包括射击时在枪内只留下少量无害的超氧化钾底火的脆性弹头（93%铜、7%聚合物）。

箭形弹

这些子弹含有小的钢质飞镖，装在猎枪或步枪弹壳中，用于军事目的。可单发或者连发。已经开发了带底座的箭形弹，据称具有良好的穿透能力和可怕的杀伤性能。

气枪BB弹

软弹气枪是用于气枪运动的模拟武器。气枪BB弹比传统的气枪子弹穿透力弱，冲击力小。

气枪 BB 弹是特别的发射物，通常由塑料制造，直径大约为 6 mm。它们不同于 BB 枪发射的被称为 BBs 的直径为 4.5 mm 的金属弹丸。

BB 常常指"ball bearing"（球珠），但是原来 BB 猎枪用 BB 尺寸的霰弹（4.6 mm 直径的射鸟弹）大小介于 B 号和 BBB 号之间。

有一系列的霰弹，包括具有矿物或石油基质中心的非生物降解塑料霰弹、内含油漆的原型霰弹、飞行中会发光的夜光霰弹（曳光霰弹）、金属霰弹、陶瓷霰弹等。

达迪克弹（Dardick trounds）

这种子弹一端装有带发火药的三角塑料壳，另一端是发射物。这种子弹应民用和军事目的开发，现已不再生产。

催泪弹

已经知道多年来制造了一系列口径的催泪弹。最近伊朗制造了 7.62 mm NANO 口径的催泪弹[91]。催泪弹带有催泪气体小罐，用于控制暴乱和解救人质。发烟管也用于相似的目的。

催泪剂包括催泪物质氯苯乙酮（CN）、辣椒喷剂 [辣椒素（OC）气]、CS 气（2- 氯 – 苯基 – 丙二氰，也叫邻 – 氯 – 苄基二氰）、CR 气（二苯并氧氮䓬）、CN 气（苯甲酰氯）、壬酰胺、溴代丙酮、苄基溴、（来自洋葱的）异丙硫醇、美斯气（Mace，一种品牌的混合物）等。

参考文献

61.The Identification of Small Arms Ammunition，Department of Chemistry and Metallurgy，Royal Military College of Science.Technical report AC/R/31（August 1979）：2-C-1，2-C-2.

62.The Identification of Small Arms Ammunition，2-C-5.

63.F.Aagaard, Trophy bonded bullets, *American Rifleman Magazine* (May 1978) : 34.

64.R.Seyfried, The "Inside" story-big game bullets, *Guns and Ammo Magazine* (March 1987) : 62.

65.Private communication, 1981.

66.P.Labbett, Catridge Corner, *Guns Review Magazine* (December 1985) : 899.

67.Private communication, 1978.

68.D.W.Kent, *German 7. 9 mm Military Ammunition 1888 to 1945* (Ann Arbor, MI: Author, 1972) .

69.*Guns Review Magazine* (February 1988) : 113.

70.*Guns Review Magazine* (February 1988) : 113.

71.R.Stack, Shotgunning, *Gun World Magazine* (January 1989) : 16.

72.The Identification of Small Arms Ammunition.

73.L.G.Tate, V.J.M.Di Maio, and J.H.Davis, Rebirth of exploding ammunition-A report of six human fatalities, *Journal of Forensic Sciences* 26, no.4 (October 1981) : 636.

74.Explosive bullets: A new hazard for doctors, *British Medical Journal* 284 (March 1982) .

75.*Dynamitt Nobel Ammunition Catalogue* (1989) .

76.B.Forker, Swifter than the .220 swift, *Guns and Ammo Magazine* (Febuary 1986) : 28.

77.Vincent J.M.Di Maio, *Gunshot Wounds* (New York: Elsevier Science) .

78.W.Clapp, Handloading the .357 Quadraximum, *Gun World Magazine* (November 1986) : 32.

79.D.Corbin, Monolithic Bullets, *Handloader Magazine* 125 (January/February 1987): 34.

80.P.Labbett, Cartridge Corner, 419.

81.K.Sperry, and E.S.Sweeney, Terminal ballistics characteristics of Hydra-Shok ammunition: A description of three cases, *Journal of Forensic Sciences* 33, no.1 (January 1988): 42.

82.J.Libourel, PMC Ultra-Mag Ammo, *Guns and Ammo Magazine* (February 1987).

83.M.Imeson, Deadlier than lead, *Sunday Times Newspaper* (February 23, 1986).

84.BAT safety ammo, *Guns and Ammo Magazine* (May 1983): 40.

85.Labbett, Cartridge Corner, 859.

86.*Gun World Magazine* (April 1988): 43.

87.N.Steadman, Armsflash, *Target Gun Magazine* (July 1987): 57.

88.Private communication, 1979.

89.Kent, *German 7.9 mm Military Ammunition 1888 to 1945*.

90.D.A.Grennell, Reload clinic, *Gun World Magazine* (July 1987): 12.

91.Labbett, Cartridge Corner, 594.

12   子弹的辅助成分

在子弹中还有润滑剂（油脂和蜡，一般用于无被甲弹头）、密封剂、清漆、色漆（常有色）等一系列物质，用于防止水和油的侵入、防锈、生产过程中帮助辨认、抵抗推进剂气体产生的压力对弹头的额外阻力、辨认子弹类型的颜色标记等不同目的。子弹的尖端也可以着色标记子弹类型。不同类型的底火用不同的密封圈表示，有的含有锡。

子弹润滑剂常含有：蜂蜡、凡士林、羊毛脂、棕榈蜡、二硫化钼、锂基润滑油、地蜡、石墨粉、石蜡、氧化铝、灰沸石等混合物。混合物常溶解或悬浮在快干溶剂中或加热直接使用。

色漆和清漆常和金属色料配合使用。

13 无壳子弹

枪支和子弹的发展趋势倾向于较轻和容易携带的枪支和子弹。这包括在枪支和子弹制造中使用不同的塑料，一些大的知名制造商正在试验开发无壳子弹（可燃弹壳和底火），枪支机械设计面临重大变化。

无壳子弹的主要缺点包括：全新武器和子弹制造系统的高昂费用、子弹的易碎性和敏感性、武器现场维护的困难等。

无壳子弹具有节省空间和重量、节省铜弹壳费用、节省材料（铜在战时是重要材料）等优点，同时不再需要退膛时间，可能射击得更快（每分钟大约2200发）。在射击中，更快的射击速度提高了目标的命中机会。

无壳子弹的概念不是最近才提出的，在后上膛枪中已经流传了100多年。这一概念在不同国家不同时间进行了试验，但是成功的非常有限。典型无壳子弹组成是硝酸纤维素（12.6%氮）65%、牛皮纸15%、树脂20%、二苯胺（添加）2%。德国企业 Heckler & Koch 在最近解决了无壳子弹很多相关问题，制造了一种 HKGH 4.73mm × 33mm 口径步枪的无壳子弹。

无壳子弹没有弹壳作为推进剂和热壁之间的蓄热和屏障。"走火"就是因为过热而不是点火针引起子弹发火的问题，这一直是无壳子弹的主要缺点。通过使用不含硝酸纤维素而是基于更普通的相关炸药的推进剂，Heckler & Koch 已经解决了这一问题。

其组成是商业秘密，但是新推进剂点火温度比硝酸纤维素基推进剂高 100 K [92, 93]。

图 13.1 显示了 4.73 mm × 33 mm H&K 无壳子弹的截面图。据说 Heckler & Koch 已经停止了此项计划。

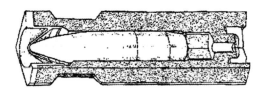

图 13.1 Heckler & Koch 无壳子弹

参考文献

92.C.R.Fagg, The Heckler & Koch G11, *American Rifleman Magazine* (May 1989) : 30.

93.Private Communication, 1991.

14　空包弹

空包弹的一种定义为："一种没有弹头或发射物的撞击击发子弹。弹头和发射物可以致命。"但是，如果使用不当空包弹也很危险，近距离射击和射击不当已经造成了数起严重伤害和致命事故（假弹不是空包弹，因为假弹是完全无效的）。

一些空包弹是为子弹工具设计的，如果在枪上使用可能会严重损坏枪支或伤害射击者。这样的空包弹会在子弹工具内产生非常高的气压，和同样的枪相比，子弹工具的重量相对较重。

空包弹射击模拟枪的枪膛内一般有硬质钢垫，以免受发射的带弹头子弹损伤。商业上可以买到一系列射击空包弹的枪，空包弹也有各种口径。和那些用于枪的子弹相比，空包弹使用相似的底火成分和推进剂，也有边缘底火和中心底火之分。有些空包弹只有底火，有的不仅有底火还有推进剂。空包弹主要使用黄铜弹壳，也有用钢和塑料弹壳。空包弹可以用密封垫（纸或塑料）或蜡密封。大多数空包弹在弹壳上有头印。

空包弹有以下一系列用途：

训练（如武器训练，枪支爱好者）；

信号（如发令枪）；

子弹工具（钉枪）；

榴弹发射；

天线架设；

引擎启动；

惊吓枪（个人防范）；

气枪（个人防范）；

影视剧；

快速驱散抗议；

人道主义射杀（俘虏致伤）；

庆典弹（仪式）；

吓鸟；

发射目标；

抛绳；

拍击点火；

切断气球电缆；

练习炸弹和地雷的定点点火；

炮弹训练适配器；

清理工业炉。

如果需要产生烟雾，可以装黑火药。空包弹可以产生枪的火光和声响。如果空包弹枪安装了适配器，允许在需要的时间内提升枪膛承受的压力，甚至可以完成枪的机械动作，操作移动部件。这在军事训练中非常重要。

一些特别的比赛用空包弹在一层快速燃烧的手枪枪药上放置一层慢速燃烧的步枪枪药。底火引燃快速燃烧的手枪枪药，接着燃烧慢速燃烧的步枪枪药，然后射出枪口。燃烧的枪药传输得足够远，引爆作为比赛目标的气球。蜡弹头也用于需要非致命发射物的比赛和训练。

近距离射击时，密封填充物或蜡也可能成为危险的发射物。即使不涉及任何形式的发射物，空包弹发射时从枪口喷射出的高速热气体也能造成严重的伤害，甚至可能造成死亡。这些释放的气体用于正常子弹或在空包弹的特殊应用中，如动力头（棍棒或尖棒）。一种空包弹用于水下接触目标射击的专业枪支，这种空包弹用于对抗鲨鱼、鳄鱼或者用于自我保护或者杀死可恶的动物。空包弹一般用标准的子弹，如手枪、步枪、猎枪子弹。在水下使用时效果差，只能移动大约3ft。通过接触目标发射，子弹能量直接传到肌肉。子弹的伤害效果不大，枪口发火产生高压气体射入肌肉产生杀伤力。大多数动力头设计用于商业子弹，这样的子弹必须防水。这可以通过对底火杯和弹壳口涂布某些清漆实现。对于猎枪子弹，诸如气球这样的橡皮物体可以用于密封卷曲端。

靠近或者接触射击空包弹时能够产生致命伤，使用动力头时效果也非常好。相比于正常的子弹，空包弹射击时能够损伤耳朵鼓膜。

15 枪的结构材料

制造一支枪需要一系列不同等级的钢。铬—钼钢是现代枪支工业的基本材料。它具有良好的拉伸强度、抗磨损、具有良好的机械性能。大多数 .22 ″口径的边缘底火的枪、猎枪和低压中心底火枪膛由碳钢制造。运动用的高压中心底火枪膛一般用铬—钼—钒钢制造。

厂家使用不同等级的钢制造枪的部件，常用的合金金属包括：铬、铜、锰、钼、镍、硫、硅、钨、钒等。铝合金也用于制造枪支和望远配件，还含有下列一些元素：铬、铜、铁、镁、锰、镍、硅、锌等[94]。枪使用的弹簧可能含有铍和铜，有的部件（如瞄准部件）连着黄铜和银焊接。不锈钢在枪支制造中也越来越常用。不锈钢含铬12% ~ 25%，还含有其他添加元素，如钼和镍。

手枪和步枪的趋势是轻量化，开始用聚合物（如塑料）制造部件，如弹匣、弹簧夹、框架、弹夹等。聚合物有许多优点，重量轻、耐磨、价格便宜、抗腐蚀、容易成型，不需要昂贵的工具即可获得需要的枪支性状。

木材可以用于制造步枪和猎枪的坚固木托，最常用的是胡桃木。也可以用压层木做枪托，压层木为多层木材，由环氧树脂压成坚实的木块。

合成枪托逐渐代替传统的木质枪托，因为合成枪托便宜、易于制造、重量轻、耐磨、稳定、便于维修。尼龙、聚氨酯、玻璃纤维、玻璃纤维或碳纤维增强的聚酰胺树脂，或玻璃和陶瓷增强的热塑性树脂等材料都可用作枪托。枪托可能是空心的，或者中空填充泡沫或固体。这样的枪托表面可以用聚氨酯覆盖处理。

弹簧夹可以用木材、塑料、夹层酚醛树脂或橡胶制造，橡胶还用于制造伸缩板。装饰枪弹簧夹可能用象牙、珍珠母、水牛角制造，枪还可精雕细琢，镶嵌着金或银，这样的枪不常用于犯罪。

手工制造的枪也会用于犯罪，这样的枪结构材料变化很大。如果枪上涂的家用油漆转移到罪犯的衣服上，就会具有很高的证据价值。一些手工枪的弹簧夹为金属，有时覆盖着塑料胶带。塑料胶带也可能用于弹匣，和商业制造的枪支配合使用，以便枪能够快速装弹。胶带上留下的指纹，如果与嫌疑人的指纹认定同一，就会成为非常有力的证据。该方法同样也可以用于嫌疑人家里和工作场所机械工具压痕。

表面覆盖

处理枪支表面的原因是消除反光，防止暴露射击者的位置，更重要的是在一定程度上保护枪支免受腐蚀。

早期枪支未做表面处理，暴露在黑火药残留物和空气的水汽中会很快生锈。一个叫作"棕色化"（browning，人工生锈）过程首次提出了打磨，有记录表明该过程1637年就有了。"棕色化"可以防止生锈。早期的"棕色化"叫作"生锈化"。

19世纪，"蓝色化"（bluing）取代了"棕色化"，前者比后者早，1719年就有记录。

"棕色化"和"蓝色化"根本上都是用特殊氧化混合物进行人工生锈处理。这个过程包含以下几个阶段：

1. 上油（使用合适的溶剂）。

2. 使用棕色化或蓝色化溶液。

3. 生锈（室温下或在蒸汽房中）。

4. 干燥。

5. 打磨（用金属刷或细钢丝除去松散的锈）。

6. 重复2～5步骤2～6次（通常为3次），直到获得想要的颜色。

7. 固定（油漆、上色漆、打蜡）。根据使用的化学品性质，射击前可能需要其他步骤中和或除去使用过的痕量化学品。

根据涉及的化学品的性质，可能需要进一步中和或除去之前用于处理的微量化学品的痕迹。

"棕色化"和"蓝色化"溶液有几百种配方，没有必要给出典型实例，但是涉及的主要化学品如下[95, 96]：

有机物	无机物
乙酸	氨水、碳酸铵、氯化铵、过硫酸铵、硫化铵
丙酮	三氯化锑
安息香	砷
丁醇	氯化铋、硝酸铋、草酸铋
炭	硼，即硼酸
氯仿	铬，即铬酸、氧化铬
乙醚	氯化铜、草酸铜、硫酸铜
乙醇	碘
硝基乙烷	铁；醋酸亚铁、硫酸氢亚铁、高锰酸亚铁、硫酸亚铁
甲酸	醋酸铅、氧化铅
五倍子酸	氧化锰、二氧化锰、过氧化锰、硝酸锰
草酸	汞，即硝酸汞、氯化汞、硝酸亚汞
苦味酸	矿酸，即盐酸、硝酸、硫酸
单宁酸	硫酸氢钾、氯酸钾、氰化钾、重铬酸钾、亚铁氰化钾、酒石酸铁钾、碘化钾、硝酸钾、草酸钾、高锰酸钾
酒石酸	硒，即亚硒酸
固定阶段	
凡士林	硝酸银
琥珀清漆	氯化钠、重铬酸钠、氢氧化钠、次硫酸钠、硝酸钠
亚麻籽油	硫
虫胶	锡，即氯化锡、草酸锡、氯化亚锡
柯巴脂	锌；氯化锌、硝酸锌、硫酸锌
矿物油	石英砂、玻璃粉、水

棕色化和蓝色化过程可能非常费时费力。现在，几乎所有的蓝色化（黑色化，blackening）是热盐——黑色氧化物——形成的过程，这种处理速度快、材料便宜。因为热盐黑色化可以改变颜色，根据使用的化学溶液的浓度、温度和钢中合金的含量，可以获得从深蓝色到深黑色的不同颜色。现在制造的大多数枪使用含有氢氧化钠、硝酸钾和硝酸钠的黑色化溶液，三者典型的比例为65 ：25 ：10。

枪支的最佳上光法之一是"磷化"（phophatizing），但是如果不是军事或警方市场需要，很少有商家提供这种上光。该过程通过把枪支浸入铁、锌、锰二氧化物和磷酸池，在金属表面沉积一层晶体磷酸盐。其中，磷酸锰抛光受到军方偏爱。

一些枪支磷化后上油，增强防腐蚀保护。在磷化层之上的其他保护层包括静电喷雾喷涂油漆、树脂、重铬酸锌和特氟龙。当涂层包括硫化钼或氟碳化合物（如特氟龙）时，还有减轻移动部件磨损的附加优点。

有些枪支还包着阴极电解铝、镍或铬，这些都能提高耐磨性和观赏性，有的是不锈钢制造的，大大降低传统钢受到的锈蚀。非电解镍覆膜是含有88% ~ 96%镍和4% ~ 12%磷的合金，产生于镍的金属表面化学（而非电解）还原反应。

定期保养是最好的防腐蚀保护。现在有许多枪支化学清洁和维护的产品。

硼清洁产品包括电化学清洁设备和数种化学清洁混合物，含有有机和无机化合物，其组成是商业秘密。

润滑产品包括轻质矿物油以至干性润滑油，含有二硫化钼、氟碳化合物（PTFE）以及其他合成润滑剂。

参考文献

94. Private communication, 1993.

9 5. R.H.Angier, *Firearm Bluing and Browning*（London, UK: Samworth Books/Arms and Armour Press/Stackpole Books, 1936）.

9 6. C.E.Harris, Bluing and beyond, *American Rifleman Magazine*（December 1982）: 24.

IV 枪击残留物

16 枪击残留物检测技术

引言

法庭枪案检验包括以下主要方面：

物理方面	化学方面
枪支、子弹和相关项目检验	检验嫌疑人衣服上的枪击残留物
检验法庭感兴趣的枪支相关项目以外的其他项目，如血液、头发、纤维、玻璃、指纹等	检验衣服和其他物品，如鉴定弹孔、区分射入和射出口、射击角度、射击距离等
放大比较射击过的弹头和弹壳	鉴定弹头撞击痕迹、射击点、消声器等
根据射击过的弹头、弹壳鉴定武器种类	化学比较弹片和推进剂
←恢复序列号→	
←检查犯罪现场→	
←在法庭上呈现物证→	
←培训实验室人员、警员、犯罪现场勘查人员→	

另外，在北爱尔兰开展研究和开发计划还有情报收集方面的工作[97, 98]。

枪击残留物检测工作是所有工作任务中的重要方面。

枪击残留物

在枪支发射子弹时形成的气体、蒸气、颗粒物质，统称为枪击残留物（Firearm Discharge Residue, FDR; Gunshot Residue, GSR）（照片16.1）。子弹及枪本身的任何物质都可能出现在枪击残留物中。残留物中含有有机和无机组分。

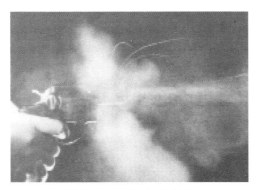

照片 16.1 枪击残留物

无机成分可能来自底火混合物 / 杯 / 密封盘、弹壳、推进剂中的无机添加剂、弹芯、弹甲、有色的色漆 / 密封 / 润滑剂中的金属色料、任何成分中的痕迹无机成分，枪支的枪膛 / 枪管内部 / 枪口，还有已经存在于射击过的枪内的无机残留物等。无机枪击残留物的主要来源是弹头和底火。

有机成分可能来自底火混合物、推进剂、子弹的密封 / 色漆 / 润滑剂，还有射击前已经存在于枪支内部的润滑剂和有机残渣。有机枪击残留物的主要来源是推进剂。

枪击残留物是复杂的异相混合物，主要以颗粒形式出现[99]。颗粒物质在嫌疑人身上可以检测到，但是蒸气 / 气体产物也可能吸附在皮肤或衣服表面。

内弹道学被定义为研究储存在推进剂（也包括力量底火）中的化学能释放和转化为发射物动能的科学[100]。其中大约30% 的化学能转化为动能，剩余的分散在枪击残留物中。枪发射子弹会在很短的时间产生高温高压。从撞击针撞击底火到弹头离开枪口的典型时间是0.03秒。由于时间短和发射过程的性质，只有部分成分发生混合，这是枪击残留物异相的原因。

枪发射子弹，就会产生枪击残留物，这些残留物主要留在枪口，也残留在枪膛缝隙、退弹口或者枪上其他出口，也可能沉积在射击者的皮肤、头发、衣服上。

在枪口附近，加热的推进剂气体被点燃发出火光，接触周围空气。这种作用叫作枪口闪火（当弹头撞击到硬的目标，也能产生闪光[101, 102]）。推进剂产生的高压气体从枪口释放，产生很强的爆炸声，这种作用叫作枪口爆炸。

当枪口到目标的距离不足3 " [103, 104] 近距离射击时，枪口爆炸残留物可能沉积在目标上 [电影、电视等常常不正确地使用"瞄准零距离"（point blank range）表示接触或近距离射击，这个术语应该指发射物下落至需要调整枪支瞄准点之前的距离]。枪口爆炸残留物几乎总是含有爆炸或部分爆炸的推进剂或烟灰。如果枪是垂直于目标射击的，产生的残留物在射入口周围将是近似圆形的。圆形的直径和残留物的密度和枪口与目标的距离有关。通过残留物轮廓的大小、形状和颗粒密度可以确定射击距离，可以判断射击角度。可以根据推进剂颗粒外观推断子弹来源，偶尔还有可能推断武器的种类。颗粒的化学分析能够产生有用信息，用于与嫌疑子弹比较。但是，必须记住推进剂从颜色到化学组成可能产生变化，因为在射击中表面涂层可能被吹掉或者烧掉，原始的颗粒不一定具有统一的组成。

高速图片技术已经显示，在射击过程中从枪口产生的烟，出现在子弹之前，在弹头刚离开枪口的一小段距离内弹头被烟所包围[105]。

弹头之前出现烟的可能原因是：

（a）当弹壳颈部开始膨胀，在弹头离开弹壳颈部之前，一些射击气体在弹头之前逸出。

（b）在弹头经过来复线时，气体逸出超过弹头。

（c）密封不完全，使得气体在子弹通过来复线时在弹头前逸出。

推进剂产生的气体迅速膨胀，释放到空气中，速度比弹头快得多，这就是弹头被大片烟云笼罩的原因。

这种作用的结果就是，枪击残留物沉积到弹头上。当弹头穿过目标，由于目标材料的擦拭作用，弹头表面的一些枪击残留物被转移到射入孔周围。这和射击距离无关。在穿过目标的过程中，一些（不是全部）轻度附着的残留物从弹头表面脱落，不出现或较少地出现在射出口周围。这可以用于鉴定弹孔和弹头撞击痕迹，区分射出口和射入口，还可以提供射击角度有用信息，如可能的射击点、射击者和目标的相对位置等。在犯罪现场出现枪击残留物（位置、密度、性质）常常可以帮助还原案件发生过程。

分析弹孔周围残留物经常可以得到有用的信息，如弹头是被甲还是非被甲的，被甲的材料性质。有时可以推测底火种类，如出现锶或镁分别表明是信号弹和燃烧弹弹头。

涉枪犯罪特别严重，需要进行充分调查。枪击残留物的检验鉴定常常能提供涉枪犯罪的重要证据。

最重要、最困难和富有挑战性的方面是通过嫌疑人皮肤、头发、衣服上、住所和车辆内的枪击残留物，将嫌疑人和枪支联系起来。

多年来法庭科学家一直在寻找鉴定嫌疑射击者身上枪击残留物满意的试验方法。满意的方法应该简单、可靠、快速、经济和明确。目前，主要通过分析枪击残留物的无机成分，包括定性定量分析方法，最终得到颗粒分析方法，这是迄今为止提供信息最多的方法。下面简要介绍研究的几种最重要的方法。

枪击残留物检测方法

石蜡法

大约在1911年，利用二苯胺和硫酸的显色反应检测枪击残留物中的硝酸盐和亚硝酸盐首次用于枪支相关的检验。1914年 Iturrious 博士用石蜡作为二苯胺/硫酸试剂作为衣服上推进剂残留物的提取介质。由于使用石蜡作为提取介质，该试验通常叫作石蜡试验（paraffin test）。

1922年，F.Benitez 记载了用该方法检测射击者手上存在推进剂颗粒[106-108]。1931年，墨西哥的 T.Gonzales 改进了 Iturrious 试验，用熔化的石蜡处理射击者的手，1933年在美国演示了该方法，该方法也叫皮肤硝酸盐试验、二苯胺试验、Gonzales 试验等[106, 109]。

该试验将熔化的石蜡贴在嫌疑人手背上，冷却后固化，再剥离。在接触皮肤的模面上滴加或喷射二苯胺/硫酸试剂，当有硝酸盐或亚硝酸盐颗粒时出现蓝色。反应过程见图16.1[110]。检测到深蓝色斑点则认为枪击残留物中存在硝酸盐/亚硝酸盐。

1935年，美国联邦调查局指出，该试验不具有专一性，对其应用持保留意见[111]。作为枪击残留物检测方法，其他方法评估证明该方法完全不可靠。常见物质，如烟草、烟灰、化肥、一些药物、一些油漆、尿液也产生阳性结果[109, 112]。另外，许多氧化剂，如氯酸盐、溴酸盐、碘酸盐、高锰酸盐、铬酸盐、矾酸盐、钼酸盐、碲（V）和亚铁盐也发生反应[110, 113]。在1968年巴黎国际刑警组织（Interpol）会议正式提出，不应再用石蜡试验[114]。

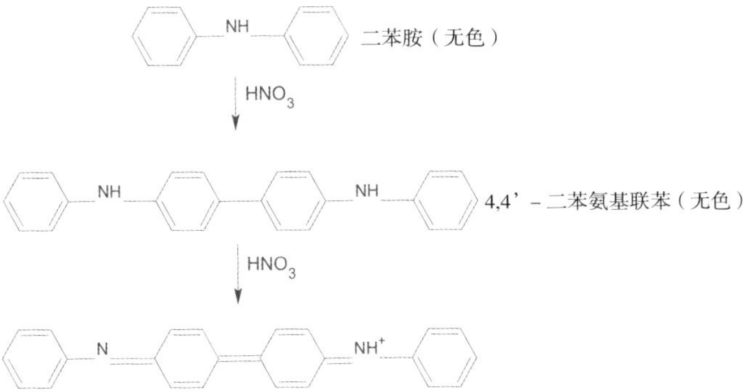

图 16.1　N，N´－二苯基联苯醌二亚胺离子（蓝色）

Harrison 和 Gilroy 试验

1959年，Harrison 和 Hilroy 提出了基于检测 FDR 中金属成分的方法[115]。金属成分包括来自底火的铅、锑、钡和弹头的铅和锑。该方法用棉签擦拭嫌疑人手，然后浸入 0.1 M 盐酸溶液。晾干棉签，加入 1～2 滴 10% 三苯基甲基碘化砷的醇溶液，出现橘黄色环表示存在锑。

然后，干燥棉签，再向橘黄色环中心加入 2 滴新配的 5% 玫瑰红酸钠溶液，出现红色表示存在铅和（或）钡。然后在避免强光下第三次干燥棉签，向红色区域加入 1~2 滴 1:20 盐酸，在橘红色环内出现蓝色，确认存在铅，中心保持红色确认存在钡。

这些试验被认为无法得到最终结论，显色剂的灵敏度也不够，不能可靠地检测到实际射击中低浓度的残留物[116-120]。

中子活化分析

中子活化分析（Neutron Activation Analysis，NAA）是许多元素最灵敏的分析方法。1964年，NAA 被用于定量检测 FDR 中的锑和钡[118]（锑是 FDR 中最有价值的特征元素，因为铅和钡是环境和工作场所调查中常见的元素）。

该方法基于下列事实：当样品在核反应器中照射一段时间，

一些元素的原子吸收中子。获得多余中子的核具有大量过剩的能量，常常以γ射线形式释放出来。含有多余中子的核叫作放射性核素。

将照射过的样品放入能够检测和记录特定辐射的辐射计数系统，可以定性和定量分析感兴趣的元素。如果该元素发射γ射线，发射的能量和半衰期可以定性鉴定元素。单位时间一定能量的 γ射线的数量和样品中元素的量成正比[121-122]。

NAA 是非常好的分析工具，已经成功地用于 FDR 中钡和锑的检测，用于嫌疑人身上的 FDR 测定、鉴定不同目标材料上的弹孔、估计射击距离，还用于 FDR 中铜和汞的测定[123]。

用于大多数法庭实验室常规操作，NAA 有几个主要缺点：

1. 需要使用核反应器；

2. 仪器昂贵，缺乏训练有素的人员；

3. 由于辐射照射、冷却、辐射化学分离都需要时间，样品测试速度较慢；

4. FDR 中重要的铅的检测限较差（10 μg）。

对 NAA 用于 FDR 检测已经完成了大量的研发工作，但是该技术固有的缺点导致必须寻找更合适的定量方法。尽管有缺点，但是 NAA 对我们定量了解 FDR 的沉积和行为很有帮助。

为了筛选和作为初步方法，还研究了许多其他定性定量方法。这些方法包括原子吸收光谱法、分子荧光法、电子自旋共振谱法、X 射线分析法、电分析法等。无火焰原子吸收光谱法（Flameless Atomic Absorption Spectrometry，FAAS）是几乎可以完全取代 NAA 的方法。

无火焰原子吸收光谱法（FAAS）

FAAS 和 NAA 具有类似的检出限，适合测定低含量的铅。仪器价格适中，在许多分析实验室容易获得。该方法可以测定许多金属元素，在较低到超痕量水平的较宽的浓度范围，使该方法具有良好的灵活性，既可以用于法庭其他方面，也可以用于 FDR 检测。除了费用低外，主要优点还有简单、分析速度快、室内操作。FAAS 的缺点之一是不能进行多元素同时分析。

在 FAAS 中，样品被电加热到很高温度，破坏化学键，使原子在样品区自由飘浮。这些基态原子能够吸收紫外或可见辐射。每一个具体元素能够吸收的波长谱带非常窄，而且对不同元素各不相同。预期的元素只能够吸收"共振线"，其波长对应于基态到一些较高能级的跃迁。

基本的原子吸收仪器包括辐射源、放置样品基态原子的系统、分离感兴趣的共振线的单色仪、置于光束中测量吸收原子对在来自光源信号减弱的检测器。信号减弱的程度和样品中有关原子的数量有关。图 16.2 展示了无火焰原子吸收光谱仪的基本元件。

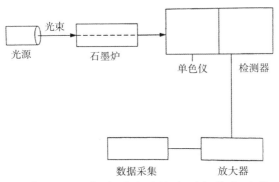

图 16.2 无火焰原子吸收光谱仪基本元件

FAAS 是定量测定 FDR 相关元素（铅、碲、钡、铜、汞）最常见的方法。还可测定其他元素，FAAS 在测定 FDR 中的应用文献中已经多有记载[124-127]。

所有大宗元素分析方法，如 NAA、FAAS，都有一个严重的缺点，就是缺乏专一性，就是检测的元素不是 FDR 特有的，也能出现在工作场所和环境中。许多研究想确定和枪无关人员的手上铅、碲、钡的元素含量。一些研究还包括铜和汞。已经收集了通常情况和工作场所的数据，确定了每种元素的阈值水平。阈值水平可以定义为高于该水平很可能和射击枪支有关。最好的说法是该水平和射击枪支符合，但是可能不能作为存在 FDR 的最终结论性的证据。

更明确的方法为颗粒分析法，据称该法是 FDR 颗粒的结论性鉴定方法[128-133]。

颗粒分析法

该方法使用带元素分析功能的扫描电子显微镜（SEM/EDX），可以分析 FDR 颗粒形态细节和元素组成。基于 FDR 颗粒元素组成和形态的颗粒分类法，把颗粒分为下列中的一种：（a）非枪支来源；（b）和射击枪支符合；（c）肯定来自枪支射击。具有鉴定 FDR 独特颗粒和区分来自环境的铅、碲、钡的能力，消除了大宗元素分析固有的阈值问题。

在 SEM 中，来自钨丝的一束电子被高能阳极加速（高达50 kV），通过使用三个电磁透镜，电子束被聚焦于固定在金属台上的样品表面。初级电子束和样品表面的元素作用产生二次电子、背散射电子和特征的 X 射线。图16.3展示了样品表面的电子作用。

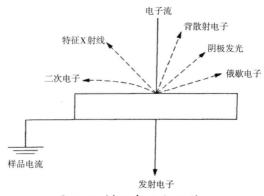

图16.3 样品表面电子作用

当样品表面被电子束扫描时，这三种作用用于颗粒分析。二次电子用于观察样品，背散射电子用于鉴定 FDR 颗粒，X 射线提供颗粒的元素组成细节。

扫描由产生初级电子束的扫描线圈完成，初级电子束在样品表面的给定区域发生电磁偏转。电子束的扫描模式和阴极射线管的扫描模式同步。

低能量的二次电子（小于 50 eV）从样品表面弹射出来，在有机玻璃光管一端被示波器吸引，另一端和光电倍增管的窗口接触。放大的信号显示在阴极射线管上，记录图像。二次电子通过围绕光管的正电笼被示波器吸引。达到示波器的电子数量取决于：（a）样品表面的性状，因为这将影响样品上特定区域是否被初级电子束和检测器感知。（b）样品表面的元素性质将会影响二次电子能量，因而影响对笼电位的感受性。在两个因素中，表面性状更重要。

背散射电子是能量大于 50 eV、经历了单次或多次散射从样品表面逸出的电子。背散射电子直线传输，因为能量较高，不被二次电子检测器吸引和检测。背散射随着样品原子数增加而增强，和原子数密切相关，这种关系形成了 SEM 对比度的基础。

FDR 颗粒含有高原子数的元素（重金属），可以用于排除许多形状相似但是不是来自枪支的其他颗粒。背散射电子图像显示在独立的屏幕上。含有重金属的颗粒在屏幕上显示为亮区。只有亮颗粒才可能是 FDR 颗粒，所以只有这些颗粒需要分析。没有背散射图像的帮助，所有具有和 FDR 颗粒相似形状的颗粒都需要分析。

特征的 X 射线发射是受电子束电离的原子使自己变得稳定的过程。当内电子壳层的电子逸出，外电子壳层的电子取而代之。起始态能量差以 X 辐射释放。原子不同壳层能量是不连续的。以 X 辐射放出的能量也是不连续的，是释放 X 辐射的原子的特征。SEM 的 X

射线光谱用于 FDR 工作，包括用特别检测器鉴定特定能量的辐射，鉴定重于钠的元素。用普通检测方法检测较轻的元素是办不到的，因为轻元素无法产生 X 射线。图16.4显示了适合检测 FDR 的 SEM 基本组成。

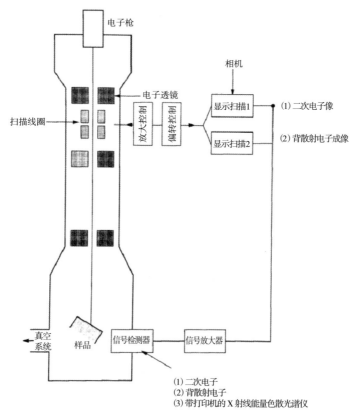

图 16.4 适合 FDR 检测的扫描电子显微镜的基本组成

不导电导热（绝缘体）的样品不适用于 SEM 检测，除非用一些方法使其导电。不导电导热样品会产生放电和过热，对样品涂布一层导电材料可以克服这些问题。

FDR 检测通过非破坏性采样技术采取嫌疑人的皮肤、衣服表面的样品，处理后供 SEM 检验。FDR 样品用真空镀膜或溅散镀膜的方法镀上一层薄薄的碳层。在许多工作场所和环境来源的其他颗粒中检验 FDR 颗粒，是一项费时费力的工作。FDR 颗粒用外形和元素组成结合来识别，用为此而开发的方法来分类。分类系统后面讨论。

颗粒分析是迄今为止鉴定 FDR 颗粒信息量最大的方法。但是还有一些缺点，包括仪器价格昂贵、测试时间长、专业性强。自引入该方法就认真地考虑过时间问题，包括使用背散射电子图像、自动搜寻方法、样品处理和 SEM 测定前预浓缩[134-140]。

尽管已经取得了很多进展，但是颗粒分析方法还是漫长和费钱的方法。这些缺点重新燃起检测 FDR 有机成分可能性的兴趣，或者作为初步方法或者作为筛选方法。

检测枪击残留物中的有机物

色谱方法是已经用于分离、检测、鉴定 FDR 有机组分的主要方法[141-150]。其他考虑的方法还有分子荧光法[133]、红外光谱法[152]、拉曼光谱法[133]、电子自旋共振谱法[153]、显微结晶化学法[154, 155]、紫外光谱法/核磁共振/极谱法[156]。

FDR 许多有机成分是炸药及其相关化合物，许多已经完成的检测炸药的工作可以扩展到 FDR。炸药及其残留物检测通常用色谱方法。色谱是一个通用方法名称，在色谱方法中两种或多种化合物混合物通过在两相间分配而达到物理分离：(a) 固定相，可能是固体或固体载体上的液体。(b) 流动相，连续流经固定相的气体或液体。单个组分的分离主要因为它们对固定相的亲和力差异。

在所有研究的 FDR 有机物方法中，高效液相色谱法（HPLC）和气质联用法（GC/MS）是目前最有前途的方法。

高效液相色谱法

在液相色谱中流动相为液体。固定相是固体，装在叫作"色谱柱"的狭长管道中。当通过色谱柱时混合物发生了分离。根据混合物和色谱柱材料的种类按照不同的机理分离，如吸附、排阻、离子交换、分配等。对于给定的色谱系统，无论是什么机理，组分流出时流动相的体积是个常数，和组分的特征有关。因此，保留体积（时间）可以用于定性鉴定。如果将其信号响应和组分的量相关，那么色谱峰下面的面积可以用于测定化合物的量。

混合组分在色谱柱中分离，在不同的时间（保留时间）离开色谱柱。当组分离开色谱柱，检测器登记该事件，并把该事件记录为色谱峰。可以使用一系列的检测器，包括紫外吸收、折光指数、热导率、火焰离子化、荧光、电化学检测器，电子捕获、热能分析、氮磷检测器。其他不太常见的检测器包括红外、质谱、核磁共振、原子吸收、等离子体发射等。

色谱是非常灵活的方法，有一系列固定相材料和检测器类型，可以处理非常复杂的混合物。实际上，仪器使用的所有材料和条件都要经过仔细选择，和涉及的样品混合物种类相匹配，包括固定相（化学和物理性质）、柱类型和长度、样品制备、操作温度、压力、流速、流动相的理化性质、检测器类型等。纳克级检测很常见，使用非常小体积的样品一些系统可以检测皮克级。

液相色谱法和高效液相色谱法主要区别之一是色谱柱。在液相色谱中，固定相为大孔径颗粒（70 μm~200 μm），填装在1 cm~5 cm内径的色谱柱中。溶剂（流动相）流过色谱柱内的大颗粒需要很低的压力。流速很慢，分离时间很长。高效液相色谱法使用窄的柱径，固定相颗粒小得多，但是更加一致（3 μm~10 μm）。这导致比液相色谱法高得多的压力，需要高压泵。但是和液相色谱法相比，柱效增加了10 ~ 100倍，分离时间缩短了。HPLC 使用的分离方法包括正相、空间排阻、离子交换、离子对、反相色谱。

气相色谱 / 质谱法

气相色谱仪进样口连着色谱柱，色谱柱出口连着检测器。色谱柱放在柱温箱内，柱温箱电动加热，恒温或程序升温。惰性载气（通常为氦）通入进样口，流过色谱柱和检测器。进样口是加热区，用硅胶密封垫密封外界环境，通过隔垫用皮下注射针注入样品，各个样品成分蒸发成气体，流过色谱柱，速度取决于与填充色谱柱材料的作用。检测器登记和记录色谱柱的流出。这里检测器为质谱仪。

质谱仪是复杂的仪器，它产生、分离和检测带正电的气态离子（带负电离子也有研究，但是负离子的丰度比正离子的低10 ~ 1000倍，所以负离子质谱法用得较少）。纯化合物通过特征离子鉴定，结果几乎总是准确的。

质谱仪由进样系统、离子化装置、质量分析器、离子检测器等部分组成，系统保持在10^{-4}Torr ~ 10^{-7}Torr 的真空下（四种基本组成有不同的选择，说明该方法的灵活性）。下面介绍电子轰击四极杆质谱仪。

进入离子化区的中性气体分子受到电子轰击，感兴趣的化合物分解产生带正电的离子。离子化常常伴随一系列同时发生的竞争性分解反应（碎裂），产生其他离子。仪器在高真空下操作以免空气分子吸收带正电的粒子。

在进入四极杆质量分析器之前，离子从离子源被一系列带有小孔的金属板上施加的电极电位提取、准直、加速。四极杆质量分析器含有四个平行的圆柱杆。杆上对角连接着极性相反的电极，加以直流电位，一对为正一对为负，再分别加以射频交流电位，两对电位差为180度。AC电压峰值比DC电压大，以使正极电位有时为负，反之亦然。

电磁场的动态变化使一些离子平稳通过分析器通道达到检测器，而其他离子进入不稳定通道，在到达检测器之前被过滤掉。检测器带有电子倍增管，放大电子撞击检测器产生的电流$10^6 \sim 10^9$倍。该事件被一些形式的数据系统记录。质谱是电子倍增管输出（强度）对四极杆电设置的图，产生所研究化合物特征的碎片模式。

质谱法本身不适用于FDR工作，因为一般而言必须分析纯化合物。从皮肤、衣服表面提取检验FDR的样品时，含有许多来自工作场所和环境的不可预料的污染物的复杂混合物，还含有皮肤盐和脂肪。可以通过在引入质谱以前用气相色谱法分离组分解决这个问题。气相色谱法和质谱法（GC–MS）结合了气相色谱分离能力和质谱鉴定能力的优点。气相色谱分离组分提供保留时间数据，质谱鉴定分离的组分。结合的仪器在FDR案检中提供了非常有用的信息。图16.5为四极杆质谱仪原理图。

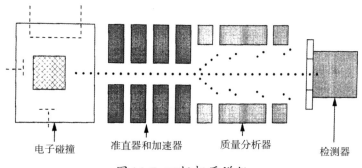

电子碰撞　　准直器和加速器　　质量分析器　　检测器

图16.5　四极杆质谱仪

参考文献

97.J.S.Wallace，Firearms examination in a terrorist situation.*Paper Presented at the International Congress on Techniques for Criminal Identification and Counter Terrorism*，Jerusalem，Israel，February 24-

28，1985.

9 8.G.E.Montgomery，The work of the firearms examiner in a terrorist situation.*Paper Presented at the AFTE Annual Training Seminar*, Houston，TX，June 9-14，1991.

9 9.G.M.Wolten，and R.S.Nesbitt，On the mechanism of gunshot residue particle formation，*Journal of Forensic Sciences* 25，no.3（July 1980）：533.

100.C.G.Wilber，*Ballistic Science for the Law Enforcement Officer*（Springfield，IL: Charles C Thomas，1977），50.

101.J.S.Wallace，Bullet strike flash，*AFTE Journal* 20，no.3（July 1988）.

1 0 2.J.S.Wallace，and K.J.Arnold，Investigation of a fire in an indoor firing range，*AFTE Journal* 19，no.3（July 1987）.

1 0 3.I.C.Stone，and C.S.Petty，Examination of gunshot residues，*Journal of Forensic Sciences* 19（1974）：784.

104.R.Saferstein，*Criminalistics—An Introduction to Forensic Science*，2nd ed.（Englewood Cliffs，NJ: Prentice-Hall，1981），350.

1 0 5.C.L.Farrar，and D.W.Leeming，*Military Ballistics-A Basic Manual*（London，UK: Brassey's Defense Publishers，1983），59.

106.I.Castellanos，Dermo-nitrate test in Cuba，*Journal of Criminal Law and Criminology* 33，no.6（March/April 1953）：482.

107.F.Benitez，Agunas consideraciones sobre las manchas producidas por los disparos de armas de fuego，*Revisión de Médico Legal de Cuba* 1（1922）：30.

108.J.T.Walker，Bullet holes and chemical residues in shooting cases，*Journal of Criminal Law and Criminology* 31（1940）：497.

109.M.E.Cowan，and P.L.Purdon，A study of the "Paraffin Test，" *Journal of Forensic Sciences* 12，no.1（1967）：19.

110.F.Feigl, *Spot Tests in Inorganic Analysis*, 5th ed.（New York: Elsevier, 1958）, 327.

111.The diphenylamine test for gunpowder, *FBI Law Enforcement Bulletin* 4, no.10（1935）: 5.

112.H.W.Turkel, and J.Lipman, Unreliability of dermal nitrate test for gunpowder, *Journal of Criminal Law Criminology and Police Science* 46（1955）: 281.

113.A.I.Vogel, *Macro and Semimicro Qualitative Inorganic Analysis*, 4th ed.（London, UK: Longman, 1954）, 365.

114.A Meahly, and L.Strömberg, *Chemical Criminalistics*（New York: Springer-Verlag, 1981）, 189.

115.H.C.Harrison, and R.Gilroy, Firearms discharge residues, *Journal of Forensic Sciences* 4, no.2（1959）: 184.

116.G.Price, Firearm discharge residues on hands, *Journal of Forensic Science Society* 5（1965）: 199.

117.C.R.Midkiff, Detection of gunshot residues: Modern solution for an old problem, *Journal Police Science and Administration* 3, no.1（1975）: 77.

118.R.R.Ruch, V.P.Guinn, and R.H.Pinker, Detection of gunpowder residues by neutron activation analysis, *Nuclear Science and Engineering 20*（1964）: 381.

119.M.E.Cowan, P.L.Purdon, C.M.Hoffman, R.Brunelle, S.R.Gerber, and M.Pro, Brarium and antimony levels on hands-significance as indictor of gunfire residue.*Paper Presented at the Second International Conference on Forensic Activation Analysis*, Glasgow, 1972, paper 12.

120.M.D.Cole, N.Ross, and J.W.Thorpe, Gunshot residue and bullet wipe detection using a single lift technique, *AFTE Journal* 24, no.3

（1992）：254.

1 2 1.H.L.Schlesinger, H.R.Lukens, V.P.Guinn, R.P.Hackleman, and R.F.Korts, Gulf General Atomic Report No GA-9829（1970）.

1 2 2.R.Cornelis, and J.Timperman, Gunfiring detection method based on Sb, Ba, Pb, and Hg deposits on hands, evaluation of the credibility of the test, *Medicine, Science and Law* 14, no.12（1974）：98.

123.M.Jauhari, T.Sing, and S.M.Chatterji, Primer residue analysis of ammunition of Indian origin by neutron activation analysis, *Forensic Science International* 19（1982）：253.

124.A.L.Green, and J.P.Sauve, The analysis of gunshot residue by atomic absorption spectrophotometry, *Atomic Absorption Newsletter* 11（September-October 1972）：93.

1 2 5.G.D.Renshaw, The estimation of lead, antimony and barium in gunshot residues by flameless atomic absorption spectrophotometry, CRE report no.1 0 3, Aldermaston, England.Home Office Central Research Establishment（1973）.

1 2 6.S.S.Krishnan, K.A.Gillespie, and E.J.Anderson, Rapid detection of firearm discharge residues by atomic absorption and neutron activation analysis, *Journal of Forensic Sciences* 16（1971）：144.

127.J.S.Wallace, Firearms discharge residue detection using flameless atomic absorption spectrometry, *AFTE Journal* 1 9, no.3（July 1987）.

128.J.E.Wessel, P.F.Jones, Q.Y.Kwan, R.S.Nesbitt, and J.Rattin, Gunshot residue detection, *The Aerospace Corporation*, El Segundo, CA.Aerospace report no.ATR-77（7915）-3（September 1977）.

1 2 9.G.M.Wolten, R.S.Nesbitt, A.R.Calloway, G.L.Lopel, and P.F.Jones, Final report on particle analysis for gunshot residue detec-

tion, *The Aerospace Corporation*, El Segundo, CA.Aerospace report no.ATR-77（7915）-3（September 1977）.

1 3 0.E.Beohm, Application of the SEM in forensic medicine, *Proceedings of the Fourth Annual Scanning Electron Microscopy Symposium*（1977）, 553.

1 3 1.R.Diedericks, M.J.Camp, A.E.Wilimovsky, M.A.Haas, and R.F.Dragen, Investigations into the adaptability of scanning electron microscopy and X-ray fluorescence spectroscopy to firearms related examinations, *AFTE Journal* 6（1974）.

132.R.H.Keely, Some applications of electron probe instruments in forensic science, *Proceedings of Analytical Division Chemical Society* 13（1976）: 178.

1 3 3.J.Andrasko, and A.C.Meahly, Detection of gunshot residues on hands by scanning electron microscopy, *Journal of Forensic Sciences* 22（1977）: 279.

1 3 4.T.G.Kee, C.Beck, K.P.Doolan, and J.S.Wallace, Computer controlled SEM micro analysis and particle detection in Northern Ireland Forensic Science Laboratory-A preliminary report, *Home Office Internal Publication*, Technical note no.Y 85 505.

1 3 5.T.G.Kee, C.Beck, Casework assessment of an automated scanning electron microscope/microanalysis system for the detection of firearms discharge particles, *Journal of the Forensic Science Society* 27（1987）: 62.

1 3 6.W.L.Tillman, Automated gunshot residue particle search and characterisation, *Journal of Forensic Sciences* 3 2, no. 1（January 1987）: 62.

1 3 7.R.S.White, and A.D.Owens, Automation of gunshot residue detection and analysis by scanning electron microscopy/energy disper-

sive X-Ray analysis（SEM/EDX），Journal of Forensic Sciences 3 2，no.6（November 1987）：1595.

138.J.S.Wallace，and R.H.Keeley，A method for preparing firearms residue samples for scanning electron microscopy，*Scanning Electron Microscopy* 2（1979）.

1 3 9.D.C.Ward，Gunshot residue collection for scanning electron microscopy，*Scanning Electron Microscopy* 3（1982）：1031.

1 4 0.A.Zeichner，H.A.Foner，M.Dvorachek，P.Bergman，and Levin，Concentration techniques for the detection of gunshot residues by scanning electron microscopy/energy dispersive X-Ray analysis（SEM/EDX），*Journal of Forensic Sciences* 34，no.2（March 1989）：312.

1 4 1.I.Jane，P.G.Brookes，J.M.F.Douse，K.A.O'Callaghan，Detection of gunshot residue via analysis of their organic constituents，*Proceedings of the International Symposium on the Analysis and Detection of Explosives*，FBI Academy，Quantico（1983），475.

1 4 2.K.Bratin，P.T.Kissinger，R.C.Briner，and C.S.Bruntlett，Determination of nitro aromatic，nitramine and nitrate ester explosive compounds in explosive mixtures and gunshot residue by liquid chromatography and reductive electrochemical detection，*Analytical Chimica Acta 130*，no.2，（1981）：295.

1 4 3.J.M.Douse，Trace analysis of explosive in handswab extracts using amberlite XAD-7 porous polymer beads，silica capillary column gas chromatography with electron capture detection and thin layer chromatography，*Journal of Chromatography* 234（1982）：415.

144.D.H.Fine，W.C.Yu，E.U.Goff，E.C.Bender，and D.J.Reutter，Picogram analyses of explosive residues using the thermal energy analyzer（TEA），*Journal of Forensic Sciences* 29，no.3（July 1984），

732.

145.L.S.Leggett, and P.F.Lott, Gunshot residue analysis via organic stabilizers and nitrocellulose, *Microchemical Journal* 39（1989）:76.

146.M.H.Mach, A.Pallos, and P.F.Jones, Feasibility of gunshot residue detection via its organic constituents.Part 1.Analysis of smokeless powder by combined gas chromatography- chemical ionization mass spectrometry, *Journal of Forensic Sciences* 23, no.3（1978）: 433.

147.M.H.Mach, A.Pallos, and P.F.Jones, Feasibility of gunshot residue detection via its organic constituents.Part 2.A gas chromatography-mass spectrometry method, *Journal of Forensic Sciences* 23, no.3（1978）: 446.

148.J.B.F.Lloyd, High-performance liquid chromatography of organic explosive components with electrochemical detection at a pendant mercury drop electrode, *Journal of Chromatography* 257（1983）: 227.

149.J.B.F.Lloyd, Clean-up procedures for examination of swabs for explosives traces by high-performance liquid chromatography with electrochemical detection at a pendant mercury drop electrode, *Journal of Chromatography* 261（1983）: 391.

150.J.M.F.Douse, Dynamic headspace method for the improved clean-up of gunshot residues prior to the detection of nitroglycerine by capillary column gas chromatography with thermal energy analysis detection, *Journal of Chromatography* 464（1989）: 178.

151.H.R.Dales, An assessment of the use of high performance liquid chromatography with an electrochemical detector for the analysis of explosive residues（M.Sc.thesis University of Strathclyde, August 1989）.

152.D.Chasan, and G.Norwitz, Qualitative analysis of primers, tracers, igniters, incendiaries, boosters, and delay composition on a microscale by use of infrared spectroscopy，*Microchemical Journal* 17（1972）: 31.

153.L.A.Franks，and R.K.Mullen，Time dependent Electron Para-magnetic Resonance Characteristics Of detonated Primer Residues，U.S.Dept.of Justice，Law Enforcement Assistance Administration，National Institute of Law Enforcement and Criminal Justice（November 1972）.

154.C.R.Newhouser，*Explosive Handling Detection Kit*，Technical Bulletin 33‑72（Washington，DC: International Association of Chiefs of Police，1972）.

155.F.T.Sweeney，and P.W.D.Mitchell，Aerosol explosive indicator kit，Final Report F‑C 377G 02，LWL Task No.24‑C‑74（Philadelphia，PA: Franklin Institute Research Labs，June 1974）.

156.*CRC Critical Review in Analytical Chemistry*，vol. 7（Boca Raton，FL: CRC Press，1977）.

17　枪击残留物的性质

形成

开发枪击残留物的分析方法包括考虑颗粒是如何形成的及其物理化学性质[57, 158]。

目前，颗粒形成的机理还只能从大量实际经验和有限的实验工作推断，其中绝大多数涉及 FDR 颗粒的元素组成。

形成 GSR 颗粒的机理是复杂的（至少对我是这样），涉及冶金学、物理化学、热动力学等方面，从实用的观点看法庭科学家对射击机理没有特别的兴趣。但是，可以在一定程度上帮助认定和了解 GSR 类型的是射击后颗粒的物理形态、元素组成、性质和射击行为。

枪支的射击过程都包括击发针或锤撞击引燃底火，接着引燃推进剂，气体压力推进抛出物离开弹壳，通过枪膛，离开枪口。

枪支机理类型、子弹的设计和组成、发射气体的温度和压力共同影响 GSR 颗粒的组成和元素含量。有时离开射出口的射击颗粒的组成可能与枪口外面的颗粒不一致。

关于 FDR 性质的广泛而有价值的研究是20世纪70年代中期在加利福尼亚州的 Aerospace Corporation 公司开展的。本章的主要部分以其发现为基础。研究收集了涉及不同手枪和子弹的射击颗粒的大小、形状、元素组成等数据。根据这些发现，提出了几个关于颗粒形成的假设。

检测到的枪击残留物大多数为颗粒状。非被甲弹头产生的残留物70%是铅颗粒，涂布弹头也是如此，但是相当数量的铅颗粒含有覆盖材料铜。被甲和半被甲弹头残留物中铅颗粒的比例大大减少。因此，可以说残留物中大多数铅颗粒来自弹头而不是来自底火。这也被后面涉及使用放射性示踪物的实验证实[159]。

在SEM电子束下细小铅颗粒稳定，说明颗粒含有铅金属而不是铅氧化物。考虑到大多数铅颗粒来自弹头，结合其在电子束下的稳定性，可以得出大多数颗粒含有金属铅。

枪支射击产生的颗粒大致来自弹头和底火。这只是泛泛的分类，不是绝对的。划分为底火的颗粒是因为其元素组成不大可能含有金属铅，因为原来的化合物不可能在底火点火的氧化性环境下还原为金属铅。

颗粒的形成经过了下列过程。推进剂（和底火）燃烧产生的高温高压气体作用于接触到的弹头底部的铅。然后弹头通过枪管，受到强烈的摩擦热的作用，造成一些弹头和弹头被甲材料熔化、蒸发，在来复线作用下一些小颗粒从弹头上脱落下来。在某种程度上来自弹头混合物的金属蒸气和来自底火的无机化合物蒸气通过枪口和枪的其他缝隙逸出。这些蒸气然后凝结形成颗粒，其中一些沉积在射击者的皮肤和衣服表面。

射击颗粒大体上分为弹头颗粒和底火颗粒。考虑到虽然蒸气可以相互混合，但是大多数液态或固态的无机化合物无法溶解金属，反之亦然，弹头颗粒和底火颗粒就不难想象了。凝固的时候金属会从化合物中分离出来形成单独的颗粒。

如果弹头覆盖了铜或铜合金，铜既会出现在弹头颗粒中也会出现在底火颗粒中。和铜覆盖或被甲弹头相比，带有裸露铅弹头子弹的枪击残留物含有铜的颗粒大大降低。这是铜主要来自弹头涂层或被甲而不是来自底火杯或弹壳的有力证据。为了解释弹头颗粒和底火颗粒中出现的铜，有人提出了一部分金属蒸气被挥发的底火混合物中的氧或硫或可能被枪外面的空气中的氧氧化的假设。因此底火（化合物）颗粒中也有弹头的贡献。

实验中向推进剂中加入示踪化合物，然后检验枪击残留物，确定是否有颗粒以及哪种颗粒含有示踪物[160]。示踪物只出现在底火颗粒中，这支持其应该在来自底火的氧化物和盐中，而不应该出现在弹头颗粒中的设想。相似的实验包括用子弹通常不含的金属涂抹弹头，然后检验射击颗粒，支持了底火颗粒有弹头材料贡献的假设。

还观察到，当弹头的速度增加，手上枪击残留物颗粒的数量显著下降。一个可能的解释是，在弹头速度较快时，从枪口逸出的颗粒较多，从其他缝隙飞出的沉积到手上的颗粒就比较少。这个解释得到观察结果的支持：随弹头速度增加沉积的弹头颗粒减少没有底火颗粒减少得多。底火颗粒平均较大，比弹头颗粒离弹头更远。

形态和大小

除了不同气体，枪击残留物中检测到四种颗粒：

1. 球形颗粒；

2. 不规则颗粒；

3. 成串颗粒；

4. 无烟火药碎片。

一般情况是，70%的颗粒为球形。这些颗粒可能是规则的圆形，或者有些变形。这种颗粒基本上是三维圆形。颗粒表面可能是光滑的、模糊的、有鳞片的或者有小圆圈。有时上面有孔眼、帽子状痕迹、裂痕或根须状痕迹。直径虽然从<0.5 μm到>32 μm不等，但是大多数直径小于5 μm（直径小于0.5 μm的颗粒无法检测）。

不规则颗粒约占颗粒总数的30%。颗粒直径从小于1 μm到数百微米。大的不规则颗粒常常有小的圆形颗粒少黏附在上面。不规则颗粒和球形颗粒的组成相同。

没有显示结晶或矿物迹象的颗粒，不呈平直或尖锐的边缘，颗粒外观常常是受挤压或平滑的。

成串颗粒含有五个到数百个圆形颗粒，它们彼此相连，局部像一串葡萄。成串颗粒很少出现，似乎是高能或高速的产物。无烟火药碎片数量不多，在随即采集的残留物中偶尔会见到。不像其他三种无机颗粒，无烟火药碎片是有机物，有时表面上会有圆形颗粒，大小大约50 μm ~ 1000 μm。案检中很少看到连串颗粒和无烟火药碎片，因为相对较大，可能很快会从皮肤或衣服上脱落。

球形颗粒被认为是蒸气快速冷凝的结果，而不规则颗粒可能是从枪支内部表面熔化的金属凝固产生的。

组成

鉴定FDR颗粒是根据形状和元素组成标准，还结合样品中出现的其他颗粒。

下列三种颗粒组成是至今观察到只出现在FDR中的独特颗粒：

1. 铅、碲、钡；

2. 钡、钙、硅，还含有痕量的硫；

3. 碲、钡。

下列五种颗粒组成和FDR相符，但是不是FDR特有的：

1. 铅、碲；

2. 铅、钡；

3. 铅；

4. 钡，含有痕量硫或不含硫；

5. 碲（少）。

铅、碲颗粒和铅、钡颗粒虽然不是 FDR 独特的颗粒，但是只在很少的工作场所颗粒中出现，因此被认为是相当特征的 FDR 颗粒。

任何独特或相符的颗粒可能还含有一种或数种下列元素：硅、钙、铝、铜、铁、硫、磷（少）、锌（只有铜＞锌）、镍（少，另含有铜、锌）、钾、氯等。在旧式子弹中还可能出现锡。

颗粒分类法是以 FDR 颗粒检测和鉴定方法为基础的。修订的颗粒分类方法将在结论中介绍。

其他工作还显示颗粒内外元素组成的变化，使用 SEM 和 NAA 测定每个颗粒平均钡和碲含量为 $0.2 \sim 20 \, \mathrm{ng}$ 钡、$0.4 \sim 7 \, \mathrm{ng}$ 碲。

沉积

有证据显示射击者手上的 FDR 是射击过程中喷上去的，不是空气中残留物降落到手上的。从枪口射出的 FDR 量很大，但是沉积到手上的量很少。手上的沉积物主要来自枪托附近的出口和手动装弹的跳弹口以及左轮手枪枪膛和枪管之间的缝隙[174]。这样的沉积物也会沉积在射击者的脸上、头发上和衣服上。

射击者身上沉积的 FDR 颗粒的数量和性质受许多因素影响。应该记住分析中采集的量根据采集方法可能有很大变化，并和采集方法的效率有关。这些因素包括：

枪的种类——FDR 案检成功率比较低的涉及 .22 ″ 左轮手枪和步枪、后座封闭的猎枪、有些需要手动退弹壳的步枪等，所以枪支的设计可能对沉积的 FDR 数量有影响。

枪支的机械条件——机械条件较差的枪发射机构可能有较大的缝隙，因此使得 FDR 更容易逸出。

枪支的清洁——清洁的枪比"脏"的枪更容易产生 FDR。

子弹的种类——被甲弹头产生较少的 FDR 颗粒。底火类型（大小、组成、燃烧性质）可能影响产生的底火颗粒的数量。推进剂燃烧产生的温度和压力决定了弹头的能量和速度，因而影响沉积颗粒的数量。

空气流动的方向和速度——用同样批次的枪和子弹进行类似的射击试验，一个系列在室内，另一个系列在室外，室外射击时在射击者身上的 FDR 少得多。这被认为是由于风的作用。其他气象因素，如降雨、湿度、温度都可能起作用。

射击位置和暴露时间——在较小的空间射击，如在门道、机动车内，射击者趋于在更多残留物环境暴露更长时间，因此，FDR 有更多的时间扩散，有更多的机会沉积。

表面性质——皮肤条件（干燥、潮湿、自然油脂、毛发的数量）和衣服的性质（光滑和粗糙）也被认为会影响沉积的数量。

其他因素包括枪支相对于射击者的位置；就是发火时手臂是伸长的还是靠近射击者，是单手还是双手射击，是坐着、站着、跪着还是躺着都将影响沉积 FDR 的表面积。接下来枪的操作、卸弹、装弹、清洁、收拾射击过的弹壳都可能比实际射击产生更多的 FDR。

量和组成

许多作者使用大宗元素分析方法定量研究沉积在射击者手上的残留物数量。

根据一些列手枪和子弹的室内射击，用不同采集方法采集手上 FDR，用不同的方法处理样品，射击1 ~ 6次后立即采集残留物，用不同的方法分析，得到下列广泛变化的结果[157]。

铅	0.45 μg–325.0 μg	平均 =7.810 μg
锑	0.01 μg–10.1 μg	平均 =0.448 μg
钡	0.02 μg–13.7 μg	平均 =0.828 μg

关于总枪击残留物颗粒分布的信息有限。用同样的枪、同一批子弹、同样的采集方法、即刻采集、重复试验得到的总颗粒数据变化较大。

一系列用单手单发、用清洁手射击、用标准化方法采样，得到如下结果[157]：6次测定总颗粒数平均值为5315 ± 3622（68%），底火颗粒平均值为50.5 ± 14.4（29%）。在另一系列试验中，5次测定总颗粒数平均值为203 ± 81（40%），底火颗粒平均值为65.4 ± 10（15%）。

射击3种0.38 ″特别口径子弹，快速采集残留物，使用颗粒分析方法，单次射击的结果见表17.1[157]。

表17.1　颗粒分布，单次射击，相同的口径

子弹	球形颗粒总数	只含 Pb	只含 Ba	Pb、Ba	Pb、Sb	Pb、Sb、Ba	Pb、Cu	非球形颗粒	火药残片
125 gn JHP Remington	142	35	35	34	13	19	6	13	18
158 gn RNL Remington	2664	2086	66	367	39	106	0	28	4
158 gn RNL Federal	4551	4162	0	101	95	193	0	0	3

在RNL（圆头铅）子弹的情况下，总颗粒数大是由于来自弹头的只含铅颗粒数量大，而JHP（被甲空头）子弹产生较少的只含铅颗粒，因为弹头的底部和边缘被被甲包住了，只有弹头头部暴露[162]。这部分解释了非被甲弹头产生非常多的颗粒数。

用同样的武器反复射击产生的残留物水平不一定持续增加，在明显相似的条件下同样的武器/子弹组合射击同样发数不一定产生相当水平的残留物[163]。

FDR 含有气体和异相颗粒混合物，颗粒中含有铅、碲、钡单元素或元素组合，颗粒大小从 <1 到 >100 μm 变化。

为了解释在非常相似的条件下沉积的 FDR 数量和组成的不正常情况，有人提出在不同次射击中，大多数检测元素质量存在于几个大的颗粒中。也有人提出皮肤上残留物饱和后，后面产生的残留物顶替了之前的残留物。

很明显，射击过程和后面的 FDR 在射击者身上沉积都受到许多因素影响，总的结果是沉积的 FDR 数量不可预测。不管沉积什么，组成有变化，全部过程很随机。

分布

分布可以定义为"FDR 沉积的地方及在这些地方的浓度"。以正常方式射击的步枪和手枪在射击者身上可能产生不同的分布，而步枪比手枪 FDR 更容易沉积在脸上。分布在手上可能确定被试对象是否射击过或只是拿过枪。射击时手背上比手心可望沉积更多的残留物。

虽然在理想的条件下分布方式可能是正确的，但是在正常活动过程中残留物可能丢失，在不同地方的再分布可能使情况变得更加复杂。除非是自杀或嫌疑人已经死亡，案件发生时和取样时的分布方式几乎肯定会发生很大的变化，案件发生和取样时间间隔通常有几个小时。实践中，案件的环境决定了检验 FDR 的区域。

有许多因素影响开始的分布样式，在讨论沉积的 FDR 数量时已经提到过大多数因素。残留物随时间和活动而丢失，残留物容易在不同的地方转移，意味着根据分布做出的解释需要小心。分布的实际价值有限，但是在几个非常规案例中是重要的因素。

附着性

许多作者研究了 FDR 在手上的附着性，虽然文献中变化很大（1 h~24 h），但是主要观点是在案件发生到样品采样在 1 h~3 h 之间[164-166]。超过 3 h 不太可能在活着的嫌疑人手上检测到残留物。

在脸上、头发上、衣服上的附着性尚没有研究过，但是 FDR 非常可能在这些地方比在手上保留更长的时间。

后面将给出来自案件的附着性数据。

样品采集

为了采集嫌疑人身上的 FDR，通常准备带有采集材料的一些试剂盒（商业、警察部队、法庭实验室）[167-169]。

试剂盒的设计考虑以下方面：（a）避免其他来源的污染或采样间交叉污染；（b）提取效率；（c）介质和后面的测试匹配；（d）容易使用和准备；（e）价格、纯度和材料是否容易获得。

手动采样方法包括：

布、棉球、滤纸和稀酸	棉签擦取
稀酸清洗	清洗
石蜡"手套" 成膜聚合物	膜提取
胶带 胶头	黏附提取

使用的分析方法对采样方法的种类有重要影响。采样方法分为两类：破坏性和非破坏性，取决于对 FDR 颗粒采样方法的效果，酸有破坏颗粒的倾向。

不管使用哪种形式的试剂盒，提取效率在很大程度上取决于取样者的细心。

参考文献

157.G.M.Wolten，R.S.Nesbitt，A.R.Calloway，G.L.Lopel，and P.F.Jones，Final report on particle analysis for gunshot residue detection，The Aerospace Corporation，El Segundo，CA.Aerospace report no.ATR-77（7915）-3（September 1977），13.

158.G.M.Wolten，and R.S.Nesbitt，On the mechanism of gunshot residue particle formation，*Journal of Forensic Sciences* 25，no.3（July 1980）：533.

159.M.A.Purcell，*Radiotracer Studies of Test-Fired Bullets*（master's thesis，University of California，Irvine，1976.

160.G.M.Wolton and R.S.Nesbitt，On the mechanism of gunshot residue particle formation，*Journal of Forensic Sciences* 25，no.3（1980）：533-545.

161.G.Wolten et al.，Final report on particle analysis for gunshot residue detection，46.

162.G.M.Wolten，Cooperative gunshot residue study，*Newsletter* no.2（March 31，1976）.

163.R.Cornelis，and J.Timperman，Gunfiring detection method based on Sb，Ba，Pb，and Hg deposits on hands.Evaluation for the credibility of the test，*Medicine，Science，and the Law* 14，no.2（April 1974）：98.

164.J.W.Kilty，Activity after shooting and its effect on the retention of primer residue，*Journal of Forensic Sciences* 20，no.2（1975）：219.

165.R.S.Nesbitt，J.E.Wessel，G.M.Wolten，and P.F.Jones，Evaluation of a photoluminescence technique for the detection of gunshot residue, *Journal of Forensic Sciences* 21, no.3（1976）: 595.

166.R.Cornelis, and J.Timperman, Gunfiring detection method based on Sb, Ba, Pb, and Hg deposits on hands.Evaluation for the credibility of the test, *Medicine, Science, and the Law* 14, no.2（April 1974）: 98.

167.J.A.Goleb, and C.R.Midkiff, Firearm discharge residue sample collection technique, *Journal of Forensic Sciences* 20, no.4（1975）: 701.

168.M.Tassa, N.Adan, N.Zeldas, and Y.Leist, A field kit for sampling gunshot residue particles, *Journal of Forensic Sciences* 27, no.3（1982）: 671.

169.K.K.S.Pillay, W.A.Jester, and H.A.Fox III, New method for the collection and analysis of gunshot residues as forensic evidence, *Journal of Forensic Sciences* 19, no.4（1974）: 768.

V 实验

18 犯罪现场经验

在退休前的25年间，我到过许多案件现场。枪支部全天候接警，来帮助遇到困难的犯罪现场官员（SOCO），提供独立的现场检验，特别是在安全力量（军队或警察）开枪的场合。安全力量总是引起争议。

现场保护常常遭遇难题，超出安全力量控制能力。可能对现场保护有所改善的，就是控制现场的围观者，也就是和现场检验无关的人。法庭实验室建议之一，就是在现场设置双警戒线，这样媒体、官员、高级警官和围观者等可以在双警戒线以内，简单地询问现场情况。另一个建议是，进入现场的任何人必须穿防护服，并且必须解释他们为什么出现在现场，在那里做了什么。总之，应该尽可能减少围观的人数。

经常令人困惑的是死者附近发现枪支的案件。是自杀、他杀，还是事故呢？这些问题没有确定的结果。

在本章中会提到一些现场检验的有趣现象。我没能看到案检笔记或文件，只是根据记忆，并且没有按照时间顺序记载。

案例1

这个案件涉及一名17岁少年被军人枪杀。军人使用的是7.62 mm × 51 mm NATO口径自动步枪（SLR）。这是一起非常棘手的事件。

该少年当时正沿着一所学校周围的金属篱笆步行回家。这是一片开阔地，在学校篱笆外有很大一片草地。军人声称看到了少年，认为他是带枪的人，向他开了枪。此案中军人无人受伤。

该少年的手部和头部变青，附近的人称是军人攻击少年的结果。除了经过一段时间后出现擦伤，在用棉球擦拭手部和面部时淤青消失。用无火焰原子吸收光谱法（FAAS）检验棉球显示了含量很高的铅和碲，与 GSR 完全不符合，但是和弹片一致。

我没有参加开始的现场勘验，大约4天后我应邀查看了现场以解释引人注目的棉签检验结果。现场唯一能够造成弹头碎裂的是金属篱笆。篱笆最近刚刷过油漆，状况良好。无子弹撞击痕迹和篱笆损坏痕迹。在死者身体所在位置有一小块油漆（大约半英寸）脱落。这在金属的右上部边缘，离地面大约5英寸，金属没有破损。

我在篱笆上这个地方采集了许多棉签拭子，在远离这里的地方也采集了许多控制棉签拭子。在死者区域采集的棉签拭子显示很高浓度的铅和碲，而控制样品中含量不显著。

我以为几层油漆不可能造成弹头碎裂，但是很高含量的铅和碲是弹头在此处碎裂的有力证据。使用军人用的相同类型的步枪和子弹，在室外射击区进行了几个试验。使用砖块和大的目击卡，以钝角向砖块射击。虽然这和现场条件不同，但还是说明即使倾斜射击也能造成弹头碎裂（碎裂是很宽泛的术语，从弹头裂开成几片到碎裂成粉末。在我勘验过的一个案件中，军人向一辆轿车开枪，在未损坏的车窗里面我看到了一个镜面。这个镜面形状不规则，大约有6英寸宽，明显是熔融铅沉积。这说明了极端的碎裂情况）。

案例2

共和区一个非法饮酒俱乐部的经理夜里锁上门离开俱乐部时被枪杀。在他的头上有单发弹头射入口和射出口，弹头通过头后又穿过了木墙进入俱乐部。现场没有发现射击过的弹壳。当地人拒绝警察进入俱乐部寻找弹头。枪击发生后在现场发现一把军用手枪，当地人声称军人射击了死者。这又是一起棘手的事件。

尸检在头部发现一小片银色的铜弹头被甲。我用 FAAS 定量分析了被甲材料，并和类似大小的军用子弹弹头被甲材料进行了比较。我发现了系列痕量元素（因为所有的 AA 灯都能用），认为从死者身上提取的弹头被甲碎片不是来自标准的军用子弹。

我向警方勘查人员报告了这个发现，第二天当地报纸刊发的一篇报道称，法庭实验室科学家说军人没有射击。这样错误的报道可能是警方、报纸或者双方造成的。如果弹头还在俱乐部，射击过的弹壳找不到，死者的两个儿子又不了解弹壳，那么报纸的文章发表后，他们就很不理解，非常怀疑。

有人打电话给实验室主任，主任问我是否可以和死者儿子谈谈，解释这个发现。如果再到现场，一位爱尔兰天主教牧师（现已去世）会保证我的安全，他是北爱尔兰民权运动的活跃分子。牧师和死者的两个儿子见到了我。因为我信任他们，所以我同意去看现场。开始两个儿子有些敌意，但是当我解释了在实验室怎么做的、做了什么，他们变得友好了，特别是当我告诉他们并没有说军人没有参与此事，只是说从他们父亲身体中取出的碎片和标准的军用子弹不符。

当我看了现场后，他们允许警方进入俱乐部搜查弹头。弹头找到了，但是我不记得口径和其他事情了，只参与了案件的化学检验。

我有几个其他案件涉及用 FAAS 法比较弹头铅 / 弹甲，都获得了成功。

案例 3

一个住在新教住宅区的天主教家庭一天早上醒来，发现他们家的门厅窗户上有一个小洞，周围有裂痕。他们非常担心，认为破损是弹头造成的。

警察查看了现场，只在室内破洞的正下方的地毯上发现了细小的玻璃。警察还搜查了窗外区域，但是没有发现重要的东西。除此以外，这一家还是担心可能遭到了子弹射击。侦查官员派出犯罪现场警察（SOCO）检查现场，再次向这家人询问，没有发现重要线索。这家人非常害怕，还是怀疑破损是由子弹造成的。

作为公共关系实践者，侦查官员打电话给我问是否能够亲临现场，使这家人信服。我查看了现场，很快发现窗户破损和子弹洞不相符，因为洞太小了。窗户确是被什么东西击中，但是能量不够，未击穿玻璃，只够产生一个小孔。我认为可能是扔向窗户的小石子或者是弹弓造成的。房子外面有人行道，很容易得到小石子，而发现造成破损的小石子是不可能的。

我解释了所有这些，住户还是不相信、不高兴。为了使他们信服，我从受损处采集了棉签拭子，也从未受损处采集了控制棉签拭子，并且告诉他们，如果是子弹造成的损伤，小孔内应该含有铜和铅。

为了让他们相信损伤不是子弹造成的，我把棉签放入物品清单，准备用FAAS法检验GSR。

8周后当棉签检验结果出来，我吃了一惊。从小孔周围提取的棉签上有大量的铜、铅、碲和钡，而控制样品没有。我不得不承认错误，打电话给侦查官告诉他结果和子弹痕相符。第二天他又打电话给我，告诉我他发现警察曾经从枪中取出子弹插入小孔，看.223″、9 mm口径的子弹能否穿过小孔（这样子弹曾经进出小孔数次，污染了小孔周围）。

这个案子说明现场保护的重要性。

案例4

一个警察路障设置为 T 字形（如图18.1所示）。

由于树和灌木的遮挡，三个备用车驾驶人没有看到路障后面的同事。交通信号灯被挡住了，又在狂风暴雨的夜晚，一辆车没能在路障前停下来，在路障旁的警察向逃逸的汽车开了枪。

备用车驾驶人听到枪声，看到来自逃逸车辆窗户的闪光，认为他们的同事被射击了。他们边追赶边探身车外向逃逸车辆开枪。在逃逸车辆翻向路边前，追赶和射击持续了相当长一段距离。在翻车现场警察继续向车辆射击，因为他们认为驾驶人是持枪人员。

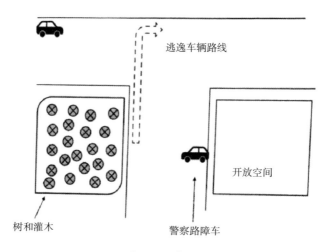

图18.1 案例4

倾覆车辆的三名驾驶人死了，车上没有枪。这次事件，导致提出了警察开枪时机的规定。

我怀疑来自逃逸车辆窗户闪光的说法，决定做试验。在警察的帮助下我在这辆报废的车辆内模拟事件现场射击情况。天黑 时，用事件中的枪和子弹向车窗和车身射击。子弹撞击时可以看到火光，特别是在窗口玻璃处；还可以看到闪光，特别是在子弹与车身撞击处。不是每次射击都产生闪光和火花，但是大多数玻璃和车身与子弹撞击会产生闪光和火花。

接下来有必要录制视频向法庭呈现闪光现象。我白天重复试验，录制视频说明白天无法看到闪光和火花（一种控制视频）。晚上进行了同样的试验，视频清楚地显示子弹撞击点的闪光和火花。伴随着枪击声，闪光可能和枪口闪光混淆。

这次观察的结果被通知到了 UK 所有警察部队，但是没有提出建议。一篇叫"子弹撞击闪光"[196]的科学论文（案例1中提到了热和光与我观察到的镜子关联）。

注意：在警戒区外发现了射击过的弹壳。这是我经历过的第三个不准确的警戒现场，它告诉我们不能保证警戒线包含所有现场。

案例5

在北爱尔兰，射击膝盖骨很常见。非法军事组织双方都会使用这种形式的惩罚，以显示他们在非法组织中的地位，也惩罚本地区人的反社会行为。根据受害人"犯罪"的严重性，可能射击单腿膝盖或双腿膝盖。有许多射击膝盖的事件，通常要检验受害人裤子上的铅残留以及子弹孔周围未燃烧的推进剂，以确定射击距离。许多受害人是非法组织成员（根据情报），但是这在法庭上难以证实。因此根据法律，受害人受到刑事伤害理应得到赔偿，赔偿也是用非法组织的资金。

在法庭上说明受害人主张是否正当、根据法律赔偿是否要减少的场合，测定射击距离很有用。我记得两个案例，一个人说他受到来自经过车辆的射击，另一个人说他受到来自10英尺外灌木处的射击。这两个案例的射击范围都在6英寸。其他有宣称攻击者戴面具无法认定的。

我提到射击膝盖的原因时记得一个特别的案例。当我用光学显微镜检查裤子上的射入口时，注意到许多透明的、胶状的、扁平球状的颗粒，和推进剂的物理形态相符。确认存在推进剂的标准方法是 GC/MS。当我试图用尖头镊子提取样品用 GC/MS 法分析时，我惊奇地发现这些颗粒开始移动——这些颗粒不是推进剂，而是裤子上血液里的昆虫。我曾经检验过数百起衣服上的弹孔，熟悉一系列推进剂，但是这是我第一次遇到像推进剂颗粒一样的活的东西！

案例6

室内有效射程用于描述射击目标或子弹达到的范围。当看到火势迅速蔓延到有效射程的另一端，警官试图灭火，那是唯一可以出入的门。他们不得不赶紧离开建筑物。后来消防队扑灭了火灾。

有一位火灾调查法庭科学家邀请我陪同他查看现场，因为我是枪支部的。

有效射程在天花板高处两根木梁之间。弹头射击点在稍微高出地板的重橡胶类帘子后，为弯角钢板。

我们检验帘子正前方的地板发现，大约有3英寸厚的木材、纸张、塑料的碎屑，可能是来自射击目标；还有许多推进剂颗粒，应该是着火后走向着火区检查射击目标的警官鞋子上带来的。此时，警官使用的是 .357 Magnum 口径的 Ruger Speed Six 左轮手枪，已知使用的子弹能从枪口带出一些未燃烧或部分燃烧的推进剂。

我们认为，火灾是从弹头捕集区火花/热弹片引燃地板上易燃材料引起的。很明显，家庭不整洁是重要因素，但是这不能解释火灾迅速蔓延。目击者说火灾沿屋梁蔓延很快。

为了解释这点，我观察了其他室内有效射程，并从屋梁上采集了灰尘样品。显微镜检验黑色灰尘显示，主要为精细的粉末状铅、其他金属尘埃、像炭的灰尘、未燃烧和部分燃烧的推进剂颗粒。这种灰尘在本生（Bunsen）火焰上容易点燃，因此我认为灰尘作用可能像熔断丝，能够将火焰迅速传导到着火范围的另一端。

案例7

唯一保护完整的现场是一个警官锁在车内自杀的现场。我被召唤到现场，因为他的 .357 Magnum 口径的 Ruger Speed Six 左轮手枪一目了然，向车子里面一看就可以看出左轮手枪开了两枪。侦查官员叫来了法庭实验室检查现场。我不记得细节了，但是死者用火力很强的左轮手枪向他的头开了两枪。任何一枪都毫无疑问是致命的。这就产生了一个问题，这可能吗？依我的观点是可能的，因为我曾见过鸡被断头后还能奔跑。我和两位主管病理学家进行了磋商，他们说第一枪射击后身体可能痉挛而再次扣动扳机。左轮手枪扳机较重，但是我还是相信在致命的射击后进行第二次射击是可能的。

案例8

本案涉及两个嫌疑人衣服上 GSR 的检验。

某地警方／军方基地遭到60发子弹射击（疑似两匣子弹从 AKM 型步枪射出），但是没有人伤亡。射击地点不能确定。当时该地区有一支徒步巡逻队，他们听到了枪响，看到 2 名男性从房子的后门出去了。巡逻队抓到了这两个人，并送到了警察站，在那里 SOCO 对他们实施了 GSR 检验。

夜里我被叫到实验室检验嫌疑人外衣上的 GSR。用 SEM/EDX 法检验样品，发现了几百个 GSR 颗粒，包括两个嫌疑人衣服上许多的铅、锑、钡颗粒。这是我们以前没有经历过的且 GSR 阳性的案件，原因可能是嫌疑人射击后马上就被抓到了。我提到这个案件是要说明时间因素的重要性。

案例 9

本案是一个警察在其房子内自杀的事件。他用 9 mm 口径的 Walther 手枪向自己头上开了枪，子弹从头部后面射出，撞击到墙上，反弹距离很远。

我被叫到现场，因为射入口伤和射出口伤很像，反之亦然。弹头在墙上的撞击痕迹以及身体上的位置和弹头从头部后面射出相符。后面射出口伤小而圆，像射入口伤。前面射入口伤很大而不规则，像射出口伤。

造成射入口伤不规则的可能解释是接触式射击，射击气体从头骨里面反弹出来对射入口造成扩大的伤害。根据我对其他自杀案件接触伤的经验，没有出现过这样的情况。因为射击气体对皮肤的撕裂作用，2 " ~ 3 " 的近距离射击能造成比正常射入口大的伤。但是，有疑问的伤口比正常的还要大得多。

本案中，死者制作了视频解释他自杀的原因。在视频中，他显得很放松、清醒、平静又理智。

案例 10

一个年轻人被发现坐着死在他的公寓里。他的头部左边有一处枪伤。没有射出伤口，射入口和接触式射击相符。在座位上有一把左轮手枪，枪管是空的，射击过的弹壳和转筒位置对齐。

应警察的要求我查看了现场，没有发现遗言。死者是右撇子。这很反常，但是右撇子人向自己头部左边射击也不是未见过。警方进一步调查揭示，邻居曾见过 2 人进入公寓，一个是公寓所有人，一个是其朋友。警方追踪到这个朋友，发现他们曾玩"俄罗斯轮盘赌"，是朋友开了枪。

案例 11

8个武装恐怖分子炸了警察站，然后企图进入警察站枪杀里面的所有人。这是一个重要恐怖行动，计划成功会产生很大的恐慌效果。根据情报信息，军方占据了警察站，枪杀了所有恐怖分子。

在搜查死者衣服时发现，在一个死者的口袋内有一支9 mm口径的手枪弹匣。但在现场勘查时没有发现这把枪，并认为在警察站爆炸时这支枪一定被埋到废墟下了。一位结构工程师提议任何人都不应接近爆炸区，因为建筑物处于危险的状态。

几天后，当建筑公司用JCB挖掘机除去警察站的残渣时，发现了该枪支。如果该手枪弹匣没有出现在死者的口袋内，就不会知道有手枪，因此就不可能发现这把手枪。

案例 12

在靠近一处商店密集的地方发生了枪击案，持枪人乘坐摩托车逃离了现场。一队乘车的军队目击了案发过程，并进行追击。快速追击导致持枪人被射死后从摩托车上摔出。在现场发现了一把9 mm口径手枪，在商店区发现了9 mm口径手枪射击过的弹壳。

我在搜查追踪的路旁发现了2枚9 mm口径手枪用过的弹壳。这两枚射击过的弹壳已经受到环境影响，充满了淤泥，和现场的弹壳明显不符。用物理方法比较这些射击过的弹壳，显示这些弹壳是现场发现的这种手枪发射的，源自本地区先前的枪击案，情报信息显示这种手枪在该地区已经流行很久了。

其他观察

a. 我曾去过军用7.62 mm × 51 mm NATO口径AP弹头（穿甲）射击逃逸车辆的现场。在检验弹头对汽车的损坏时，我发现了许多AP钢芯（钢穿透物）以及被甲、弹头碎片。绝大多数钢质穿透物看上去没有损坏，但是有几个破裂成两部分，这很少见。AP钢芯几乎总是保持完好。于是我推测少数破损的弹芯一定击中了某些汽车内的实体部位。

b.我曾见过防务专家检验的用高速弹头（7.62 mm和.223 "口径）射击损坏的车辆。因为车身反向炸开，他们把弹头射出口错误地鉴定为射入口。这是可以理解的，因为车体金属在弹头运动方向上通常会变形。就我所知，只有当涉及高速弹头时，车身反向炸开才会发生。反向炸开是当弹头运动相反方向车身金属变形。我不知道造成这种现象的机理，但是研究一系列目标材料损坏的弹道专家可能能够解释这种作用。

c.在我经历的一个案子中，猎枪弹片在地上的位置被用于确定射击者的位置。为了试验这一点，我用合适的子弹在室外射程范围射击。晴天、中等风速，从肩部逆风射击，弹片在我周围10英尺范围。当我顺风射击时，弹片可以到达笔者前面大约40英尺处。

我认为弹片在地上的位置只能说明在这个位置附近用猎枪射击了。

d.如前面提到的，由于狙击手、可怕的陷阱、暴乱的存在，有些犯罪现场无法正确勘验。

有个事件涉及持枪人射击军队巡逻队。军队回击和追逐持枪人，持枪人躲到停靠的车辆后，军人对着车辆射击，但是持枪人还是逃跑了。车里有个妇女被弹头打伤，幸运的是她被救活了。

一个平民被军人射击了，要求法庭实验室去做现场检验。事件发生的地方对安全力量（警察和军队）有敌意。

我带着军队安全掩护设备进入现场，刚开始现场检查就听到一个当地人吼道"你们能做的就是对妇女开枪"，这可能是暴乱要发生的前兆，我们赶紧离开那个地方（暴乱，除了造成人员伤亡，常常

造成公共财产损坏，需要大量安全部队人力和设备来压制。这些都
需要大量花费，如果可能要防止暴乱）。

有些现场涉及爆炸和枪击，爆炸导致安全力量进入该区域，而
持枪人公开射击他们。部分现场检验涉及检查炸弹损坏的建筑物内
外，有安全隐患。有时我们做不到结构工程师的相关建议。

e. 在一起弹头损坏车辆的案件中，弹头穿过了门，检验门的内
部是十分必要的。

在几次涉及低到中等速度弹头的场合，我从门内找到子弹被
甲，在穿过门的过程中弹头和被甲分开了。

f. 有一次需要确定射击了多少枚子弹穿过车窗。

在车和车门内发现了破损的玻璃。把弹头击碎的玻璃碎片和玻
璃大块分开（像玻璃拼图）。用几片留下的玻璃碎片确定了三个完整
的弹孔，但是这些玻璃都不够做成全部弹孔。我认为4个弹头穿过
了玻璃窗（门板内破损的玻璃难以用手查找，容易把手割伤。我们
用大功率真空吸尘器清理弹头捕集区，这是从车门内部清除玻璃的
理想工具）。

评论

犯罪现场既千奇百怪又有挑战，即使常常工作到深夜，经常在
恶劣的环境和不友好的地方工作我也喜欢。一般而言，主要射击现
场在一定程度上受到干扰，保护生命是放在第一位的。开始是着装
警察访问现场，然后是救护人员、医生、牧师、CID 官员以及其他
人，之后才是法庭科学家。非常重要的是这些人员要避免对现场不
必要的干扰。

19　目标、采样方法、仪器和条件

　　第1章至第17章主要是对可以获得的文献进行评述，因此并未表达我的观点和经验。

　　实验的目的是针对北爱尔兰情况改进 FDR 检验鉴定系统，这包括考察嫌疑人处理、样品采集方法、实验室准备、分析方法、解释和在法庭上呈现结果等所有方面。关于嫌疑人处理、避免污染、结果解释、在法庭上呈现物证等，文献中信息很少。通过对系统所有方面进行回顾，考虑其现实方面，期望在各个方面改进，无论是多么小，将有累计效果，达到总体上显著的改进。这是一个奇妙的方法，大量的文献涉及科学的采样、检测和鉴定方法，但是这些都不是最重要的最终结果，最终结果是法庭上给出证据的价值和可信度。

　　1978年，在北爱尔兰法庭科学实验室（NIFSL）颗粒分析方法[170]开始代替无火焰原子吸收大宗元素方法[171]作为枪击残留物检测方法。从那时起通过使用样品富集和净化[172]、增加背散电子检测、开发自动残留物检测系统，颗粒分析已经有了很大的改进[173, 174]。虽然有改进，但是该方法仍然较贵，费时费力。系统的有些方面需要进一步改进，特别是颗粒分类方法：如区分雷酸汞和新型底火（Sintox）的射击颗粒。

　　颗粒分类方法的可靠性用产生类似颗粒的检验试验，特别注意主要用于子弹工具和模拟射击在案件中可能遇到的空包弹的检验。

颗粒分类方法基于现代底火，所以雷酸汞底火子弹不在其中。案件中很少遇到雷酸汞底火子弹射击产生的含汞颗粒。实验中试验了这种子弹的射击颗粒，并努力提供了解释。实验检验了 Sintox 底火射击颗粒，以预期将来罪犯使用这种新型底火子弹时进行颗粒分析、估计射击距离、弹孔鉴定等可能产生的问题。

因为以下原因，主要回顾了 23 年案检数据：

检查了文献对子弹化学评论的可靠性，大多根据 23 年不同来源的信息，许多是非科学性质的，如枪支杂志、报纸文章、制造商宣传文章。

说明了涉枪犯罪、子弹的发数等基本事项的变化和复杂性，这些细节知识不仅有助于对犯罪现场进行物理和化学调查，也有助于后面的实验室检验。

记录了过去 26 年恐怖战争收集的信息，这些部分信息科学界有兴趣，并对他们有益，而在其他地方看不到。

弄清颗粒分类法中伴随元素及其发现的情况。

对案件中发现的含汞底火类颗粒提供见解。

对于强调的质量，所有系统，包括内部和外部，确保经得起任何来源的审视、确保嫌疑人对炸药和枪击残留物的交叉污染最低，确保实验室内部污染风险可预知，并降到最低或排除。

检测和鉴定 FDR 有机成分可能被用于筛选，更有可能成为颗粒分析法的预试验。颗粒分析法已经被证明非常令人满意，已经得到充分的试验，用于案检和法庭。本实验的目的是有效地改进系统，得到和颗粒分析法相媲美的有机枪击残留物检测方法。由于嫌疑人可能既需要检测枪击残留物又需要检测爆炸残留物，方法也必须适用于爆炸残留物的检测。

目的总结为：

改进颗粒分类方法。

解释缺乏含汞射击颗粒的原因。

弄清案件中检测到的含汞颗粒的种类。

获得关于 Sintox 子弹的信息及其在犯罪中的应用。

通过回顾23年案件检验结果和相关实验室试验，增加对枪弹化学知识的了解。

改进嫌疑人处理方法和避免污染的措施。

更新方法，使现有用于无机物 FDR 和有机爆炸残留物检测的系统能够用于有机物 FDR 测定。

从抓到嫌疑人到出庭展示证据，总体上显著改善枪支和爆炸残留物检测。

注意：为了方便，元素铅、锑、钡叫作 FDR 颗粒的基本元素。因此单个基本元素分别叫作"只有铅""只有锑""只有钡"，一般来说确实有这样的情况，颗粒中出现的其他元素来自允许加入的伴随元素。

下面定义主要、次要、痕量元素，记录颗粒分析时，所有元素按峰高降低顺序排列。主要、次要、痕量级根据峰高而不是根据面积确定。最强峰高满刻度，背景水平不计，峰高和样品表面不规则和基体效应有关，当有重叠峰时更复杂。记住下面的定义：

主要：谱图上任何大于最强峰峰高1/3的元素。

次要：主要峰峰高为最强峰峰高1/10~1/3的元素。

痕量：任何主要峰峰高不到最强峰峰高1/10的元素。

仪器

扫描电子显微镜法（SEM/EDX）

SEM/EDX 分析用 Camscan 系列 2 扫描电子显微镜，连接 Link AN 100000 X 射线能量色散分析仪。实验室开发的自动残留物检测系统（ARDS）用于自动监测，使用细节见参考文献[174]。手动操作使用下列条件：

工作距离 29 mm；

电流 1–1.25 × 100 μA；

放大倍数 × 1000；

加速电压 25 kV；

倾斜度 0 度，分辨率和吸收电流设置根据检验用的显微镜（吸收电流 1.84 A）；

亮度 / 对比度设置以背散射图像中刚好看清铁颗粒为宜；

分辨率设为点大小为 3。

SEM/EDX 测试的棉签和 Deldrin 样品用于做浓缩和净化，设备见参考文献[172]。SEM 检验之前所有样品用 Biorad E 6430 自动真空控制器进行喷碳处理。

气相色谱 / 热能分析法（GC/TEA）

气相色谱法 / 热能分析系统细节如下。仪器为 Hewlett Packard 5890 GC 和 Thermedics 543 热能分析仪（TEA），连接 Hewlett Packard 3393A 积分器。系统还使用 Hewlett Packard 7673A 自动进样器。TEA 根据文献[175]描述的细节改动。条件如下：

色谱柱	15M RTX 1 DM 硅油，0.25 mm 内径
起始温度	100℃ 3 分钟
第一阶段	35℃～165℃，在 165℃保持 3 分钟
第二阶段	30℃～195℃，在 195℃保持 3 分钟
载气	氦气
流速	2.5 ml/min
进样口温度	198℃
接口温度	250℃ −TEA
热裂解器温度	800℃
进样体积	5 μl
专一性	所有 N− 亚硝基化合物、有机和无机亚硝酸盐、亚硝酸酯、硝酸盐、硝酸酯，一些烃基、亚硝基和 C−N 键化合物
灵敏度	一般为 100 pg/5μl 进样
线性	0.04～0.6 ng/μl
精密度	1 SD±0.01 min; 变异系数一般为 0.15%

高效液相色谱 / 滴汞电极（HPLC/PMDE）

HPLC/PMDE 仪器、材料、条件和性能数据见参考文献176。

气相色谱 / 质谱法（GC/MS）

GC/MS 仪器、材料和条件见参考文献188。1 ng/μl 标准的典型分析性能数据为：

标准	平均保留时间（min）	标准偏差（SD）	变异系数（%）
樟脑	2.580	0.008500	0.3290
硝酸甘油酯（NG）	4.112	0.19050	0.4630
1,3− 二硝基苯（1,3−DNB）	4.905	0.064280	1.3100
2,4− 二硝基甲苯（2,4−DNT）	5.709	0.072230	1.2700
二苯胺（DPA）	6.581	0.008869	0.1350
甲基中定剂（MC）	8.213	0.015760	0.1920
乙基中定剂（EC）	8.672	0.008180	0.0943

无火焰原子吸收光谱法（FAAS）

铅、碲、钡、汞和铜测定使用的仪器、材料和方法细节见参考文献[171]。所有其他元素分析用仪器手册详细提供的标准条件。

采样

弹壳

射击过的弹壳 FAAS 分析用的约 0.25 g 阿克利纶（Acrilan）纤维干棉球提取，SEM/EDX 分析用合适直径 Perspex 杆的双面胶提取，然后胶转移到 SEM 样品台上测定。

FDR/炸药残留物

除非另外说明，手上无机物 FDR 用 13 mm 直径的铝 SEM 样品座和贴在上面的双面胶提取（Scotch 压力感应胶）。第 26 章室外射击试验，按照文献 177 详细介绍嫌疑人采样试剂盒，使用蘸有异丙醇（IPA）的阿克利纶纤维提取手部和脸部残留物。

除非另有说明，衣服使用图 26.1 和图 26.3 介绍的设备采样（吸附采样）。

参考文献

170.G.M.Wolten，R.S.Nesbitt，A.R.Calloway，G.L.Lopel，and P.F.Jones，Final report on particle analysis for gunshot residue detection，The Aerospace Corporation，El Segundo，CA.Aerospace report no.ATR-77（7915）-3（September 1977）.

171.J.S.Wallace，Firearms discharge residue detection using flameless atomic absorption spectrophotometry，*AFTE Journal* 19，no.3（July 1987）.

172.J.S.Wallace，and R.H.Keely，A Method for preparing firearms residue sampling for scanning electron microscopy，*Scanning Electron*

Microscopy 2（1979）.

173.T.G.Kee，C.Beck，K.P.Doolan，and J.S.Wallace，Computer controlled SEM micro analysis and particle detection in Northern Ireland Forensic Science Laboratory—A preliminary report，Home Office Internal Publication.Technical note No.Y 85 506.

174.T.G.Kee，C.Beck，Casework assessment of an automated scanning electron microscope/ microanalysis system for the detection of firearm discharge particles，*Journal of the Forensic Science Society* 27（1987）：321.

175.J.M.F.Douse，Trace analysis of explosive at the low nanogram level in handswab extracts using columns of Amberlite XAD-7 porous polymer beads and silica capillary column gas chromatography with thermal energy analysis and electron capture detection，*Journal of Chromatography 328*（1985）：155.

176.S.J.Speers，K.Doolan，J.McQuillan，and J.S.Wallace，Evaluation of improved methods for the recovery and detection of organic and inorganic cartridge discharge residues，*Journal of Chromatography* 674（1994）.

177.J.S.Wallace，and W.J.McKeown，Sampling procedures for firearms and/or explosives residues，Journal of the *Forensic Science Society* 30（1993）：107.

20 颗粒分类法

空包弹

NIFSL 经历了一个涉及检验嫌疑人上身外套上的 FDR 案件，检测到的枪击残留物颗粒有只含铅的颗粒和含有钡、钙、硅的颗粒（钡、钙、硅颗粒在当时被认为是射击枪支的独特颗粒），由此引起了对颗粒分类方法的怀疑。颗粒的大小和形状与 FDR 的一致；但是没有检测到其他类型的颗粒，类似案件中的子弹（同样的口径和弹头印）射击试验产生了完整系列的颗粒。在试图解释这种不正常情况时，决定调查嫌疑人的工作场所是否是这些颗粒的来源。调查显示，嫌疑人是一个建筑工地的普通工人，工地上使用弹式操作的工业工具（钉枪）因此有必要调查北爱尔兰弹式操作的工业工具，以便确定这种工具是否是涉案颗粒的来源。根据嫌疑人身上的颗粒，研究结果既不能证明也不能排除使用了弹式工具，但是研究揭示颗粒分类法需要修订[178]。

后来又经历了两个类似案件，因此出于安全考虑，决定把钡、钙、硅颗粒作为对枪击的指示性而不是独特性颗粒。

为了弄清这种情况，试验颗粒分类法的可靠性，有必要考虑和 FDR 具有相似元素组成和形态的颗粒可能的其他来源。因为 FDR 颗粒形成涉及高温，颗粒具有从气态或熔融态凝结的外观特征，所以决定研究空包弹而不是射击工具。还检验了有限的儿童玩具枪底火帽、火柴、信号弹、焰火等涉及高温、可能含有和枪弹有关的铅、碲、钡中一种或多种元素的颗粒。

检验了一系列空包弹以测定底火元素组成。特别关注用于发令枪和仿制枪的空包弹，因为这些很可能在案检中遇到。结果见图20.1。

注意：比较图20.1、表20.1和表20.2，空包弹的组成和现实子弹相似，预期产生和枪击颗粒组成类似的射击颗粒。

No.	口径/标记	组成	微量元素
1	.22" (三角形)	Pb, Sb, Ba	(Al, Cu, Fe, Si)
2	.22" E MAGNETIC	Pb, Sb, Ba	(Al, Cu, Si)
3	.22"	Pb, Sb, Ba	(Al, Cu, Si, Zn)
4	.22" HP	Pb, Sb, Ba	(Al, Cu, Si)
5	.22"	Pb, Sb, Ba	(Al, Cu, Fe, Si, Zn)
6	.22" PLASTIC	Pb, Sb, Ba	(Al, Cl, Cu, Fe, K, P, Zn)
7	.22"	Pb, Sb, Ba	(Al, Ca, Cl, Cu, Fe, K, P, Si)
8	.22" E	Pb, Ba	(Al, Cu, Fe, K, P, S, Si, Zn)
9	.22" ICI	Pb, Ba, Hg	(Al, Cl, Cu, Fe, K, Si)
10	.22" R	Pb, Ba	(Al, Ca, Cu, K, P, Si, Zn)
11	.22" M	Pb, Sb, Ba	(Al, Cl, Cu, Fe, K, Si, Zn)
12	.22" (星形)	Pb, Sb, Hg	(Al, Cu, Fe, K, S, Si, Zn)
13	.22" E	Pb, Ba, Hg	(Al, Cl, Cu, Fe, K, S, Si, Zn)
14	.22"	Pb, Sb, Ba, Hg	(Al, Cl, Cu, Fe, K, S, Si, Zn)
15	.22"	Pb, Ba	(Al, Cl, Cu, Fe, Si, Zn)
16	.22"	Pb, Hg	(Al, Cl, Cu, Fe, K, S, Si, Zn)
17	.22"	Pb, Ba, Hg	(Al, Ca, Cl, Cu, Fe, K, P, Si, Zn)
18	.22" G	Sb, Hg	(Al, Cl, Cu, Fe, K, Si, Zn)
19	.22"	Pb, Ba	(Al, Cu, Fe, K, Si, Zn)
20	.22" E	Pb, Ba	(Al, Cu, Si)
21	.22" (心形)	Pb, Sb, Ba	(Al, Cu, Fe, Si)
22	.22"	Pb, Sb, Ba	(Al, Cu, Si)
23	.22" U	Pb	(Al, Cu, Fe, Si, Zn)
24	7.65 mm RWS 7.65	Pb, Sb, Ba	(Al, Cu, Fe, Si, Zn)
25	7.65 mm FN	Sb, Ba, Hg	(Al, Cl, Cu, Fe, K, S, Si, Sn, Zn)
26	.450" KYNOCH 450	Pb, Sb, Ba	(Al, Ca, Cl, Cu, Fe, K, S, Si, Zn)
27	.455" KYNOCH 455	Pb, Sb, Ba	(Al, Ca, Cl, Cu, Fe, K, S, Si, Zn)
28	.450" KYNOCH 450	Pb, Hg	(Al, Ca, Cl, Cu, Fe, K, S, Si, Zn)
29	.455" Colt DOMINION 455 Colt	Pb, Sb, Ba	(Al, Cl, Cu, Fe, K, S, Si, Zn)
30	.450" ACP RA 64	Pb, Sb, Ba	(Al, Cl, Cu, Fe, K, Si, Zn)
31	.380" GFL 380	Pb, Sb, Ba	(Al, Cl, Cu, Fe, K, S, Si, Zn)
32	9 mm RWS 9×17 MAGNETIC	Pb, Sb, Ba	(Al, Cl, Cu, Fe, K, Si, Zn)
33	.380" S&W KYNOCH 38 S&W	Pb, Ba	(Al, Cu, Fe, K, S, Si, Zn)
34	.380" S&W DOMINION	Pb, Ba	(Al, Ca, Cu, Fe, K, Si, Zn)
35	9 mm RWS KNALL	Pb, Sb, Ba	(Al, Ca, Cu, Fe, K, S, Si, Zn)
36	9 mm UNIS 9mm KNALL	Pb, Ba	(Al, Cl, Cu, Fe, K, S, Si)
37	8 mm GFL 8 mm	Pb, Sb, Ba	(Al, Cl, Cu, Fe, Si)
38	7.62 mm G 6 R 7 L 10A2	Pb, Sb, Ba	(Al, Ca, Cl, Cu, Fe, K, S, Si, Zn)
39	.38 SPL RP 38SPL	Pb, Sb, Ba	(Al, Ca, Cl, Cu, Fe, K, S, Si, Zn)
40	6.35 mm GECO 6.35	Pb, Sb, Ba	(Al, Ca, Cl, Cu, Fe, K, S, Si, Zn)

No.	Headstamp	Caliber	Primer residue	Cartridge case elements
41	GECO 7 7 6.35	6.35 mm	Pb, Sb, Ba	(Al, Cu, Fe, K, Si)
42	7.62×57 DAG 66-64	7.62 mm PLASTIC	Pb, Sb, Ba	(Al, Ca, Cl, Cu, Fe, Si)
43	11 T T 62	7.5 mm	Pb, Sb, Ba	(Al, Ca, Cl, Cu, Fe, K, Si, Zn)
44	9×19 GECO 6-5	9 mmP	Pb, Sb, Ba	(Al, Cu, Fe, Si, Zn)
45	K 9 mm	9 mmP	Pb, Sb, Ba	(Al, Ca, Cl, Cu, Fe, K, Si, Zn)
46	DNG-68-4	9 mmP	Pb, Sb, Ba	(Al, Cu, Fe, K, Si, Zn)
47	AMA 57	9 mmP	Pb, Sb, Ba	(Al, Ca, Cu, Fe, Si, Zn)
48	S.F.M	9 mm	Sb, Ba, Hg	(Al, Cu, Fe, K, S, Si, Zn)
49	RG 54 L10Z	.303″	Pb, Sb	(Al, Cl, Cu, Fe, K, Si, Zn)
50	74 RG Z67	.303″	Pb, Ba	(Al, Ca, Cl, Cu, Fe, Si)
51	B↑E 42 H1Z	.303″	Pb, Sb, Hg	(Al, Ca, Cl, Cu, Fe, K, S, Si, Zn)
52	SL 53	.30-06	Pb, Sb, Ba	(Al, Cl, Cu, Fe, K, Si)
53	MCM 320	.320″	Sb, Hg	(Al, Cl, Cu, Fe, K, S, Si, Zn)
54	RWS 320	.320″	Pb, Sb, Ba, Hg	(Al, Cl, Cu, Fe, K, S, Si, Zn)
55	VFM&C 32 LIEGE	.320″	Pb	(Al, Cl, Cu, Fe, K, S, Si, Zn)
56	G.F.L 320	.320″	Pb, Sb, Ba	(Al, Cl, Cu, Fe, K, Si)
57	M IN I D O N 32 S&W	.320″ S&W	Pb, Ba	(Al, Ca, Cl, Cu, Fe, K, Si, Zn)
58	N O C Y K O H 32 S&W	.320″ S&W	Pb, Ba, Hg	(Al, Ag, Ca, Cl, Cu, Fe, K, S, Si, Zn)
59	N O C Y K O H 32 S&W	.320″ S&W	Pb, Sb, Ba	(Al, Cl, Cu, Fe, K, S, Si, Zn)
60		.320″	Sb, Hg	(Al, Cl, Cu, Fe, K, S, Si, Zn)
61	TW 73	.223″	Pb, Sb, Ba	(Al, Cl, Cu, Fe, K, S, Si, Zn)
62		.30-06 PLASTIC	Pb, Sb, Ba	(Al, Ca, Cl, Cu, Fe, S, Si, Zn)
63	LC 53	.30-06	Pb	(Al, Ca, Cl, K, Cu, Fe, S, Si, Zn)
64	K66 .455	.455″	Hg	(Al, Ag, Cl, Cu, K, S, Si, Zn)
65	M IN I D O N 455 COLT	.455″ COLT	Pb, Ba	(Al, Ca, Cl, Cu, Fe, K, Si, Zn)
66	K 66 L5A3	.450″ ACP	Pb, Sb, Ba	(Al, Cl, Cu, Fe, K, S, Si, Zn)
67	DAG 9mm PARA	9 mmP	Pb, Sb, Ba	(Al, Cu, Fe, K, Si, Zn)
68	WW 38 SPECIAL	.38 SPL	Pb, Sb, Ba	(Al, Cl, Cu, Fe, K, S, Si, Zn)
69	RWS 9×17	.380″	Pb, Ba	(Al, Ca, Cl, Fe, K, S, Si, Zn)
70	R.P 38 SPL	.38″ SPL	Pb, Sb, Ba	(Al, Cl, Cu, Fe, K, S, Si, Zn)
71	RWS 38 S&W	.38″ S&W	Pb, Ba	(Al, Ca, Cl, Cu, Fe, S, Si, Zn)
72	GECO 8 mm	8 mm	Pb, Sb, Ba	(Al, Cl, Cu, Fe, K, S, Si, Zn)
73	E	.22″ LR	Pb, Ba	(Al, Cl, Cu, Fe, K, S, Si, Zn)
74	M IN I D O N 32 S&W	.32″ S&W	Pb, Ba	(Al, Ca, Cl, Cu, Fe, K, S, Si, Zn)
75	RWS 320	.320″	Pb, Ba	(Al, Ca, Cl, Cu, Fe, S, Si, Zn)
76	RG 75 L13A1	7.62 mm	Pb, Ba	(Al, Ca, Cl, Cu, Fe, K, S, Si, Zn)
77	TW 70	.223″	Pb, Sb, Ba	(Al, Cl, Cu, Fe, K, S, Si, Zn)
78	E	.22″ LR	Pb, Ba	(Al, Cl, Cu, Fe, Si, Zn)
79	RG 38SPL	.38″ SPL	Pb, Sb, Hg	(Al, Cl, Fe, K, S, Si, Zn)

图20.1 射击过的弹壳内的残留物（空包弹）

表20.1 手枪枪击残留物

空包弹序号	Pb、Sb、Ba	Pb、Sb	Pb、Ba	Sb，含有S	只有Ba	只有Pb
1	103	ND	2	ND	2	ND
2	96	14	7	ND	ND	ND
3	116	4	ND	5	ND	ND
4	126	8	ND	ND	ND	6
5	80	7	8	10	ND	ND
6	133	ND	ND	ND	ND	ND
7	99	ND	ND	3	ND	ND

ND= 未检出。

检验发令枪空包弹枪击残留物颗粒的组成，与来自枪弹的枪击残留物颗粒比较。表20.1给出了根据FDR颗粒分类的发令枪枪击残留物颗粒分类。

检测的颗粒大小介于1 μm ~ 19 μm。既有球形也有不规则颗粒，都具有部分或全部凝结自气态或熔融态的外观，都显示了一定程度的曲率，都不显示任何程度的结晶，表面细节复杂：光滑、不规则、坑坑洼洼、有瘤结。物理特征和FDR颗粒难以区分。

就单个而言，通过物理形貌特征、大小范围、元素组成，包括额外的伴生元素，无法区分发令枪枪击残留物颗粒和FDR颗粒。合理的假设是，任何空包弹枪击残留物颗粒可能和FDR颗粒混淆。例如，使用含雷酸汞的空包弹产生含有汞颗粒（含汞空包弹见图20.1 ）。

从颗粒整体考虑，可以注意到枪和发令枪枪击残留物有三点不同：

1.指示性颗粒和独特性颗粒比例与枪击截然不同。根据案件检验统计，基于至少含有1个独特性颗粒的案件，指示性和独特性颗粒枪击残留物比例大约为35：1，而发令枪枪击残留物颗粒总比例可达1：10。

独特性射击颗粒多说明含有更多的枪击残留物均相混合物，考虑到和枪弹相比空包弹为边缘底火，化学品在相对较小的体积中，也就是密实的混合物填在较小的弹壳内，就不难理解以上比例了。

另外，没有弹头，不会产生大量的弹头颗粒，大量的弹头颗粒对指示性颗粒总数产生很大的贡献。

我们注意到有趣的是，在表20.1中只有第6个空包弹产生了铅、碲、钡颗粒，这个子弹带有塑料弹壳。考虑到发射了8发子弹，底火成分含有混合物，这个结果倾向于提出混合物原来是混匀的，颗粒凝成前发射气体密切混合。这个趋势在表20.1中看得很清楚，特别是对空包弹1、6、7。

2. 不像FDR，空包弹枪击残留物含有非常少的只含铅的颗粒，这不难理解，因为不含铅弹头，任何只含铅的颗粒必定来自底火。检测到的少量的只含铅的颗粒来自空包弹4。可能原因是铅化合物相对比例 / 总量 / 燃烧速度 / 颗粒大小，或底火混合物的均匀程度比较合适。

3. 不像枪击残留物，每一个空包弹产生的枪击残留物种类较少。

在比较枪案检验和发令枪枪击残留物指示性和独特性颗粒比例时，要考虑几件事。发令枪枪击残留物是发射后即刻提取的，而案件检验中嫌疑人主要是射击后1~4小时才抓到的，这是不可比的。在实验室试验中，对指示性颗粒来源可以有高度自信，而在案件中无法肯定一些颗粒的来源。特别是单个主要元素的颗粒。为了比较类似条件下的结果，又进一步开展了即刻采集FDR颗粒的实验，结果见表20.3。

注意：检查铜和锌的关系显示，94%的颗粒只含铜，只有6%的颗粒同时含有铜和锌，并且铜＞锌。对被甲弹头，90%只含铜，10%同时含有铜和锌，且9.5%铜＞锌，0.5%铜＝锌。

从表20.3可以看出，即使是即刻采集的FDR，指示性颗粒比例超过独特性颗粒。案检中较高比例的指示性颗粒几乎可以肯定是来自非枪源，特别是满足分类法标准的含单个主要元素的颗粒。

有趣的是，发射非被甲弹比被甲弹产生更多的只含铅的颗粒，这和Aerospace Corporation的研究发现相似[179]。一个令人吃惊的结果是发射非被甲弹产生含铜的颗粒，和 Aerospace Corporation 的研究发现不一致，并难以解释，铜唯一明显的来源是弹壳/底火。因此，看来这些来源不是射击颗粒元素组成的重要贡献。这个发现不重要，因为是基于特定的枪/子弹组合，而且实验数据很有限。

发令枪/空包弹射击模拟枪枪膛后部较硬，以防止其变成发射带弹头的子弹。枪和子弹设计要使弹头在枪管内经过相当长一段距离还能达到最大压力（像膨胀腔）。因此，枪和空包弹射击枪的射击过程性质不同，这可以解释空包弹射击气体的均匀性。在枪中大量的枪击残留物存于枪口，而空包弹枪出口较小，一般在上部存于枪击残留物。由于枪击残留物气体占据的体积固定而且小，根据空包弹放空机制，温度和压力更一致、混合更充分，致使更多的铅、锑、钡颗粒产生，而且颗粒种类范围更小。

不管是什么原因，毫无疑问的是，空包弹射击比枪弹射击产生的独特性颗粒对指示性颗粒数比例更高。根据空包弹的研究工作，以前叫 FDR 的枪击残留物颗粒，现在叫作弹射残留物（cartridge discharge residue，CDR）。

表20.2 即刻采集的 FDR 中颗粒种类

颗粒类型	非被甲弹头 .38 " Special Caliber		被甲弹头 .38 " Special+P Caliber	
	数目（%）	大约（%）	数目（个）	大约（%）
Pb、Sb、Ba	39	17.0	29	27.0
Sb、Ba	无	—	无	—
Ba、Ca、Si	3	1.5	无	—
Pb、Sb	42	18.0	16	15
Pb、Ba	6	3.0	44	40.0
只有 Pb	138	59.0	14	13.0
只有 Sb	6	3.0	1	0.5
只有 Ba	无	—	4	4.0
指示性/独特性 比值	5：11		4：1	

玩具火帽

检验6种不同品牌用于儿童枪的火帽，2种是纸卷形，其他是塑料杯，在玩具枪砧的上面。

射击颗粒分析显示，出现了球形和不规则形状的颗粒，大约12个球形颗粒中有1个不规则形状的颗粒，颗粒大小为 $3\,\mu m \sim 160\,\mu m$。检测到的元素为铝、钙、氯、铜、铁、钾、镁、磷、硫、碲、硅、钛、锌，其中钙、氯、钾、磷、铅和硅为主要元素。铅和碲不同时出现，检验的所有样品不会和 FDR 混淆，因为它们的元素组成不同。一小部分颗粒含有铅或碲，满足单元素 FDR 颗粒标准。

测试时北爱尔兰儿童中玩一种"邪恶爆炸者"（evil bomber）的玩具，其中含有用蜡纸卷起来的固体混合物。当用力对着硬物体摔，会产生"嘭"的声音。目视检查颗粒内容发现像木质的材料（纤维素）和像砂子（二氧化硅）的材料。混合物元素分析显示含有主成分银、硅，次要成分铝，痕量的钾、氯。没有精确检测组成，但是似乎纤维素为燃料，二氧化硅为摩擦剂，叠氮化银或雷酸银为炸药，氯酸钾为氧化剂。

火柴

分析来自使用火柴的颗粒揭示，只出现非常少的球形颗粒，主要颗粒非常不规则。检测到的元素为铝、钙、氯、铬、铁、钾、镁、锰、磷、硫、碲、硅、锌，其中钾、氯、磷、硫、硅为主成分。在17例火柴中2例检出碲。无论是形态还是元素组成，检验的样品都不会和 FDR 颗粒混淆。

根据文献，在任何划擦的火柴中都有白磷或 P_4。在火柴盒的外表面一般含有玻璃粉、红磷和一些黏合剂。火柴头中含有氯酸钾以及其他成分。安全火柴的点燃是由于磷和氯酸钾反应放热引起的。一些火柴头含有硫化碲，以便使燃烧更猛烈。

信号弹

信号弹有几种应用，包括信号和照明，有几种发射方法，包括手持、火箭、特殊设计的手枪（如 Verey 手枪）。北爱尔兰使用信号弹非常有限，安全部队偶尔使用，非法使用很少见。两种手持信号弹分析显示，主要射击颗粒是不规则的，并带有大的碎片。元素分析显示，其中一种信号弹颗粒存在钙、铜、铁、镁、钠、钛、锌，其中镁和钠为主要成分；其他颗粒含有铝、钡、氯、铁、钾，其中铝、钾、氯为主成分。这些颗粒形态和组成不会和 FDR 颗粒混淆。

其时，检验的信号弹主要由安全部队使用。烟火制造 / 信号弹文献综述表示信号弹中使用铅和锑化合物并不常见，即使使用也不一起使用。这些文献显示，来自信号弹的颗粒可能不会和 FDR 颗粒混淆，因为铅、锑、钡会伴随其他元素，可以清楚地表明不是来自FDR。

烟花

北爱尔兰冲突期间，没有许可证只能买到室内类型的焰火。来自室内类型焰火颗粒分析显示，只有不多的球形颗粒，主要是大的不规则形状的碎片，检测到铝、钡、氯、铬、铁、钾、硫和锑等主要成分元素。

分析来自室外使用的焰火颗粒显示，主要为不规则形状，许多是晶体，还出现了许多大的碎片。少数颗粒为球形，物理上像 FDR 颗粒。元素分析显示，含有铝、砷、钡、钙、氯、铜、铁、钾、镁、钠、铅、硫、锑、硅、锶、钛、锌和锆等。检测的颗粒没有一种和FDR 颗粒混淆，因为 FDR 主要元素总是和非 FDR 来源的元素伴生。

因此，铅、锑、钡在火药技术中可能会遇到，如信号弹和焰火中。铅和锑会出现在儿童玩具枪火帽中，但是不会同时出现。火柴中有只检测到锑的。因为形状和元素不同，所有这些来源的颗粒都不会与 FDR 颗粒混淆（因为细节和结果在 1992 年 NIFSL 恐怖爆炸中丢失，本书对儿童玩具枪火帽、火柴、信号枪、焰火的介绍就代表开展的研究的结果）。

伴生元素

案件检验统计表明，独特性颗粒（那些含有铅、锑和钡组合，以及那些含有锑和钡组合的颗粒）对指示性颗粒比为 7∶3。指示性颗粒的百分比大约为：只含铅 55%；铅、锑 20%；铅、钡 8%；只含锑 7%；钡、钙、硅 5%；只含钡 5%。表 20.3 给出了各种类型颗粒主要元素水平。表 20.4 给出了各种颗粒类型中伴生元素水平，是表 20.5 颗粒分类方法中注释 b 的基础。

该工作用于说明枪击残留物颗粒的均相性质，分清了检测颗粒的种类。

表20.3　每种颗粒元素水平

颗粒类型	元素	~% 主要	~% 次要	~% 痕量
Pb、Sb、Ba	Pb	61	39	−
	Sb	39	31	30
	Ba	64	31	5
Sb、Ba	Sb	−	12	88
	Ba	100	−	−
Ba、Ca、Si	Ba	93	7	−
	Ca	28	55	17
	Si	34	52	14
Pb、Ba	Pb	95	5	−
	Ba	38	57	5
Pb、Sb	Pb	66	34	−
	Sb	55	40	5
只有 Sb	Sb	92	8	−
只有 Ba	Ba	100	−	−
只有 Pb	Pb	95	5	−

表20.5 颗粒分类方法

独特性颗粒[b]	指示性颗粒[b]
Pb、Sb、Ba	Ba、Ca、Si[a]
Sb、Ba	Pb、Ba
	Pb、Sb
	只有Sb（和S）
	只有Ba[a]
	只有Sb（没有S）
	只有Pb

[a] 只有Ba为主要成分时，可不含S或含有痕量的S。

[b] 列举的任何颗粒可能还含有一些下列元素：主要、次要或痕量的Al、Ca、Si、S（除非特别排除）；次要或痕量Cl、Cu、Fe、K、P、Zn——只有Cu也存在，且Cu>Zn；只含痕量Co、Cr、Mg、Mn、Na、Ni、Ti（一般不存在，偶尔存在一种，很少两种）。

存在Sn说明为雷汞底火子弹（Sn存在于某些推进剂中；曾用于硬弹头铅，并存在于一些弹头被甲中。）

颗粒分类方法

根据案件检验工作、对空包弹的研究工作以及对14年案件检验结果的详细分析，对原来的颗粒分类方法进行了更新。1984年以来北爱尔兰使用的颗粒分类方法见表20.5。指示性颗粒的重要性有下降趋势。

分类方法基于现代底火黄铜弹壳圆形子弹的枪击残留物。严格用于没有其他信息的场合。当采集到枪、子弹、射击过的弹壳、弹头，可以测定元素组成，有可能是枪击残留物组成。

该分类方法必须具有灵活性，以便包含广泛的、不同底火/弹壳/推进剂/弹头组合。例如，锌涂布、钢弹壳子弹的枪击残留物颗粒铁和锌为主要成分水平；弹膛内壁生锈的枪或使用钢被甲的弹头可能产生带有铁为主要成分的射击颗粒；含有次磷酸铅的底火能

表 20.4　独特和指示性颗粒中伴生元素出现的百分比

元素	Pb、Sb、Ba				Sb、Ba				Ba、Ca、Si				Pb、Ba				Pb、Sb				只有 Sb				只有 Ba				只有 Pb			
	总量	主要	次要	痕量	总量	主要	次要	痕量	总量	主要	次要	痕量	总量	主要	次要	痕量	总量	主要	次要	痕量	总量	主要	次要	痕量	总量	主要	次要	痕量	总量	主要	次要	痕量
Al	47.0	19.5	19.5	8.0	0				69.0	17.0	41.5	10.5	35.0	0	30.5	4.5	53.0	1.0	24.5	27.5	88.5	0	21.0	67.5	87.5	0	55.0	32.5	63.0	0	26.0	37.0
Ca	86.0	33.0	53.0	0	100.0	87.0	13.0	0	100.0				97.0	20.0	73.0	4.0	15.5	1.0	10.0	4.5	16.0	6.5	3.0	6.5	91.0	3.0	25.0	63.0	69.0	9.5	37.0	22.5
Cl	43.5	26.5	0	17.0	93.0	0	11.5	81.5	69.0	0	20.5	48.5	36.0	0.5	28.0	7.5	37.5	1.0	6.5	30.0	84.0	0	26.0	58.0	92.5	0	12.5	80.0	34.0	0	11.5	22.5
Cr	<0.5（都是痕量）				0				0				3.0	0	2.5	0.5	1.0（都是痕量）				0				<0.5（都是痕量）				1.5（都是痕量）			
Cu	96.0	0	52.5	43.5	99.0	0	50.0	49.0	90.0	0	7.0	83.0	99.0	0	30.0	69.0	100.0	0	22.5	77.5	89.0	0	6.5	82.5	47.5	0	2.5	45.0	76.5	3.5	18.5	54.5

元素	Pb、Sb、Ba 总量	主要	次要	痕量	Sb、Ba 总量	主要	次要	痕量	Ba、Ca、Si 总量	主要	次要	痕量	Pb、Ba 总量	主要	次要	痕量	Pb、Sb 总量	主要	次要	痕量	只有 Sb 总量	主要	次要	痕量	只有 Ba 总量	主要	次要	痕量	只有 Pb 总量	主要	次要	痕量
Fe	94.5	1.5	57.5	35.5	100.0	0	93.0	7.0	79.5	3.5	41.5	34.5	99.5	0	91.5	8.0	73.0	0	36.5	36.5	92.0	0	14.5	77.5	37.5	0	20.0	17.5	64.5	0	22.0	42.5
K	58.0	0	52.5	5.5	0				65.5	0	27.5	38.5	47.5	0	35.5	38.0	36.0	1.0	26.0	9.0	24.0	0	9.5	14.5	89.0	0	4.0	85.0	50.0	0	14.0	36.0
Mg	1.0（全部痕量）				0				14.0（全部痕量）				28.0	0	19.5	8.5	20.0（全部痕量）				9.5（全部痕量）				0				12.0（全部痕量）			
Na	4.0（全部痕量）				0				0				1.0（全部痕量）				0				0.5（全部痕量）				0				1.0（全部痕量）			
P	3.0	0	1.5	1.5	0				14.0	0	3.5	10.5	6.0	0	3.0	3.0	7.5（全部痕量）				15.0	0	2.0	13.0	0				23.0	0	10.0	13.0

元素	Pb、Sb、Ba				Sb、Ba				Ba、Ca、Si				Pb、Ba				Pb、Sb				只有Sb				只有Ba				只有Pb			
	总量	主要	次要	痕量	总量	主要	次要	痕量	总量	主要	次要	痕量	总量	主要	次要	痕量	总量	主要	次要	痕量	总量	主要	次要	痕量	总量	主要	次要	痕量	总量	主要	次要	痕量
S	67.0	31.5	35.5	0	70.0	(全部为次要)			59.0	(全部为痕量)			85.5	81.0	4.5	0	37.5	10.5	25.5	1.5	81.0	14.5	40.5	26.0	85.0	(全部为痕量)			27.0	24.0	3.0	0
Si	97.0	20.5	64.5	12.0	100.0	81.5	18.5	0	100	(全部为痕量)			99.0	76.0	23.0	0	95.5	12.0	66.5	17.0	100	11.5	30.5	58.0	25.5	5.0	3.0	17.5	83.5	12.0	45.0	26.5
Ti	5.0	(全部为次要)			0				1.0	(全部为痕量)			4.5	(全部为痕量)			7.0	0	2.0	5.0	16.0	0	1.0	15.0	3.5	0	0.5	3.0	10.0	0	3.0	7.0
Zn	7.5	0	5.0	2.5	18.0	(全部为次要)			14.0	(全部为痕量)			27.5	0	21.0	6.5	7.5	(全部为痕量)			7.0	(全部为痕量)			7.5	0	1.0	6.5	7.0	0	4.5	2.5

够产生磷为主要成分的射击颗粒；用黑火药的子弹可能产生钾和硫为主成分的射击颗粒。由于这些以及其他变数，分类方法必须灵活。

必须强调的是，分类方法作为一般指导，只用于没有采集到能用于比对的任何其他东西。

FDR 颗粒形状、大小、外观范围很宽。这些颗粒都呈从气态或熔融态凝结而来的外观，就是说三维圆形。毛糙的、带直边或角提示为矿物来源。形状和外观在指示性种类颗粒中非常重要，可以帮助区分工作场所 / 环境颗粒（来自弹头 / 弹甲的颗粒有时也会遇到。这些通常可以确定，不包括在颗粒分类方法中）。

参考文献

178.J.S.Wallace, and J.McQuillan, Discharge residues from cartridge-operated industrial tools, *Journal of Forensic Science Society* 24（1984）: 495.

179.G.M.Wolten, R.S.Nesbitt, A.R.Calloway, G.L.Lopel, and P.F.Jones, Final report on particle analysis for gunshot residue detection, The Aerospace Corporation, El Segundo, CA.Aerospace report no.ATR-77（7915）-3 September 1977）.

180.R.Hariss, Pyrotechnic composition, *Chemistry in Britain*（March 1977）: 113.

181.*Kirk-Othmer Encyclopedia of Chemical Technology*, 2nd ed., vol.13（New York: Wiley-Interscience）, 824.

182.Private communications, 1983.

21 案件相关的检验

处理子弹的颗粒

检验了新得到的还没有打开的子弹以便确定子弹在工厂有没有污染上枪击残留物，结果证明枪弹工厂确实试验他们的产品（见表21.1）。

主要的只含 Pb、只含 Sb 以及 Pb、Sb 的圆形颗粒应该划分为 FDR 指示性颗粒。但是，含有形状不一致的其他颗粒，呈现的颗粒类型有限。未检测到 FDR 独特性的颗粒。

进行进一步试验，确定子弹之前是否上过膛，如果上过膛，上面应该有 FDR（见表21.2）。

表21.2显示，操作曾经在枪里的子弹，可能沉积全部系列的 FDR 类型。有理由推断，这同样适用于操作弹匣或者曾经在弹匣中的子弹。实验还给出了类似于在表21.2中的颗粒。在嫌疑人手上出现 FDR 可能是由于曾经操作枪支中的子弹或处理射击过的弹壳、枪或弹匣。因此，手上出现 FDR 不能证明嫌疑人射击过，但是确实表明近期接触了枪支或相关物品。

射击后弹头重量损失

测试了射击后一些子弹重量损失，结果见表21.3。正如所料，从有限的实验数据可知，完全金属被甲（FMJ）弹头比软的未被甲弹头的重量损失少。底部包被的 FMJ 弹头比底部暴露的同样弹头损失少。这也是可以预期的，因为底部暴露的弹头会在射击中受到侵蚀。.38 SPL+P 非被甲弹头的损失显著增加。这也是可以预期的，因为该弹头比 .380 左轮手枪子弹飞行速度快（压力大），因此受到更大的压力。枪管长度和来复线旋转可能也在其他贡献因素之列。三个重量损失的来源是：热推进气体对子弹底部的侵蚀、枪管来复线对子弹外表面的碰撞以及摩擦。在案件检验中发现，射击过的底部暴露的弹头在底部区域，常常有粉末状的铅。发现在有些场合，弹头底部还会沉积推进剂颗粒或颗粒造成的凹陷。

虽然对于整个弹头的重量，弹头重量损失不显著，但是根据可能产生的来自弹头的枪击残留物颗粒的数量，损失的重量就不会不显著了。本研究工作支持弹头对枪击残留物数量产生贡献的观点。

水对 FDR 的作用

曾经观察到，在涉及潮湿衣服上的 FDR 案件检验时，成功率很低（这样的衣服在采样前可能已经干了）。可能的解释是颗粒受到水的化学作用；水通过物理搅扰除去了颗粒，如颗粒被雨水冲走；水把颗粒冲到衣服纤维内，而采样方法无法采到颗粒；或者送检的所有案件正好都是阴性。实验室经验和案件细节使得后两种情况不可能。为了弄清这种情况，做了几个试验。第一个试验涉及在射击后立即用同样的棉签和三种不同溶剂采取射击者手上痕量物质，其中两种溶剂加入水。结果见表 21.4。

表 21.1 新子弹上的颗粒

子弹	只含 Pb	只含 Sb	Pb、Sb	黄铜	观察
GECO 9mm Luger, 黄铜被甲弹头	大量	无	无	大量	所有黄铜颗粒为不规则形，但是只含 Pb 颗粒为圆形和不规则混合物。只含 Pb 颗粒含有次要或痕量 Al、Ca、Cl、Cu、S、Si、Ti、Zn 元素。
GECO .32 S&W long. 非被甲铝弹头	大量	无	很少量	少量	出现几个铁颗粒。异常颗粒检测到主要 Bi、P、Al，次要 Si，痕量 Ca、Fe；主要 Zn，次要 Fe、Cu，痕量 Si、Al、Fe，次要 Ca，痕量 Mn，Zn。所有黄铜颗粒含有次要或痕量 Pb，而只含 Pb 颗粒为圆形或不规则形状。只含 Pb 颗粒检测到的是主要 Fe、Si，痕量 Al。
GECO .32 S&W. 非被甲铝弹头	无	很少	大量	无	检测到多个 Pb、Sb 和一些只含 Sb 颗粒。所有颗粒含有次要成分或痕量 Sn、Ti，以及次要 Ni，颗粒主要成分为球形。未检测到其他类型颗粒。颗粒主要次要成分或痕量 Ca、Cu、Fe、S、Si。
GECO .38 Special. 非被甲铅弹头	大量	无	无	无	很多只含 Pb 颗粒，一些 Fe 颗粒。未检测到其他颗粒。球形和不规则形颗粒都有。所有只含 Pb 颗粒含有次要成分或痕量 Sn 和 Ti，以及痕量 S 和 Si。
GECO .38 S&W. 非被甲铅弹头	无	无	无	无	没有含 Pb、Sb、Ba 的颗粒。检测到的大量主要或很亮 Al、Ca、K、Fe、Si、Ti；次要或部分下列元素：主要、次要或痕量 Cr、Mg；痕量 Cl、Cu。
LAPUA 9 mm Luger, Cu 被甲铅弹头	少量	很少量	少量	很少量	所有黄铜颗粒为不规则形，只含 Sb 和 Pb、Sb 颗粒都为球形。许多颗粒含有一些或全部一下元素：主要 Al、Ca，次要或痕量 Al、Ca，颗粒是主要 Fe、P、Si，次要 Cl，痕量 Cl、Cu；主要 Cl、Cr、Cl，痕量 Fe、Cr、Cl，痕量 Si。

子弹	只含Pb	只含Sb	Pb、Sb	黄铜	观察
LAPUA .38 SPL. 非被甲Pb弹头	大量	无	很少量	大量	所有黄铜颗粒为不规则形，而只含Pb颗粒为球形或球形或不规则形。Pb、Sb颗粒为不正常颗粒。检测到数个Fe颗粒为主要Zn，次要S、Si，痕量Ca、Cr、Fe；主要Cr、Fe，次要Si，痕量S。
LAPUA .357 MAG. 黄铜弹壳和底火帽半Cu被甲，Pb H.P 弹头	很少量	无	大量	很少量	所有黄铜颗粒为不规则形。Pb、Sb颗粒为球形和不规则形，伴生元素是次要或痕量Ca、Cu、S、Si。

表 21.2 未上过膛子弹上的颗粒

子弹	Pb、Sb、Ba	Ba、Ca、Si	Pb、Ba	Pb、Sb	只含Pb	只含Sb	只含Ba
GECO 9 mm Luger	37	无	6	24	>100	10	无
GECO .38 S&W	18	2	1	>100	>100	3	1

表 21.3 射击后弹头重量损失

弹头类型	发射前重量范围(g)	发射后重量范围(g)	重量损失范围(g)	重量损失范围(%)	平均重量损失(g)	平均重量损失(%)
9 mm P Blazer FMJ（含基底）	7.4322 ~ 7.4741	7.4206 ~ 7.4630	0.0111 ~ 0.0125	0.1485 ~ 0.1678	0.0119	0.1592
9 mm P RG FMJ（含基底）	7.5166 ~ 7.6288	7.4951 ~ 7.6033	0.0176 ~ 0.0284	0.2316 ~ 0.3770	0.0224	0.2942
.380 REV R.P 无被甲Pb	9.3935 ~ 9.5412	9.3534 ~ 9.4936	0.0271 ~ 0.0476	0.2862 ~ 0.4989	0.0364	0.3850
W-SUPER-W .38 SPL+P 无被甲Pb	10.2137 ~ 10.2679	10.1214 ~ 10.1962	0.0625 ~ 0.1051	0.6104 ~ 1.0277	0.0840	0.8490

表 21.4 棉签溶剂中水的作用

溶剂	检测的颗粒
石油醚	$11×Pb$, Sb, Ba；$3×Sb$, Ba；$34×Pb$, Sb；$3×Pb$, Ba
丙酮 - 水	$58×Pb$, Sb, Ba；$46×Pb$, Sb；$4×Pb$, Ba
乙腈 - 水	$6×Pb$, Sb, Ba；$8×Pb$, Sb

接下来的实验包括两种溶剂（就是石油醚和水）中 FDR 中 Pb 的分布，以确定水对 FDR 中 Pb 水平的作用；选择铅是因为 Pb 在 FDR 中比 Sb 和 Ba 浓度高很多。在无振动表面上用分液漏斗进行试验。在实验前，石油醚和去离子水的铅分析都是阴性。结果见表 21.5。

证据不足以得出结论，试验结果难以解释。从石油醚层损失的铅可能被分液漏斗表面吸附，或（和）富集在石油醚和水的分界面。在实验 2 和实验 3 中，少量的铅确实进入了水层，但是在实验 1 中没有。这可能由于少部分含有水溶性铅化合物或少数不溶于水的含铅颗粒悬浮在水层。

进一步的实验包括在手工碳涂层之前用水反复处理样品，再进行 SEM/EDX 检验，并用未处理的样品作为控制样品。检验后得到两种都有高浓度的包括全部种类的颗粒类型。用水处理的样品没有显示任何不同。

实验证明没有任何迹象显示水对颗粒产生显著的化学作用。所以很可能通过物理搅扰，雨水冲刷可能大大降低颗粒数量。

表 21.5 层间铅分布

样品	测试号	开始（ng）	48 小时（ng）	差值（ng）
石油醚层	1	2700	1900	800
	2	1900	275	1625
	3	4025	3750	275
水层	1	无	无	无
	2	无	100	100
	3	无	50	50

弹头碎片

恐怖分子袭击机动车，使用了 7.62 mm × 39 mm caliber Yugoslavian nny 子弹，司机被枪击致死。大量子弹击中了汽车，汽车内部和死者衣服受到弹片的严重损坏。检验了死者衣服上的 FDR，不是因为案件需要，而是为了获得来自弹头碎片的颗粒种类的背景知识。

检验显示，样品既含有球形又含有不规则颗粒，虽然颗粒主要是球形。球形颗粒可能来自高速弹头撞击硬表面（如车辆玻璃或车身）产生大量的热[183]。

许多铅、碲颗粒伴随铜、锌颗粒、铁颗粒、只含铅的颗粒。铅、碲；铜、锌；只含铅颗粒很可能来自弹头。铁颗粒很可能来自车身。没有检测到 FDR 独特性的颗粒或其他 FDR 颗粒类型。

如果需要检测接触弹头碎片的人身上的 FDR，由于存在大量的来自碎片的颗粒将是非常艰巨的任务。但是，各种 FDR 颗粒可能黏附在弹头表面，这种可能性在这类检验中必须仔细考虑。

RPG7 火箭发射器

北爱尔兰恐怖主义战斗中使用了 PG 7 坦克火箭和苏联 RPG 7 反坦克火箭发射器。这是一种常用的武器，使用时扛在发射者的肩上，射击残留物向后排放。使用 PG 7 火箭后，实验室被要求检验来自嫌疑人的棉签和衣服，检验火箭发射器上的枪击残留物。由于武器到发射者的后部距离较远，并考虑涉及的原理，认为残留物出现在射击者身上是不可能的。为了确定检验来自嫌疑人的棉签和衣服是否值得，开展试验检验来自 RPG 7 的枪击残留物颗粒。RP-G 7 "射击者"上身外套上检测到的枪击残留物见表 21.6。

表21.6 PRG7火箭发射者身上的残留物

大小（μ）	形状	主要	次要	痕量	颗粒数	评论
3.0	球形	Pb	Si	Cu、Ca、Cl、Al	7	2×Fe，S痕量
3.0	三角形	Zr、Si	Ca	Fe、K、Cu、Cl	2	来自底火？
2.0×5.0	椭球形	Pb、Si	Ca、K、Al、Fe	Cu、Cl、Ti、Mg	1	
2.0	球形	Cu、Pb	Sb、Fe、Zn	Al、Si、Cl、K	1	
10.0	球形	Pb	Ba、Cr、Fe、Ca	Cu、Si、Al	1	
3.5	球形	Pb、Ca	Si、Fe	Al、K、Mg、P、Cu	10	
2.0	球形	Sb、Sn	Cu	Fe、Si、Cl、S、Al、Mg	3	含锡
1.5	球形	Pb、Si、Ca	Cl、Fe、Ti、Mg、K	Al、Cu、Zn	1	
2.5	球形	Pb、Ca	Ba、Si、Cl、Fe、K	Al、Mg、Cu、S、Zn	2	
1.5	橄榄形	Pb	Cr、Ti、Ca、Si、Zn	Cu、Cl、K、Al、Na	1	Zn>Cu
3.0	球形	Pb、Fe	Ca、Si、Al、Cl	Ti、Cu、K、Mg	4	
2.5	橄榄形	Pb、Cl	Ca、Si、Cu、Fe、K	Al、Zn、Ba、Mg	6	1×Fe主要
3.0	双球形	Pb、Si	Ba、Ca、Fe、Zn	Al、Mg、K、Cu、Cl	1	Zn>Cu
4.0	球形	Pb、Ca	Si、K、Cu、Fe	Al、Mg	21	
1.5	球形	Sb	Fe、Cl、Si、Al	S、K、Cu、P、Mg	3	
2.5	橄榄形	Pb	Ba、Si、Ca、Fe、K	Al、Zn、Cu、Mg	2	Zn>Cu
1.5	球形	Pb	Ca、Cr、Si、Fe	K、Cu、Zn、Al、Mg	1	
3.5	橄榄形	Zn	Fe	Al、K、Si	3	只含Zn
3.0	球形	Fe	Si	Cr、Al、P、Ti	6	

还检验了残留在发射器内的枪击残留物颗粒，结果见表21.7。

表21.7 射击过的弹头上的残留物

样品	大小μ	形状	主要成分	次要成分	痕量成分	颗粒数	评论
助推剂	3.5	菱形	Pb	K、Ca、Co、Fe、Zn	Cu、Si、Al、P、Mn	6	Zn>Cu
推进剂	3.0	球形	Si、S、Pb、K、Ti	Fe、Ca、Co、Sr	Cu、Zn	2	Sr来自示踪剂？
	7.0	球形	K	Si、Pb、Ca、Fe、Co	Zn	1	只含Zn
头部前部和外部	5.0	球形	Ba、Ti			5	Ti来自油漆？
	3.5	扁球形	Si、Ti	S、K、Ca、Sr	Fe、Cu、Zn	8	Sr来自示踪剂？
底火	2.0	球形	Ba、K、S	Al、Si、Fe、Cu	Pb	14	
	3.0	球形	Ba、K、S、Cr	Al、Si、Ca、Cu	Zn、Pb	2	
	2.5	球形	Zr	Si、K、Ca	Fe,Cu	2	含Zr粉？
	1.5	球形	Al、Si、S、Pb、K	Ba、Fe、Cu		5	
	4.0	球形	Co、Si、Pb	K、Ca、Fe	Cu	2	Co来自推进剂？
	1.5	球形	Pb、S、K	Al、Si	Fe、Cu	11	
	2.5	球形	S、Pb、Co	Al、Si、K、Ca	Fe、Cu、Zn	6	Co来自推进剂？
	4.5	椭球形	S、Pb、Co	Al、Si、Fe	Cu、Zn	5	Co来自推进剂？
	3.0	不规则形	Co		K、Ca	4	Co来自推进剂？
	12.0	不规则形	Si、Ba	Cu、Sr、Al、Si	K、Ca、Fe	1	Sr来自示踪剂？
	3.0	球形	Hg	K、Ca、Sb、Fe	Cu	3	来自底火？

PG 7火箭含有下列成分：黑火药、混合 RDX 炸药、石蜡、黄色染料、PETN 炸药、含有锆的雷酸汞底火（见表 21.7 中的颗粒）；含有硝酸钡、过氧化钡、镁、羟基苯甲醛的点火药；含有硝酸锶、镁、聚氯乙烯、羟基苯甲醛、黄色染料和含有 NC、NG、EC、DBP 的起始推进剂，以及含有 NC、NG、TNT（带有一些 DNT）、DPA、石蜡、铅和钴的盐。部件含有钢、铝、锡覆盖的铜，被漆成土黄色，并带有黑色标识。

来自黑火药子弹的枪击残留物

在先前的案件检验工作中，主要 FDR 颗粒含有钾和硫，含量常常较高，被认为是很可能来自含有黑火药的子弹。在大多数情况下，子弹的种类未知，但是在其他场合取样分析射击过的弹壳内部残留物证实存在黑火药。

这提出了一个问题，就是"装有黑火药的子弹的枪击残留物总是存在钾和硫，并且常常浓度较高吗？"换句话说，从存在浓度较高的钾和硫就可以准确判断使用了黑火药吗？

选择旧子弹试验确认推进剂为黑火药。未发射的黑火药的 SEM/EDX 分析的代表性结果见表 21.8。

我们注意到有趣的是一些分析存在铅、碲、汞。汞几乎肯定来自底火，而铅和碲可能有两个来源：弹头底部或底火。如果来自弹头，可以预期二者共存，并且铅比碲的含量要高得多。铅和碲还来自底火。

检验了黑火药子弹枪击残留物，代表性结果见表 21.9。

因为硫化碲广泛用作底火成分，硫常常出现在枪击残留物颗粒中，可能是主要、次要或痕量成分（见表 20.5）。因此，出现主要成分硫不能确定使用了黑火药。颗粒应该总体考虑，如果常常同时出现高浓度的钾和硫，是使用黑火药的强烈标志。但是，从表 21.9 可以看到，使用黑火药不一定产生高浓度的钾。在 FDR 颗粒中钾一般并非都以高浓度出现（见表20.5），但是存在主要成分量级的钾说明使用了黑火药。

近距离射击黑火药子弹会产生潜在的问题，不像无烟推进剂，沉积在弹孔周围的颗粒物尚未报道。因此其重要性还没有被认识到，在黑色表面也难以看到。如果看到应该检验出钾和硫证实使用了黑火药。

表21.8 未燃烧的黑火药分析

子弹	主要成分	次要成分	痕量成分	评论
UMC 32-20	K、Pb、S	—	—	
	Pb、S、K	—	Si	多
	Pb、S	K	Si	
	Pb、S、K	—	Si、Zn	
	Pb、S	—	K、SI、Zn	
	Hg、K	—	Si、Cu、Zn	
	K、Hg	—	Cu、Si	
	Pb、S	—	K、Si	
RWS .32	K	—	Pb、S、Cu	
	K	S	Pb、Si	
	K	—	Pb、Cu	
	S、K	—	Pb、Si	
	Pb、S、K	—	Si、Cu	多
无头印 297/230 Morris	K	—	S	
	S	—	K	多
	K、S	—	Cu	
RWS .380	Pb、S、K	—	Si	多
	S、Sb、K	—	Si	
	Pb、S	K	Si	
RWS .450	S、Sb、K	—	Si	
	Pb、S	S	Si	

子弹	主要成分	次要成分	痕量成分	评论
	Pb、S、K	–	Si	多
	S、Sb、K	–	Si	
	Pb、S、K	–	Cu、Zn、Si	
Eley London .450	K、Pb、S	–	Si	
	Pb、S、K	–	Si	
	K、Sb	–	S、Si	
	K、S	Pb	Si	
	S、Sb	K	Si	

注：枪/子弹相关的缩写见词汇表。

表21.9　来自黑火药子弹的枪击残留物颗粒

子弹	大小 μ	形状	主要成分	次要成分	痕量成分	评论
UMC 32–20	5.0	橄榄形	Pb、S	–	Si	多
	4.0	肾形	Pb、S、Ba、Sb	–	Si、Fe、Cu	无 Hg
	3.5	球形	Pb、S	–	Si、Cu、Sb	（总S高，K痕量）
	2.0	橄榄形	Pb、S、Si、Ba	Ca	K、Fe、Cu	
	2.0	橄榄形	Sb、Si	Pb,S	Ba、Cu、Fe	
RWS .320	8.0	不规则形	Pb、S	–	Si、Cu	多
	4.0	橄榄形	K、S	–	Cu	
	3.0	橄榄形	Pb、S、K	Cl、Si、Ca	Fe、Cu、Ba	（总S高,K低）
	5.0	球形	Sb、Pb、S、Fe	Cl.K	Si、Cu	
无头印 297/230Morris	1.5	橄榄形	Pb、S	–	Si、Ti、Fe	多

子弹	大小 μ	形状	主要成分	次要成分	痕量成分	评论
	4.0	不规则形	Fe	Cr		（总 S 高，K 低）
	3.0	橄榄形	Pb、S	–	Si、Sb、Ti、K、Fe	
	3.0	球形	Fe、Pb、S、K	Ca	Ni	
	8.0	橄榄形	K、Si、Ba、Ca、Pb、S	Fe	Si、Ti、Cu	
RWS .380	7.0	橄榄形	Ph、S	–	Si、Ca、K、Fe、Ti	
	5.0	球形	Pb、S、K、Ca	–	Si、Ti、Fe、Cu	
	3.5	橄榄形	Pb、S、Ba	Sb、K、Si	Fe、Cu	
	7.0	肾形	Ba、Si、Ca	–	K、Fe	
	3.0	三角形	Pb、S	–	K、Fe、Cu	
RWS .450	10.0	不规则形	K、S	–	–	多
	3.0	球形	Pb、K、Cl	Si	Fe、Cu	（总 K、S 高）
	5.0	橄榄形	Cl、K	–	Si	
	12.0	橄榄形	Sb、Ba、Pb、S	Si	K、Cu、Fe	
	12.0	不规则	S、Pb、K、Fe	Cl	Cu、Zn	
Eley London .450	4.5	球形	K、S	–	–	
	2.0	橄榄形	S、Pb、Sb	Ba	Fe、Cu、Cl	多
	8.0	不规则形	Pb、S、Cl	K、Ca、Si	Fe、Cu	（总 K、S 高）
	2.5	橄榄形	S、Pb、K	–	Cl、Si	
	2.0	橄榄形	S、Sb、Ba	Cl	K、Cu、Fe	

注：枪／子弹相关的缩写见词汇表。

枪支表面覆盖物

检验随机选择的枪支表面覆盖物，结果见表21.10。表21.10中检测的元素没有全部反映第15章中提到的元素范围。

这样的表面覆盖物很少对一些颗粒的元素组成有贡献，或者在拿枪时直接沉积在手上。特别是从左轮手枪枪筒缝隙，或从任何其他类型枪的枪口，表面覆盖物可能对颗粒成分产生贡献。这些是容易受到热的推进剂气体作用的区域，热气体可能侵蚀表面覆盖物。含有硒的混合物用于枪支表面覆盖物的修理，在案检中偶尔会遇到含有硒的颗粒。这些颗粒可以提供额外的证据。手工做的枪常常用家用油漆漆成黑色，这样的漆层可能在手上或衣服上留下油漆片（特别在口袋里），可以作为非常有用的证据。

表 21.10 枪支表面覆盖物

枪支	表面外观	主要成分	次要成分	痕量成分
Steyr Grand Rapid.308 Wi	灰色，无光泽	Fe、Mn、S	Ca、S	Si
FAL Rifle 7.62x51 mm	黑色，有光泽	Si、Cl	P、Ca、Si、Ba	S、K、Fe、Ti、Na
Brno Mod 38x22 Rimfire	黑色，有光泽	Fe	-	Mn、S、Si
Sig Manurhin .243 Win	灰色，无光泽	Mn、Fe、Ca	K	P、Si、S、Cu
FNC Rifle .223 Rem	黑色，无光泽	Fe	-	Mn
H&K MP5 SMG 9 mm P	蓝色，无光泽	Si	-	Mg
Webley Vulcan Air Rifle .22	黑色，有光泽	Fe	-	Mn、S
Beretta O/U Shotgun 12 G	黑色，有光泽	Fe	-	Mn、Cr、Ca、Si
Beretta 302 S/A Shotgun 12 G	黑色，有光泽	S	Ni	Fe
Colt AR-15 Rifle .223 Rem	灰色，无光泽	Fe、Mn、P	Ca、Cl、K、S	-
Sterling SMG 9 mmP	黑色，有光泽	Si、Fe	P、S、Mn、Cl	K
MI Garand Rifle .30-06	灰色，无光泽	Fe	Zn	S、Si

枪支	表面外观	主要成分	次要成分	痕量成分
Baikal S/B Shotgun 12 G	黑色，有光泽	Fe	Cr、K	S、Cl、Si
Aya D/B Shoutgun 12 G	黑色，有光泽	Fe	Mn	K
Gardone O/U Shotgun 12 G	黑色，有光泽	Fe	Mn、Si	S、Cl
Steyr 1904 Rifle 7.9 mm	黑色，有光泽	Fe、Cl、K	Si	Mn、Cu、S
Walther Pistol .380 ACP	黑色，有光泽	Fe	Mn、K、S、Si	Ca、Cl
S&W Mod .59 Pistol 9 mmP	黑色，有光泽	Al	S、Cl、Si	K、Ca、Fe、Ni、Zn
S&W 15-4 Revolver .38 SPL	黑色，有光泽	Fe	-	S
Browning Pistol 9 mmP	黑色，无光泽	Fe	-	K、Cl、Ca
Guger Speed Six .357 Mag	黑色，有光泽	Fe	-	Cr
Ingram SMG 9mmP	黑色，无光泽	P、Zn	Fe、Sb、Ca、K	Si、S、Cl、Cu
Sussex Armoury Replica	黑色，无光泽	Si、Ba、S	Mg、Al	Fe、Cu
Webley & Scott .38 S&W	黑色，无光泽	Fe	S、K、Cl、Ca	Si、Cu
Colt Pistol .45 ACP	黑色，无光泽	Fe	S、Al	Cr、Mn、Cu、Cl、K
MI Carbine .45 ACP	黑色，无光泽	Si、S、Fe	Ca、Cl、K、Al	Ni、Mn、Cu
Franchi S/A Shotgun 12 G	黑色，有光泽	Fe	Cl、S	K、Cu、Si
Webley & Scot S/B Shotgun 12 G	黑色，有光泽	Fe	-	Si、S、Cl、K、Ca、Cu
Lee Enfield Rifle .303	黑色，无光泽	Fe、Ca	K、S、Cl、Si	Cu、Zn
AR-180 Rifle .233 Rem	绿色，无光泽	P、Mn、Fe	-	Ca、Cu

注：枪/子弹相关的缩写见词汇表。

推进剂的一致性

为了研究案件中检测的推进剂和嫌疑子弹推进剂比较的可能性，需要检验单发子弹颗粒的变化，然后比较燃烧和未燃烧推进剂，确定射击过程产生的差异（如果有差异）。

分析单发子弹20种推进剂颗粒，得出如下结果。20种颗粒中检测到二苯胺（DPA）和邻苯二甲酸二烷基酯，但是只有2种颗粒中检测到NG。颗粒中DPA与邻苯二甲酸二烷基酯峰面积比变化较大，这显示了推进剂颗粒组成的巨大差异。可能是混合推进剂。这需要进一步的研究确定颗粒与颗粒、批与批之间组成的差异，以便确定每个具体例子中化学组成的可行性。

射击和未射击的推进剂组成差异的进一步试验结果见表21.11。

不同于内部成分，一些成分如EC覆盖在外表，射击中可能被吹散或烧尽。通过该研究发现，不管组成差异的原因是什么，无论是定性还是定量，任何基于组成数据的解释都需要小心对待，特别是可以利用的比较数据较少的时候。任何结论性的解释都需要大量背景数据支撑。

表 21.11 射击和未射击的推进剂比较

样品	NG	EC	DPA	nDPA1	nDPA2	TBP★	邻苯二甲酸酯			
							P1	P2	P3	P4
A 射击	次要	主要	ND	ND	ND	ND	痕量	主要	ND	主要
A 未射击	主要	主要	痕量	ND	ND	ND	痕量	痕量	次要	痕量
B 射击	次要	痕量	主要	痕量	痕量	ND	ND	痕量	痕量	痕量
B 未射击	次要	痕量	主要	痕量	痕量	ND	ND	主要	痕量	次要
C 射击	痕量	ND	痕量	ND	ND	ND	ND	ND	ND	ND
C 未射击	次要	痕量	主要	痕量	痕量	ND	ND	次要	次要	次要
D 射击	次要	痕量	主要	痕量	痕量	ND	ND	次要	痕量	痕量
D 未射击	次要	ND	主要	痕量	痕量	ND	ND	次要	ND	次要
E 射击	次要	主要	次要	ND	ND	ND	ND	主要	ND	痕量

样品	NG	EC	DPA	nDPA1	nDPA2	TBP★	邻苯二甲酸酯			
							P1	P2	P3	P4
E 未射击	次要	主要	次要	ND	ND	ND	ND	主要	ND	痕量
F 射击	次要	次要	主要	痕量	痕量	ND	ND	次要	ND	痕量
F 未射击	次要	痕量	主要	痕量	痕量	ND	ND	主要	ND	主要
G 射击	次要	痕量	主要	痕量	痕量	ND	ND	主要	ND	次要
G 未射击	次要	痕量	主要	痕量	痕量	ND	ND	次要	ND	痕量
H 射击	次要	次要	主要	痕量	痕量	ND	ND	主要	ND	痕量
H 未射击	次要	痕量	主要	痕量	痕量	ND	ND	主要	ND	痕量
I 射击	主要	主要	痕量	ND	ND	ND	ND	主要	ND	痕量
I 未射击	主要	主要	痕量	ND	ND	痕量	ND	主要	ND	痕量
J 射击	次要	主要	ND	ND	ND	痕量	ND	主要	ND	痕量
J 未射击	次要	主要	ND	ND	ND	ND	ND	次要	ND	痕量

DPA，二苯胺；EC，乙基中定剂；ND，未检出；NG，消化甘油。

★ TBP，磷酸三丁酯（Tri-butyl-phos.，译者）。

弹孔周围

铅的玫瑰红酸钠试验是许多法庭实验室确定弹头损伤和射程的日常试验方法[184]。在一些案件中具有独特弹头擦痕的弹孔周围，该试验无法检测到铅。这些案件中包括全铜被甲弹头（full metal jacketed，FMJ）。由于该试验用于实验室日常检验，已知弹孔的阴性结果引起了注意。决定设立计划评价玫瑰红酸钠用于铅试验的可靠性，以及铅作为弹头损伤标志的合理性。还研究了不同射击角度弹头擦痕的样式、子弹对近距离枪击残留物模式的影响。

第一个试验包括使用同样的枪和子弹，在固定距离不同角度射击。直射（0°）产生了一致的圆形孔洞和擦痕，而从一个角度射击产生加长的弹头擦痕，有时是不规则的孔。试验的问题之一是"加长擦痕的大小和位置能可靠地反映射击角度吗？"

试验结果显示，63 个弹孔中的 62 个周围玫瑰红酸钠的铅试验呈阳性，随着射击角度的增加弹头产生的擦痕的大小也增加。例如，从75°（左或右）比从30°（左或右）射击产生的擦痕大。倾斜射击目标产生加长的擦痕。

射击擦痕的大小和位置具有一致的趋势，对于同样条件下擦痕大小和位置具有重复性，但是在一些实例中也有没有明显原因而有显著变化的。因为擦痕大小和位置和射击人与目标的相对位置和距离有关，任何关于射击方向的结论都需要非常细心考虑。

第二个射击试验用一支左轮手枪、一支步枪，使用不同的子弹近距离射击。目的是确定枪支种类和子弹种类近距离射击对沉积在目标上的枪口爆炸残留物模式的影响。

结果表明，在每一种情况下用相同的枪不同的子弹，未燃烧的推进剂的直径和密度相似。不同的子弹残留的灰烬（黑色）不同。接触式射击非常相似，和子弹无关。所有玫瑰红酸钠的铅试验都产生阳性结果。

虽然在案件检验中总是希望用实际枪和相同类型的子弹进行不同射击距离的实验，如果知道子弹类型而不知道枪的类型，还有可能给出合理的射击距离估计。如果枪和子弹类型都不知道，就是一种极端可能是低能量的手枪，另一种极端是高能量的步枪，在这些情况下只能说有近距离射击的证据，给出手枪和步枪的上限范围，然后以"不大于"和"不小于"等术语表达，给出粗略的估计。

最后的试验是确定作为铅损害指示的玫瑰红酸钠试验的可靠性。结果显示，大约99%的手枪和左轮手枪使用的子弹玫瑰红酸钠试验弹孔周围显示阳性，大约94%的步枪使用的子弹显示阳性结果。这些结果表明铅的玫瑰红酸钠试验是可靠的，而且铅是弹头损伤和近距离射击很好的指标。该结果比案件检验的结果好，因为在案件中，许多弹孔周围受到血液污染，血液可能影响弹孔周围的残留物，并有掩盖作用，因此阻碍了提取残留物检验。尽管如此，这个试验对大多数情况有效。步枪的成功率低还难以解释，但是很可能是在弹头撞击目标之前，弹头表面一些附着较弱的残留物在高速下丢失。

随着使用无铅子弹的增加，还应该进行其他弹孔鉴定和近距离射击试验[185]。

还进行了试验，确定是否可能从检验弹孔周围鉴定弹头被甲材料。使用的弹头见表21.12，结果见表21.13。

表 21.12 子弹的弹孔周围试验

试验号	子 弹		底 火
1	9 mm K Hirtenberg	Ni Jkt FMJ	Pb、Ba
2	9 mm K Sako	Cu Jkt FMJ	Pb、Sb
3	9 mm K W-W	Cu Jkt FMJ	Pb、Sb、Ba
4	9 mm K Federal	Cu Jkt FMJ	Pb、Sb、Ba
5	9 mm P VPT42	Cu Jkt FMJ	Pb、Sb、Ba
6	9 mm P VPT43	Cu Jkt FMJ	Pb、Sb、Ba
7	9 mm P VPT44	Cu Jkt FMJ	Pb、Sb、Ba
8	9 mm P 11 52	Cu Jkt FMJ	Sb、Hg
9	9 mm P K52	Cu Jkt FMJ	Pb、Sb、Ba
10	9 mm P S044	Cu Jkt FMJ	Pb、Sb、Ba
11	9 mm P GECO 80-59	Cu Jkt FMJ	Pb、Sb、Ba
12	9 mm P Norma	Cu Jkt FMJ	Pb、Sb、Ba
13	9 mm P REM-UMC	Cu Jkt FMJ	Pb、Sb、Ba
14	9 mm P RG55	Cu Jkt FMJ	Pb、Sb、Hg
15	9 mm P D143	Cu Jkt FMJ	Pb、Ba
16	9 mm P RG56	Cu Jkt FMJ	Pb、Sb、Hg
17	9 mm P RG57	Cu Jkt FMJ	Pb、Sb、Hg
18	9 mm P WRA	Cu Jkt FMJ	Pb、Sb、Ba
19	.45 ACP R-P	Cu Jkt FMJ	Pb、Sb、Ba
20	.45 ACP W-W	Cu Jkt FMJ	Pb、Sb、Ba

试验号	子　弹		底　火
21	.45 ACP SF57	Cu Jkt FMJ	Sb、Hg
22	.45 ACP WRA.CO	Cu Jkt FMJ	Pb、Sb、Ba、Hg
23	.303 R L49	Cu Jkt FMJ	Pb、Sb、Hg
24	7.62 NATO RG70	Cu Jkt FMJ	Pb、Sb、Ba
25	.223 HP	Cu Jkt FMJ	Pb、Sb、Ba
26	.223 Norma	Cu Jkt FMJ	Pb、Sb、Ba
27	.223 IV170	Cu Jkt FMJ	Pb、Sb
28	.223 RA69	Cu Jkt FMJ	Pb、Sb、Ba
29	.223 RA 65	Cu Jkt FMJ	Pb、Sb、Ba
30	.30 MI Norma	Steel Jkt FMJ	Pb、Sb、Ba
31	.30 MI R-P	Steel Jkt FMJ	Pb、Sb、Ba
32	.30 MI W-W	Cu Jkt FMJ	Pb、Sb、Ba
33	.30 MI W-W	Cu Jkt FMJ	Pb、Sb
34	.30 MI VE-F	Cu Jkt FMJ	Sb、Hg
35	.30 MI VE-N	Cu Jkt FMJ	Sb、Hg
36	.455 Dominion	Pb 非被甲	Pb、Sb、Ba、Hg
37	.455 Kynoch	Pb 非被甲	Pb、Sb、Ba
38	.455 K62	Cu Jkt FMJ	Pb、Sb、Ba、Hg
39	.357 W-W	Cu Jkt FMJ	Pb、Sb、Ba
40	.357 R-P	Cu Jkt FMJ	Pb、Sb
41	.357 W-W	Pb SWC	Pb、Sb、Ba
42	.357 R-P	Pb SWC	Pb、Sb、Ba
43	.38 S&W R L39	Ni Jkt FMJ	Pb、Sb、Hg
44	.38 S&W Norma	Pb 非被甲	Pb、Sb、Ba、Hg
45	.38 S&W REM-UMC	Pb 非被甲	Pb、Sb、Ba、Hg
46	.38 S&W Browning	Pb 非被甲	Pb、Sb、Ba
47	.38 S&W GECO	Pb 非被甲	Pb、Sb、Ba

表21.13 弹孔底火元素水平（ng）

样品号 / 被甲材料	Pb	Sb	Ba	Cu	Ni	Hg	评论
1 Ni	2600	无	160	600	无	无	无 Ni，Pb 和 Ba 含量低
2 Cu	>10000	无	500	1150	无	无	无 Sb、Ba
3 Cu	>10000	38	1690	1500	3700	无	Ni 含量高
4 Cu	>10000	无	无	无	无	无	检测到只含 Pb
5 Cu	8300	无	850	>5000	无	无	无 Sb
6 Cu	>10000	无	560	4075	2850	无	无 Sb，Ni 含量高
7 Cu	9350	30	410	4650	无	无	含 Pb、Ba
8 Cu	9000	无	650	>5000	无	63	无 Sb、Ba
9 Cu	3950	无	520	>5000	无	无	无 Sb
10 Cu	8875	30	520	4750	无	无	
11 Cu	4400	20	1460	2200	无	无	
12 Cu	>10000	46	670	2600	无	无	
13 Cu	>10000	36	700	2550	无	无	
14 Cu	>10000	33	540	4175	2000	160	有 Ba，Ni 含量高
15 Cu	>10000	无	830	>5000	1900	无	Ni 含量高
16 Cu	9500	41	580	4100	无	176	含 Ba
17 Cu	3850	66	130	3100	无	286	含 Ba
18 Cu	3830	75	400	>5000	无	无	
19 Cu	>10000	167	2000	>5000	1725	无	Ni 含量高
20 Cu	>10000	137	1470	3275	无	无	
21 Cu	5150	102	650	4890	2300	>500	含 Pb、Ba，Ni 含量高
22 Cu	9220	无	>2000	>5000	无	>500	无 Sb
23 Cu	>10000	52	无	>5000	无	>500	
24 Cu	>10000	无	390	>5000	无	无	无 Sb
25 Cu	2150	无	160	>5000	无	无	无 Sb，Pb、Ba 含量低
26 Cu	5450	无	450	2450	无	无	无 Sb
27 Cu	5000	无	740	1850	2100	无	无 Sb、Ba，Ni 含量高
28 Cu	3375	29	450	1400	无	无	

样品号 / 被甲材料	Pb	Sb	Ba	Cu	Ni	Hg	评论
29 Cu	4900	无	>2000	4750	2250	无	无 Sb，Ni 含量高
30 Steel	2950	无	1270	>5000	2150	无	无 Sb，Ni 含量高
31 Steel	>10000	55	1050	>5000	2150	无	Ni 含量高
32 Cu	8800	30	>2000	>5000	无	无	
33 Cu	5900	32	720	>5000	无	无	含 Ba
34 Cu	4700	>200	900	>5000	无	155	含 Pb、Ba
35 Cu	850	>200	550	>5000	无	>500	含 Pb、Ba
36 Pb	>10000	>200	>2000	3950	无	>500	
37 Pb	>10000	>200	>2000	3325	无	>500	
38 Cu	>10000	>200	>2000	>5000	2850	无	Ni 含量高
39 Cu	>10000	无	240	2200	无	无	无 Sb
40 Cu	7300	无	200	1100	1600	1600	无 Sb、Ba，Ni 含量高
41 Pb	>10000	>200	520	无	无	无	
42 Pb	>10000	无	835	无	3675	无	无 Sb，Ni 含量高
43 Ni	>10000	无	390	>5000	3250	>500	无 Sb、Ba，Ni、Cu 含量高
44 Pb	>10000	>200	1830	>5000	2850	>500	Ni 含量高
45 Pb	>10000	174	1770	3300	4750	>500	Ni 含量高
46 Pb	>10000	174	700	900	无	无	
47 Pb	>10000	130	1370	1675	无	无	

射击过的弹头表面的残留物似乎来自弹头自身底部、底火和推进剂的无机添加剂。编号为 8、21、34 和 35 的射击使用无铅底火，但是在弹孔周围检出了铅；无钡底火的子弹在弹孔周围给出了钡。

2 个镍被甲弹头中的一个，第 43 号，在弹孔周围检测到镍。无镍覆盖的弹头常常检出镍。这是令人惊讶的结果，说明存在镍不能用来确定使用了镍被甲弹头。镍的来源不清楚，但是可能来自底火帽。

我们注意到有趣的是，在含汞底火的所有试验中，在弹孔周围都检测到了汞。非被甲铅弹头都在弹孔周围给出了大量的铅，虽然这不限于非被甲弹头。类似的铜的结果令人迷惑。

总之，用 FAAS 从弹孔周围残留物中测定弹头被甲材料的可能性看来不可靠。但是，FAAS 可靠地检测了弹孔周围枪击的相关元素，是确认弹头损伤的有用方法。

附着性

北爱尔兰过去26年恐怖主义斗争的明显趋势是，FDR 阳性的案件百分比在下降。不仅如此，下降的趋势还在继续。这些年在采样的效率和检测方法的灵敏度方面都取得了很大的进展。在1969年恐怖主义斗争的起始阶段成功率大约为35%，到1995年下降到大约6%（不包括自杀和嫌疑人死亡）。成功率降低的原因不是检测系统的优化，而是恐怖分子精心策划恐怖事件，采取措施防止在犯罪现场或在人身上留下任何类型的法庭证据。另外一旦沉积到嫌疑人身上，FDR 颗粒具有令人不快的行为。颗粒小、附着轻，能够被空气所带动，通过物理接触从一个表面带到另一个表面。颗粒可以迅速从手上脱落，在第一个小时内数量以指数级的速度下降，因此检测手上的残留物来获取近期的接触情况（不包括自杀和嫌疑人死亡）。颗粒在衣服上附着的时间较长，时间取决于衣服材料的性质和衣服受到的物理翻动的程度。这些颗粒化学稳定，涉及 FDR 污染的衣服包装、密封、保存2年的实验证实了这一点。经过一段时间的保存，衣服表面的 FDR 颗粒还容易检测出来。

另一个附着实验涉及射击后即刻采集射击者手上的残留物。在射击者手上检测到许多 FDR 颗粒。重复实验中允许射击者在采样前用纸巾擦手，努力除去任何 FDR 颗粒。检测到的颗粒很少，因此 FDR 颗粒很容易从手上除去，甚至干擦也容易除去。

收集15年案检结果统计给出如下附着数据。图21.1显示了采集嫌疑人手上、脸上、头发上残留物检测 FDR 的情况，在全部或部分样品中检测到颗粒。嫌疑人很少立即被抓到。该数据是基于410个阳性棉签试剂盒的结果，排除自杀和嫌疑人死亡。

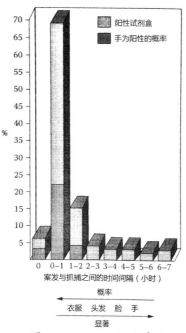

图 21.1 FDR 的附着性

很难得到合理的衣服附着性数据，只能说那是我们最富有成果的采样地方（特别是口袋内部）。正如前面提到的，在衣服上的附着性取决于衣服材料的性质和衣服的翻动情况。如果不翻动，衣服上的 FDR 将永久保存。

嫌疑人常常会抛弃或者毁坏作案时穿的衣服，换上干净的衣服。因此，常常不能确切知道送检到实验室的衣服是否是作案时穿过的衣服。

作案6天后嫌疑人的衣服上曾经检测到 FDR，但是不知道其间衣服的经历。另外，衣服上发现的颗粒可能来自正在调查的案子之前的事件。这引起了解释衣服上阳性结果遇到的问题。由于已知的附着性，在手上、脸上或头发上检测到的残留物可以假设是近期沉积的，而衣服上的残留物（特别是口袋内的）难以联系到具体的射击事件。但是，这仍然是有价值的证据，需要嫌疑人做出解释。

如果作案时间和抓捕时间间隔超过2小时，手上就不可能发现FDR（嫌疑人被抓捕后，嫌疑人的手必须立即保护起来）。警察被告知如果超过2小时就不采集手上的残留物，但是采集脸和头发上的残留物样品照旧。案发后5小时曾经在脸上检测到FDR，案发后7小时在头发上检测到FDR。

无碲底火

正如前面提到的，已经注意到在案件中尽管底火中没有钡，但是钡存在于推进剂中，Yugoslavian 7.62 × 39 mm caliber nny 82子弹产生的射击颗粒中含有钡。这表明推进剂可以对射击颗粒元素组成产生贡献。在有些涉及使用无碲底火的事件中，在嫌疑人身上可以检测到碲。可能是来自弹头，或者由于枪或子弹之前发射的污染，或者是嫌疑人涉及其他事件产生的颗粒，或者是嫌疑人在抓捕和采样之间暴露被污染。

为了弄清这些情况，需要调查碲来自弹头的可能性。检验来自无碲底火和碲硬化的子弹的枪击残留物中的碲，结果见表21.14。

表21.14 含无碲底火子弹的枪击残留物

枪支	子弹头印	子弹细节	Pb、Sb、Ba	Ba、Ca、Si	Pb、Ba	Pb、Sb	只含Ba	只含Pb
.22 LR Walther手枪	U	非被甲。弹头上有黄铜覆盖。只含Pb底火	ND	ND	ND	20	ND	36
9 mmP Star手枪	D144	FMJ。Cu覆Fe被甲。Pb、Ba底火	7	19	15	2	ND	15
.30 M1 Winchester卡宾枪	LC68	FMJ。Cu覆Fe被甲。Pb、Ba底火	18	ND	12	2	6	22

ND= 未检出。

防暴弹分析

在一个案子中嫌疑人承认在他身上的 FDR 是由于接触警车内，那里防暴枪曾经射击过，有必要对防暴子弹和犯罪子弹做详细的分析。

在嫌疑人身上的残留颗粒中检测到碲。但是，需要证明防暴弹的任何部分没有碲。分析防暴弹显示弹壳是铝，带有痕量的铁和银，漆了黑白带。分析黑色油漆显示，存在铝、银、溴、氯、铬、铁、钾、镍、硫，而白色油漆中只有钛。射击底火残留物含有铅和钡主要成分，铝和硅次要成分，锡和铜痕量成分。底火杯是带有痕量铜和银的锡，底火杯外表面的红色色漆含有硅和锡。黑火药推进剂存在塑料壳内，塑料壳上漆着绿点。分析推进剂显示钾和硫为主要成分，硅和铁为痕量成分，绿色油漆含有铅、硫、钾主要成分，铬、氯次要成分，钡、钛和铁痕量成分。塑料防暴弹本身的外表面含有氯、铁、钡主要成分，钙、硅痕量成分。底帽漆成奶油色，分析显示存在硫、硅、钙主要主要成分，铁、钾、银、铝和溴痕量成分。

在防暴弹任何地方都没有检测到碲。对防暴弹进行射击试验，对射击者取样，在枪击残留物中未能发现存在碲。在一些射击颗粒中存在锡。

犯罪子弹是 7.26 × 39 mm caliber Yugoslavian nny 82。分析组成得到下列结果：

推进剂：单基，含有 DPA、EC，塑化剂为邻苯二甲酸脂、樟脑；

未燃烧：Si、Pb 主要成分，Ca、Cu、S 次要成分，Ba、Fe、K 痕量成分；

燃烧：K、S 主要成分；

弹壳和底火帽：Cu，带痕量 Zn；

底火枪击残留物（元素按降低顺序排列）：

（底火帽内）Sb、Sn、S、Cl、Hg、Cu、Zn、Fe、K、Ca；

（弹壳内）Sb、Sn、K、Cl、Cu、S、Zn、Fe、Hg；

弹头被甲：Cu 主要成分，Zn 次要成分，Fe、Cl 痕量成分；

弹芯：Pb，带痕量 Sb、S；

色漆（底火）：Pb 主要成分，Ti、Cr、Si 次要成分，Fe、Mn、Cu、Cl、K、Ca 痕量成分；

弹头和弹壳之间的黑色密封：Cu、Pb、Cl 主要成分，Zn、S 次要成分，Si、Sb、Fe、K、Ca 痕量成分。

我们注意到有趣的是，底火看来是雷酸汞、硫化锑、氯酸钾，就是含汞和具有腐蚀性的这种子弹，造于 1982 年。

底火中无铅或钡，但是来自子弹的枪击残留物中常常含有铅、锑和钡。铅和钡一定来自子弹的其他成分（弹头/弹芯/推进剂）以及枪支的污染。锡常常出现在射击颗粒中，在雷酸汞底火中来自用来密封底火杯的锡箔圆片。

在防暴弹射击颗粒中不存在锑，证明嫌疑人身上的残留物不是来自这一来源。

参考文献

183.J.S.Wallace, Bullet strike flash, *AFTE Journal* 20, no. 3 (July 1988).

184.J.H.Dillon, Sodium rhodizonate test: A chemically specific test for lead in gunshot residues, *AFTE Journal* 22, no. 3 (October 1990): 251.

185.R.Beijer, Experiences with zircon, a useful reagent for the determination of firing range with respect to leadfree ammunition, *Journal of Forensic Sciences* 39, no. 4 (July 1994): 981.

22 子弹分析

引言

北爱尔兰恐怖主义战争从1969年开始到1994年4月结束,安全部队共收集16381支枪、82168颗射击过的弹壳和1667115发子弹,还有许多其他枪支相关物品。收集的枪支包括905支机枪、630支卡宾枪(半自动步枪)、4871支步枪、3816把手枪、3414把左轮手枪、2196支猎枪和549支其他枪。其中,卡宾枪从 .22 ″ 到50 ″ /12.7 mm。这期间发生10995起枪击案(事)件,本节讨论对部分收集的子弹的分析。

底火类型

当嫌疑人身上检测到FDR时,需要对射击过的弹壳内部进行日常检验,以确定案件中涉及的底火类型。图22.1和图22.2显示了FAAS和SEM/EDX测定确定的底火类型。

国家/口径	弹底标记文字	成分	国家/口径	弹底标记文字	成分	国家/口径	弹底标记文字	成分	国家/口径	弹底标记文字	成分
Canada .22 LR	D	Pb, Ba	U.S.A. .22 LR	◇	Pb, Ba	U.K. .22 LR	E	Pb, Ba	U.K. .22 LR	E	Pb, Ba
U.S.A. .22 LR	W	Pb, Sb, Ba	U.K. .22 LR	ICI	Pb, Sb	U.S.A. .22 LR	U	Pb	Finland .32 ACP	SAO 7.65 AUTO Br. .32	Pb, Sb, Ba
U.K. .32 ACP	KYNOCH .32 AUTO	Pb, Sb, Ba	U.S.A. .32 ACP	W-W .32 AUTO	Pb, Sb, Ba	Finland .32 ACP	LAPUA 7.65	Pb, Sb, Ba	Czechoslovakia .32 ACP	S B P ☆○☆ 7.65	Pb, Ba
Austria .32 ACP	HP ☆○☆ 7.65	Pb, Sb, Ba	Sweden .32 ACP	NORMA ○ .32 ACP	Pb, Sb, Ba	Belgium .32 ACP	F N ○ ★	Pb, Sb, Ba	Germany .32 ACP	GECO 7.65	Pb, Sb, Ba
U.S.A. 9 mmP	WRA ○ 9 mm	×2 Pb, Sb, Ba	Canada 9 mmP	DOMINION ○ 9 mm	Pb, Sb, Ba	Germany 9 mmP	9 x 19 G E C O 59 78	Pb, Sb, Ba + 31–60 2–61 80–59	Portugal (For ICI) 9 mmP	71 9○2Z MK	
Finland 9 mmP	VPT ○ 42	+43, 44 Pb, Sb, Ba	U.K. 9 mmP	RG-54 ○ 9 mm 2Z	+55 → 59 Pb, Sb, Hg	U.K. 9 mmP	9 RG m ○ 62 2Z⊕	Pb, Sb, Ba, Hg	U.K. 9 mmP	9 RG m ○ 73 2Z⊕	+74 → 76 Pb, Sb, Ba
U.K. 9 mmP	K56 ○ 9 mm 2Z	Pb, Sb, Ba, Hg	U.K. 9 mmP	K57 ○ 9 mm LUGER	+58, 59 Pb, Sb, Ba	U.K. 9 mmP	KYNOCH ○ 9 mm LUGER	Pb, Sb, Ba	Yugoslavia 9 mmP	11 ☆○☆ 48	+50, 52 Sb, Hg
U.S.A. 9 mmP	WW ○ 9 mm LUGER	Pb, Sb, Ba	Canada 9 mmP	DA 62 ○ 9 mm CDN1	Pb, Sb, Ba	Canada 9 mmP	I 4 D ○ 4 9 mmP	Pb, Ba	Canada 9 mmP	BROWNING ○ 9 mm LUGER	Pb, Sb, Ba
Belgium 9 mmP	F N ◁ ⊕ 66	+68, 71 Pb, Sb, Ba	Holland 9 mmP	⊕ ≥ ○ < 69	Pb, Sb, Ba	Czechoslovakia 9 mmP	dou. 4 ○☆ 4 t4I	Pb, Sb, Hg	U.K. 9 mmP	B ↑E ○ 4 3 9 mm	Pb, Sb, Hg
U.K. 9 mmP	TH ○ 57 9 mm 2Z	Pb, Sb, Hg	Israel 9 mmP	△ 53	Pb, Ba, Sb, Hg	France 9 mmP	SFM ★○★ X	Ba, Sb, Hg	Sweden 9 mmP	5 2 K	Pb, Sb, Ba

Austria — 9 mmP P ☆ O ☆ Sb, Hg	Finland — 9 mmP SO 44 / O / 9 Pb, Sb, Ba	Canada — 9 mmP DI 43 △ 9 mm Pb, Ba	U.S.A. — 9 mmP REM-UMC / O / 9 mm LUGER Pb, Sb, Ba
Sweden — 9 mmP NORMA / O / 9 mmP Pb, Sb, Ba	U.K. — 9 mmK KYNOCH / O / ICI Pb, Sb, Ba	Austria — 9 mmK .380/HP ★ O ★ 9 mmK ×2 Pb, Ba	Finland — 9 mmK LAPUA (O) .380 ACP Pb, Sb, Ba
Sweden — 9 mmK NORMA / O / 380 ACP Pb, Sb, Ba	Yugoslavia — 9 mmK CAL 9 mm / O / PP-74 Pb, Sb	U.S.A. — 9 mmK W–W / O / 380 AUTO ×2 Pb, Sb, Ba	Finland — 9 mmK SAKO / O / 380 ACP Pb, Sb
? — 9 mmK FG / O / 380 AUTO Pb, Sb, Ba	Finland — 9 mmK LAPUA / O / 9 mm Br Short Pb, Ba	U.K. — .32 REV KYNOCH / O / 32 S&W Pb, Sb, Ba	Canada — .380 REV BROWNING / O / 38 S&W Pb, Sb, Ba
U.K. — .380 REV KYNOCH / O / 38 S+W Pb, Sb, Ba	U.K. — .380 REV RG 380 O 66 / 2Z Pb, Sb, Ba	Austria — .380 REV HP ★ O ★ 38 S+W Pb, Ba	U.K. — .380 REV R ↑ L 39 / O = / .380 Pb, Sb, Hg
Sweden — .380 REV NORMA / O / 38 S&W Pb, Sb, Ba	U.S.A. — .380 REV REM-UMC / O / 38 S&W Pb, Sb, Ba, Hg	Germany — .380 REV GECO ⌐ O ⌐ 38 S&W Pb, Sb, Ba	U.S.A. — .38 SPECIAL W-W / O / 38 SPECIAL Pb, Sb, Ba
Sweden — .38 SPECIAL NORMA / O / 38 SPECIAL Pb, Sb, Ba	Germany — .38 SPECIAL GECO / O / 38 SPECIAL Pb, Sb, Ba	U.S.A. — .357 MAGNUM R-P / O / 357 MAGNUM Pb, Sb, Ba	U.S.A. — .357 MAGNUM W-W SUPER / O / 357 MAGNUM Pb, Sb, Ba
U.S.A. — .223 REM WRA / O / 70 Pb, Sb, Ba	U.S.A. — .223 REM TW / O / 66 · 67 68 +69 72 73 Pb, Sb, Ba	U.S.A. — .223 REM LC / O / 67 · 69 +70 72 Pb, Sb, Ba	U.S.A. — .223 REM RA / O / 65 · 66 +67 69 Pb, Sb, Ba
U.S.A. — .223 REM WCC / O / 64 · +67 Pb, Sb, Ba	U.S.A. — .223 REM FC / O / 68 Pb, Sb, Ba	U.S.A. — .223 REM FC / O / .223 REM Pb, Sb, Ba	Canada — .223 REM IVI / O / 70 Pb, Sb, Ba
Sweden — .223 REM NORMA / O / .223 Pb, Sb, Ba	Austria — .223 REM HP ★ O ★ 223 Pb, Sb, Ba	U.K. — .380 L ELEY / O / .380 L Pb, Sb, Hg	Italy — 6.5 mm SMI / O / 9-35 Sb

Country / Caliber	Headstamp	Elements	Country / Caliber	Headstamp	Elements	Country / Caliber	Headstamp	Elements	Country / Caliber	Headstamp	Elements
Italy 7 mm CARCANO	TM O B-35	Sb, Hg	Italy 7 mm CARCANO	SMI O 9-35	Sb	Italy 7.35 mm	TM O B-35	Sb, Hg	Portugal 8 mm MAUSER	FNM O 55	Pb, Sb, Hg
Unknown 8 mm MAUSER	No Headstamp	Sb, Hg	U.S.A. .30M1 CARBINE	LC O 67	+68 69 Pb, Ba	U.S.A. .30M1 CARBINE	LC O 51	+52 Pb, Sb, Ba	U.S.A. .30M1 CARBINE	EC O 4	Pb, Sb, Ba, Hg
U.S.A. .30M1 CARBINE	WW 30 O CARBINE	Pb, Sb, Ba	U.S.A. .30M1 CARBINE	WRA O 54	Pb, Sb, Ba	U.K. .30M1 CARBINE	RG 69 O L2A2 ⊕	+70 Pb, Sb, Ba	Sweden (For U.S.A.) .30M1 CARBINE	NORMA O US 30	Pb, Sb, Ba
France .30M1 CARBINE	3-62 V B E O D 7.62	+3-67 Sb, Hg	France .30M1 CARBINE	3.59 V E O N 7.62	+1.61 Sb, Hg	France .30M1 CARBINE	2.61 V E O S 7.62	+2.67 Sb, Hg	France .30M1 CARBINE	54 S F O I -	Sb, Hg
Norway .30M1 CARBINE	⊕ O 47-RA	Pb, Sb, Ba	France .30M1 CARBINE	54 V E O F ←	Sb, Hg	France .30M1 CARBINE	54 V E O F M	Sb, Hg	U.S.A. .30M1 CARBINE	WCC O 54	Pb, Sb, Ba
U.S.A. .30M1 CARBINE	RA O 52	Pb, Sb, Ba	U.S.A. .30M1 CARBINE	.30M1 O 62	Pb, Ba	U.S.A. .30M1 CARBINE	R-P O 30 CARBINE	Pb, Sb, Ba	U.S.S.R. .30-06	50 O 60	Sb, Hg
U.S.S.R. .30-06	60 P O ⌐ 50	Sb, Hg	France .30-06	3-67 V B E O D	Sb, Hg	Finland .30-06	SO O 72	Pb, Sb, Ba	U.S.A. .30-06	SL O 53	+54 57 Pb, Sb, Ba
U.S.A. .30-06	WRA O 54	Pb, Sb, Ba	U.S.A. .30-06	LC O 66	Pb, Ba	U.S.A. .30-06	LC O 66	Pb, Sb	U.K. .30-06	RG 64 O 30	Pb, Sb, Ba
U.K. .30-06	K62 O 30	Pb, Sb, Ba	U.S.A. .30-06	42 O TW	Pb, Sb	U.S.A. .303	WRA 1941 O	Pb, Hg	U.S.A. .303	WRA 1943 O .303	Pb, Sb, Hg
U.S.A. .303	WRA O .303 BRITISH	Pb, Sb, Ba	U.S.A. .303	WCC 1940 O .303	Pb, Sb, Hg	U.K. .303	J 17 O VII	Sb, Hg	U.K. .303	K 18 O VIIZ	Pb, Sb, Hg

Country / Caliber	Headstamp	Elements	Country / Caliber	Headstamp	Elements
U.K. .303	K 50 / O / 7 — 52 +55 / 56 / 59	Pb, Sb, Hg	U.K. .303	KYNOCH / O / .303	Pb, Sb, Hg
U.K. .303	RG / O / 54 7	Pb, Sb, Hg	U.K. .303	RG 1942 / O / VII — +44	Pb, Sb, Hg
U.K. .303	KN 18 / O / VIIZ	Sb, Hg	U.K. .303	GB 1943 / O / VII	Pb, Sb, Hg
U.K. .303	G 1918 / O / IIZ	Sb, Hg	U.K. .303	G-19 / O / VIIZ	Pb, Sb, Ba, Hg
U.K. .303	1940 / ←O / VII	Pb, Sb, Ba, Hg	Canada .303	1942 / DI O N / VII	Pb, Ba, Hg
Canada .303	DC 16 / O / VII	Sb, Hg	Portugal .303	EL / ☆ O ☆ / 1934	Pb, Sb, Hg
INDIA .303	K ↑ F / VII O / 11.38	Sb, Hg	Czechoslovakia .303	PSVII / 19 O 50 / 303	Sb, Hg
Belgium .303	F N / O / 57	Sb, Hg	U.K. .303	RG / 2 O 2 / ⊕	Pb, Sb, Ba
U.K. .303	R ↑ L / O ⊕ / 7	Pb, Sb, Hg	U.S.A. .303	WCC 1940 / O / .303	Pb, Sb, Ba, Hg
Syria 7.62 × 39 mm	9XV17r / ★ O ★ / 70	Pb, Sb, Hg	Finland 7.62 × 39 mm	SO / O / 72	Pb, Sb, Ba
U.S.S.R. 7.62 × 39 mm	50 / O / 60	Sb, Hg	U.S.S.R. 7.62 × 39 mm	60 / ▷ O ◁ / 50	Sb, Hg
Finland 7.62 × 39 mm	V.P.T. / O / 73	Pb, Sb, Ba	U.S.A. 7.62 × 51 mm	⊕ / O 8 6 / WRA	Pb, Sb, Ba
U.S.A. 7.62 × 51 mm	⊕ / O / LC 63	Pb, Sb, Ba	U.K. 7.62 × 51 mm	RG 65 / O ⊕ / L2A2 — 66→70 +72, 73, 75	Pb, Sb, Ba
U.K. 7.62 × 51 mm (Tracer)	RG 65 / O / L5A3	Pb, Sb, Ba	Norway 7.62 × 51 mm	⊕ / O / 47-RA-74	Pb, Sb, Ba
U.S.A. 308 WIN. MAG.	W-W / O / SUPER	Pb, Sb, Ba	France .45 ACP	56 / S O I / F / 4 — +57	Sb, Hg
U.S.A. .45 ACP	WCC / O / 67 — +69 / 71	Pb, Sb, Ba	U.S.A. .45 ACP	WRA / O / 54 — +65 / 66	Pb, Sb, Ba
U.S.A. .45 ACP	WRA-Co / O / .45 AC	Pb, Ba, Hg	U.S.A. .45 ACP	REM-UMC / O / .45 ACP	Pb, Sb, Hg
U.S.A. .45 ACP	RA / O / 61	Pb, Sb, Ba	U.S.A. .45 ACP	REM-UMC / O / .45 AUTO	Pb, Sb, Ba
U.S.A. .45 ACP	R-P / O / .45 AUTO	Pb, Sb, Ba	France .45 ACP	57 / S O I / F / -	Pb, Sb, Hg
U.S.A. .45 ACP	W-W / O / .45 AUTO	Pb, Sb, Ba	U.K. .450 REV	K II / O / C	Pb, Sb, Hg

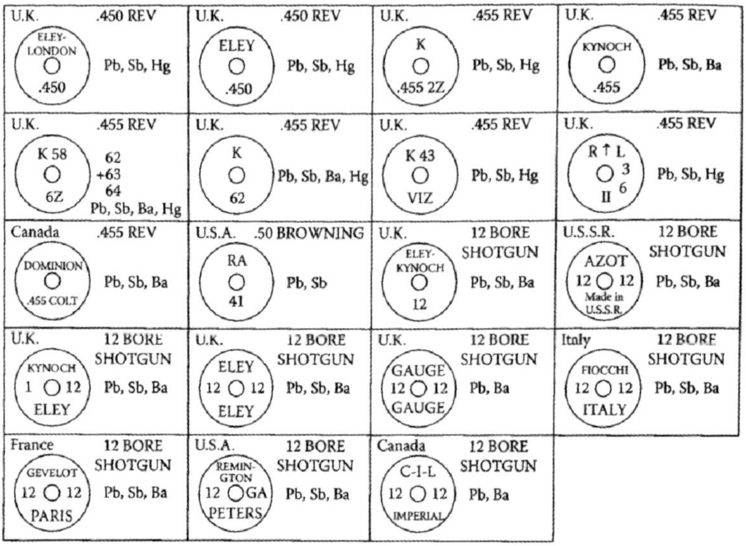

U.K. .450 REV	U.K. .450 REV	U.K. .455 REV	U.K. .455 REV
ELEY-LONDON ○ .450 Pb, Sb, Hg	ELEY ○ .450 Pb, Sb, Hg	K ○ .455 2Z Pb, Sb, Hg	KYNOCH ○ .455 Pb, Sb, Ba
U.K. .455 REV	U.K. .455 REV	U.K. .455 REV	U.K. .455 REV
K 58 ○ 6Z 62 +63 64 Pb, Sb, Ba, Hg	K ○ 62 Pb, Sb, Ba, Hg	K 43 ○ VIZ Pb, Sb, Hg	R↑L ○ 3 II 6 Pb, Sb, Hg
Canada .455 REV	U.S.A. .50 BROWNING	U.K. 12 BORE SHOTGUN	U.S.S.R. 12 BORE SHOTGUN
DOMINION ○ .455 COLT Pb, Sb, Ba	RA ○ 41 Pb, Sb	ELEY-KYNOCH ○ 12 Pb, Sb, Ba	AZOT 12 ○ 12 Made in U.S.S.R. Pb, Sb, Ba
U.K. 12 BORE SHOTGUN	U.K. 12 BORE SHOTGUN	U.K. 12 BORE SHOTGUN	Italy 12 BORE SHOTGUN
KYNOCH 1 ○ 12 ELEY Pb, Sb, Ba	ELEY 12 ○ 12 ELEY Pb, Sb, Ba	GAUGE 12 ○ 12 GAUGE Pb, Ba	FIOCCHI 12 ○ 12 ITALY Pb, Sb, Ba
France 12 BORE SHOTGUN	U.S.A. 12 BORE SHOTGUN	Canada 12 BORE SHOTGUN	
GEVELOT 12 ○ 12 PARIS Pb, Sb, Ba	REMINGTON 12 ○ GA PETERS Pb, Sb, Ba	C-I-L 12 ○ 12 IMPERIAL Pb, Ba	

图 22.1 射击过的弹壳的 FAAS 分析

U.S.A. .22 LR	U.S.A. .25 ACP	Belgium .320 REV	Germany .320 REV
Super ⊗ Pb, Ba (Cu, Si, Na)	M-U R E M O C 25 AUTO Pb, Sb, Ba (Al, Ca, Cl, Cu, S, Si)	F M C E V I 3 O E G F 20 Pb, Ba (Cl, Cu, K, S, Si, Zn)	SB ○ 320 Sb, Hg (Al, Cl, Cu, Fe, K, S, Si, Zn)
Austria .32 ACP	U.S.A. .32 ACP	U.K. .32 ACP	Germany .32 ACP
Hp ★ ○ ★ 7.65 Pb, Ba (Ca, Cl, Cu, Fe, K, Si, Zn)	R-P ○ 32 AUTO Pb, Sb, Ba (Al, Cu, S, Si)	KYNOCH ○ 32 AUTO Pb, Sb, Ba (Al, Cl, Cu, K, Si, Zn)	GECO 7 ○ T 7.65 Pb, Sb, Ba (Al, Cl, Cu, S, Si,)
Belgium .32 ACP	Czechoslovakia .32 ACP	Italy .32 ACP	Canada .32 ACP
F ★ ○ N Pb, Ba (Cl, Cu, Ni, Zn)	SBP ☆ ○ ☆ 7.65 Pb, Sb (Al, Ca, Cl, Cu, Fe, Zn)	GFL ○ 7.65 mm Pb, Sb, Ba (Ca, Cl, Cu, Fe, Ni, Zn)	DCC. ○ 32 ACP Sb, Hg (Ca, Cl, Cu, Fe, Zn)
U.S.A. .32 ACP	U.S.A. .32 ACP	Sweden .32 ACP	Finland 9 mmP
M-U R E M 32 O C 7.65 Pb, Sb, Ba, Hg (Ca, Cu, Fe, Zn)	W-W ○ 32 AUTO Pb, Sb, Ba (Ca, Cl, Cu, Fe, Ni, Zn)	NORMA ○ .32 ACP Pb, Sb, Ba (Ca, Cl, Cu, Fe)	VPT ○ 42 +43 44 Pb, Ba (Al, Ca, Cl, Cu, Fe, P, S, Si, Zn)
Finland 9 mmP	Canada 9 mmP	Finland 9 mmP	Finland 9 mmP
SO 43 ○ 9 Pb, Sb, Ba (Al, Ca, Cl, Cu, Fe, Si, Zn)	D 1 4 ○ 3 9 mm Pb, Ba (Al, Ca, Cl, Cu, Mg, Si, Zn)	SO 44 ○ 9 Pb, Sb, Ba (Al, Ca, Cl, Cu, K, Si)	S-41 ○ 9 mm Pb, Sb, Ba (Al, Ca, Cl, Cu, Fe, Si, Zn)
France 9 mmP	Germany 9 mmP	Germany 9 mmP	Germany 9 mmP
S 78 I F O 9 mm Sb, Hg (Al, Cl, Cu, Fe, K, S, Si, Zn)	3 Ch S 4 O T 91 X Pb, Sb, Hg (Al, Cl, Cu, Fe, K, P, S, Si, Sn, Zn)	GECO ○ 9 mm Pb, Sb, Ba (Al, Ca, Cl, Cu, Fe, K, Mn, S, Si, Sn, Tl, Zn)	OXO ○ 43 9 mm Pb, Ba (Al, Ca, Cl, Cu, Fe, K,P, Si)
Germany 9 mmP	U.K. 9 mmP	U.K. 9 mmP	U.K. 9 mmP
17 ○ S 6 Pb, Sb, Hg (Cl, Cu, K, Si, Zn)	K 58 ○ 9 mm 2Z Pb, Sb, Ba (Al, Ca, Cl, Cu, Fe, K, Si, Zn)	RG 59 ○ +62 Pb, Sb, Hg (Al, Ca, Cl, Cu, Fe, K, S, Si, Zn)	RG 72 ○ 9 mm Pb, Sb, Ba (Al, Ca, Cl, Cu, Fe, K, S, Si, Zn)
U.K. 9 mmP	U.K. 9 mmP	U.S.A. 9 mmP	U.S.A. 9 mmP
RG 77 ○ ⊕ 9 mm 2Z Pb, Sb, Ba (Al, Ca, Cl, Cu, Fe, S, Si, Zn)	RG 76 79 ○ +83 85 9 mm 2Z Pb, Sb, Ba (Al, Ca, Cl, Cr, Cu, Fe, K, Si, Zn)	REM-UMC ○ 9m/m LUGER Pb, Sb, Ba (Al, Ca, Cl, Cu, Fe, Si, Zn)	WRA ○ 9 mm Pb, Sb, Ba (Ca, Cl, Cu, S, Si, Zn)
U.S.A. 9 mmP	U.K. 9 mmP	Yugoslavia 9 mmP	Germany 9 mmP
W-W 9mm ○ LUGER Pb, Sb, Ba (Al, Ca, Cl, Cu, Fe, K, S, Si, Zn)	RG ○ 9 mm 2Z +58 Pb, Sb, Ba (Ca, Cl, Cu, Fe, K, Si, Zn)	11 ★ ○ ★ 52 Pb, Sb, Hg (Al, Ca, Cl, Cu, Fe, K, Mg, S, Si, Zn)	9 × 19 G ○ 59 E CO 80 Pb, Sb, Ba (Cl, Cu, Ni)
Sweden 9 mmP	Czechoslovakia 9 mmP	Austria 9 mmK	Finland 9 mmK
NORMA ○ 9 mmP Pb, Sb, Ba (Ca, Cl, Cu, Fe, Ni, Zn)	50 ○ O+ Pb, Sb, Hg (Al, Ca, Cl, Cu, K, Fe, S, Si, Zn)	HP ★ ○ ★ 9 mm ×2 Pb, Ba (Al, Ca, Cl, Cu, Fe, K, Si, Zn)	LAPUA 9mm ○ SHORT Br Pb, Sb, Ba (Al, Ca, Cl, Cu, Fe, Si, Zn)

Country	Caliber	Headstamp	Elements	Detail
Finland	9 mmK	SAKO 380ACP	Pb, Sb, Ba	(Al, Ca, Cl, Cr, Cu, Fe, S, Si, Zn)
U.K.	9 mmK	ELEY 380 AUTO	Sb, Hg	(Al, Cl, Cu, Fe, K, S, Si, Zn)
U.S.A.	9 mmK	REM-UMC 380 CAPH ×2	Sb, Hg	(Al, Cl, Cu, Fe, K, S, Si, Zn)
U.S.A.	9 mmK	WW 380 AUTO	Pb, Sb, Ba	(Cl, Cu, Fe, S, Si, Zn)
U.S.A.	9 mmK	UMC 380 CAPH	Sb, Hg	(Cl, Cu, K, S, Si, Zn)
U.S.A.	9 mmK	FC 380 AUTO	Pb, Sb, Ba	(Al, Cl, Cu, S, Si, Zn)
U.K.	9 mmK	KYNOCH .380	Pb, Sb, Ba	(Ca, Cl, Cu, Fe, Zn)
Homeload (No Headstamp)	.380 REV		Pb, Ba	(Al, Cl, Cu, Fe, K, Na, S, Si, Ti, Zn)
U.K.	.380 REV	KYNOCH 38 S+W	Pb, Sb, Ba	??
U.K.	.380 REV	RG 65 380 2Z	Pb, Sb, Ba	(Ca, Cu, Fe, K, Si, Ti, Zn)
U.S.A.	.380 REV	RP 38 S&W	Pb, Sb, Ba	(Al, Cl, Cu, K, Mg, Si, Zn)
U.K.	.380 REV	K 66 .380 2Z	Pb, Sb, Ba	(Al, Ca, Cl, Fe, Si, Zn)
U.K.	.380 REV	RG 8 6 3 2Z	Pb, Sb, Hg	(Al, Cl, Cu, K, P, S, Si, Zn)
U.K.	.380 REV	KYNOCH 380	Pb, Sb, Ba	(Al, Cu, S)
Sweden	.380 REV	NORMA 38 S+W	Pb, Sb, Ba	(Ca, Cl, Cu, Fe, Zn)
U.S.A.	.380 REV	REM-UMC 38 S+W	Pb, Sb, Ba	(Ca, Cl, Cu, Fe, Ni, Zn)
Germany	.380 REV	GECO - r 38 S+W	Pb, Sb, Ba	(Ca, Cl, Cu, Fe, Ni, Zn)
U.S.A.	.380 REV	BROWNING 38 S+W	Pb, Sb, Ba	(Al, Cl, Cu, Fe, Ni, Zn)
Sweden	.38 SPECIAL +P	NORMA 38 +P SPECIAL	Pb, Sb, Ba	(Al, Ca, Cl, Cu, Fe, Na, S, Si, Zn)
U.S.A.	.38 SPECIAL +P	SPEER W O W 38 SPL +P	Pb, Sb, Ba	(Al, Cl, Cu, Fe, S, Si, Zn)
U.S.A.	.38 SPECIAL	S&W NYCLAD 38 Spl	Pb, Sb, Ba	(Al, Cl, Cu, Ni, P, S, Si)
U.S.A.	.38 SPECIAL	W-W .38 SPECIAL	Pb, Sb, Ba	(Cl, Cu, Zn)
Finland	.38 SPECIAL	LAPUA 38 SPL	Pb, Sb, Ba	(Al, Ca, Cl, Cu, S, Si)
U.S.A.	.38 SPECIAL	R-P 38 SPL	Pb, Sb, Ba	(Ca, Cl, Cu, Fe, Ni, Zn)
Sweden	.357 MAGNUM	NORMA .357 MAGNUM	Pb, Sb, Ba	(Al, Cl, Cu, S, Si)
U.S.A.	.357 MAGNUM	SPEER W W .357 MAGNUM	Pb, Sb, Ba	(Al, Ca, Cl, Cu, Fe, K, Ni, Si, Ti, Zn)
Austria	.223 REM	HP ★ ★ .223	Pb, Ba	(Al, Ca, Cl, Cu, Fe, Si)
Austria	.223 REM	HP - 79	Pb, Ba	(Al, Ca, Cl, Cu, Fe, K, Si, Zn)
Canada	.223 REM	IVI 70	Pb, Sb, Ba	(Al, Ca, Cl, Cu, K, S, Si, Zn)
Sweden	.223 REM	NORMA .223	Pb, Sb, Ba	(Al, Ca, Cl, Cu, Mg, Si, Zn)
Sweden	.223 REM	NORMA .223	Sb, Hg	(Al, Cl, Cu, Fe, K, S, Si)
U.S.A.	.223 REM	FC REM	Pb, Sb, Ba	(Al, Cu, Si, Zn)
U.S.A.	.223 REM	FC 223 REM	Pb, Sb, Ba	(Al, Ca, Cl, Cu, Fe, S, Si)
U.S.A.	.223 REM	LC 72 +75 77	Pb, Sb, Ba	(Al, Cl, Cu, Fe, Zn)
U.S.A.	.223 REM	RA 65 +66	Pb, Sb, Ba	(Al, Ca, Cl, Cu, Fe, S, Si, Zn)
U.S.A.	.223 REM	TW 67	Pb, Sb, Ba	(Al, Ca, Cl, Cu, Fe, K, Si, Zn)
U.S.A.	.223 REM	TW 72 +73	Pb, Sb, Ba	(Al, Cl, Cu, Fe, K, Mn, S, Si, Zn)
U.S.A.	.223 REM	WCC 64	Pb, Sb, Ba	(Al, Cl, Cu, Fe, Si, Zn)
U.S.A.	.223 REM	WRA 70	Pb, Sb, Ba	(Al, Cl, Cu, Fe, K, S, Si)
Italy	6.5 mm CARCANO	SMI 935	Pb, Sb, Hg	(Ca, Cl, Cu, Fe, K, S, Si, Zn)

France .30 M1 CARBINE 54 / S ○ I / F — Sb, Hg (Al, Cl, Cu, Fe, K, S, Si, Sn, Zn)	France .30 M1 CARBINE 54 / V ○ F / E r — Pb, Sb, Ba (Ca, Cl, Cu, Fe, K, Si)	France .30 M1 CARBINE 54 / V ○ F / E I — Sb, Hg (Al, Cl, Cu, Fe, K, Ni, S, Si, Zn)	France .30 M1 CARBINE 56 / V ○ F / E n — Sb, Hg (Al, Cl, Cu, Fe, K, S, Si, Zn)
France .30 M1 CARBINE 3.59 / V ○ N / E 7.62 — Sb (Al, Cl, Cu, Fe, K, S, Si)	France .30 M1 CARBINE 1.61 / V ○ N / E 7.62 — Sb, Hg (Cl, Cu, Fe, K, S, Si, Zn)	France .30 M1 CARBINE 2.61 / V ○ S / E 7.62 — Pb, Sb, Ba (Al, Ca, Cl, Cu, Fe, K, Si, Zn)	France .30 M1 CARBINE 2-61 / V ○ S / E 7.62 — Sb, Hg (Al, Cl, Cr, Cu, Fe, K, S, Si, Zn)
France .30 M1 CARBINE 3.61 / V ○ S / E 7.62 — Sb (Al, Cl, Cu, K, S, Si)	France .30 M1 CARBINE 3-62 / V ○ B / E D / 7.62 — Sb, Hg (Al, Cl, Cu, Fe, K, S, Si, Zn)	France .30 M1 CARBINE 4-63 / V ○ S / E 7.62 — Pb, Sb, Hg (Al, Cl, Cu, Fe, K, S, Si, Zn)	France .30 M1 CARBINE 1-63 / V ○ S / E 7.62 — Pb, Sb, Hg (Al, Ca, Cl, Cu, Fe, K, S, Si, Zn)
France .30 M1 CARBINE 3.67 / V ○ B / E D / 7.62 — Sb, Ba, Hg (Al, Ca, Cl, Cu, Fe, K, S, Si, Zn)	Sweden .30 M1 CARBINE NORMA ○ US.30 — Pb, Sb, Ba (Al, Ca, Cl, Cu, Fe, K, S, Si, Zn)	U.S.A. .30 M1 CARBINE WCC ○ 42 — Pb, Sb, Ba (Al, Cl, Cu, Fe, S, Si, Zn)	U.S.A. .30 M1 CARBINE W-W / .30 ○ CARBINE — Pb, Sb, Ba (Al, Cl, Cu, Fe, S, Si, Zn)
France .30 M1 CARBINE 3.67 / V ○ B / E D / 7.62 — Sb, Hg (Ca, Cl, Cu, Fe, K, Si, Zn)	France .30 M1 CARBINE 54 / V ○ F / E 5 — Pb, Sb, Ba (Ca, Cl, Cu, Fe, Si)	France .30-06 4.53 / T ○ S / E 7.62 — Sb, Ba, Hg (Al, Cl, Cu, Fe, K, S, Si, Zn)	France .30-06 1.55 / T ○ S / H 7.62 — Pb, Sb, Ba, Hg (Al, Ca, Cl, Cu, Fe, K, S, Zn)
France .30-06 4-54 / T ○ S / H 7.62 — Pb, Sb, Ba, Hg (Al, Ca, Cl, Cu, Fe, Mg, S, Si, Zn)	Italy .30-06 P / B ○ D / 953 — Pb, Sb, Hg (Cl, Cu, Fe, K, S, Si, Zn)	U.K. .30-06 K 60 ○ 7 — Pb, Sb, Hg (Al, Cl, Cu, Fe, K, S, Zn)	U.S.A. .30-06 E / D ○ N / 44 — Pb, Sb (Al, Cl, Cu, K, S, Si, Zn)
U.S.A. .30-06 FA ○ 27 — Pb, Sb (Al, Cl, Cu, Fe, K, S, Si, Zn)	U.S.A. .30-06 LC ○ 43 — Pb, Sb (Al, Cl, Cu, Fe, K, S, Zn)	U.S.A. .30-06 LC ○ 53 — Sb (Cl, Cu, K, S, Zn)	U.S.A. .30-06 RA ○ 55 — Pb, Sb, Ba (Al, Ca, Cl, Cu, Fe, Si, Zn)
U.S.A. .30-06 SL ○ 42 — Pb, Sb, Hg (Al, Cl, Cu, Fe, K, S, Si, Zn)	U.S.A. .30-06 SL ○ 53 — Pb, Sb, Ba (Al, Cl, Cu, Fe, K, S, Si, Zn)	Belgium .303 FN ○ 57 — Sb, Hg (Al, Cl, Cu, Fe, K, S, Si, Sn, Zn)	Canada .303 DC 16 ○ VM — Sb, Hg (Al, Cl, Cu, K, S, Si, Zn)
Canada .303 1943 ○ DIZ — Pb, Ba (Al, Ca, Cl, Cu, Fe, Zn)	Italy .303 P / B ○ D / 953 — Pb, Sb, Hg (Al, Cl, Cu, Fe, K, S, Zn)	U.K. .303 1941 / ←○ / VII — Pb, Sb, Hg (Cl, Cu, K, S)	U.S.A. .303 WRA 1940 ○ .303 — +41 Pb, Sb (Al, Cl, Cu, K, Na, S, Zn)
Portugal .303 FNM ○ 50 — Sb, Hg (Cl, Cu, Fe, K, S, Si, Sn, Zn)	U.K. .303 K 60 ○ 7 — Pb, Sb (Al, Cl, Cu, Fe, K, Si)	Czechoslovakia .303 PS VII / 19 ○ 50 / .303 — Sb, Hg (Al, Cl, Cu, Fe, K, S, Si, Sn, Zn)	China 7.62 × 39 mm 31 ○ 69 — +70 Sb, Hg (Al, Cl, Cu, Fe, K, P, S, Si, Sn, Zn)

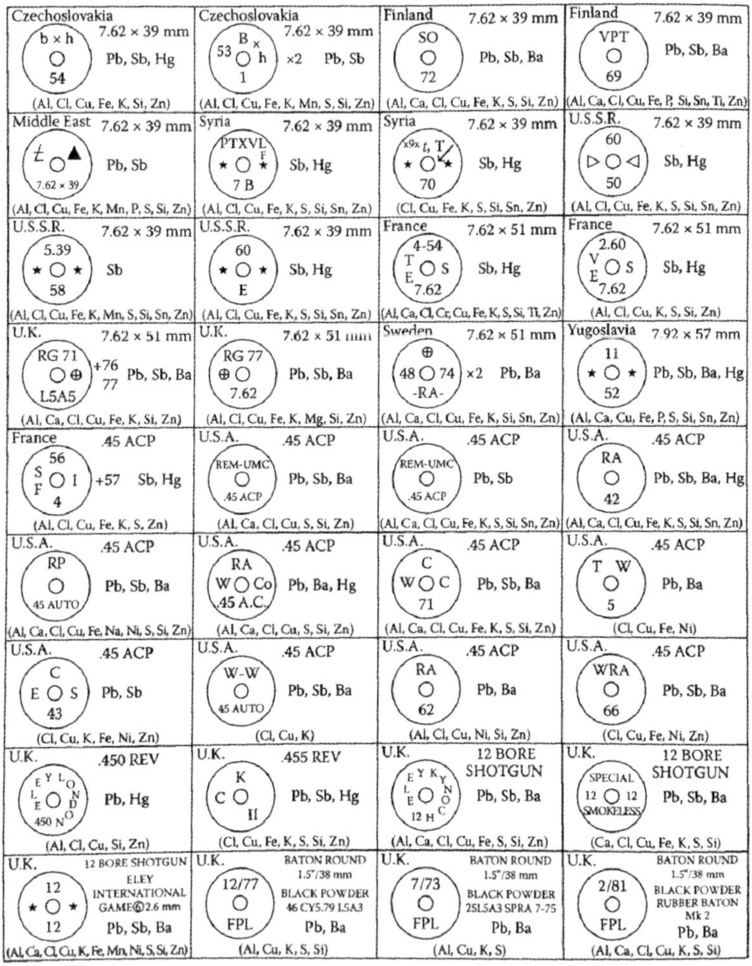

图 22.2 射击过的弹壳的 SEM/EDX 分析

推进剂分析

样品为采集的近距离射击材料上收集的推进剂颗粒，主要来自被害人衣服。因此，在大多数情况下子弹的类型未知。必须注意的是，发现的颗粒不一定能代表大部分颗粒，因为不同颗粒组成会变化，这些是射击过的推进剂颗粒，在射击中表层可能被吹掉或燃烧掉[186]。

表22.1和表22.2给出了4年（1990—1993年）间检测的推进剂的组成。萘和磷酸三丁酯在推进剂方面的文献中未曾提过。

表22.1 单基推进剂（含NC）分析

射击编号	DPA	NDPA	EC	MC	DBP	DNT	评论
40	√	—	—	—	—	—	
10	√	—	√	—	—	—	
5	√	—	—	—	—	—	+樟脑
4	√	√	√	—	—	—	
4	√	—	—	√	—	—	
4	√	—	—	—	√	√	
3	√	—	—	—	—	√	+一个样品中含有萘
2	√	—	—	—	—	√	
2	—	—	—	—	—	—	+樟脑（一个样品中还检测到苯、萘）
2	√	—	—	—	—	√	+硫
2	√	√	—	—	—	—	
2	√	—	—	√	—	√	一个样品中还检测到三丁基磷酸酯
2	√	×2	—	—	√	—	
1	—	×2	√	—	√	√	+甲酚
1	—	—	—	—	√	√	
1	√	√	—	—	—	—	+樟脑和萘
1	√	—	—	—	—	—	
1	√	√	√	—	—	—	+樟脑
1	—	—	√	√	—	—	
1	√	√	—	—	—	—	+MEDPA
1	—	×2	√	—	√	√	+萘
1	√	×2	—	—	√	—	
1	—	—	√	—	—	—	

表22.2 双基推进剂（含NC、NG）分析

射击编号	DPA	NDPA	EC	MC	DBP	DNT	评论
20	√	—	—	—	—	—	一个样品中检测到2种NDPA
12	√	—	√	—	—	—	一个样品中还检测到萘
12	√	—	√	—	—	—	
11	√	—	—	—	—	√	三个样品中分别检测到硫、TNT、三丁基磷酸酯
10	√	—	√	—	—	√	
5	√	—	—	—	√	√	
5	√	—	—	—	√	—	
4	√	—	√	√	—	√	一个样品中还检测到萘
3	√	—	√	—	√	√	一个样品中检测到2种NDPA
2	√	√	—	—	√	√	
2	√	√	—	—	—	—	
2	√	√	—	—	—	√	
2	√	—	√	√	—	—	
1	—	√	√	—	—	—	
1	√	√	√	—	—	√	
1	√	√	√	—	—	—	还检测到三丁基磷酸酯
1	√	—	√	—	—	√	
1	—	—	—	—	—	—	只检测到樟脑
1	—	—	—	—	√	—	
1	—	—	—	—	√	√	
1	—	√	—	—	—	—	
1	—	—	—	√	√	—	
1	—	—	—	√	—	—	
1	—	—	√	—	—	—	
1	√	—	—	√	—	√	

其他子弹成分

在过去的23年，特殊案件有必要检验多个子弹组分。表22.3汇编了案检记录，说明了子弹的多变性和复杂性。同时，应该注意"覆盖层"（coating）意味着镀层或膜层（plating or wash），一些弹壳和弹头被甲经内外覆盖，而其他只是外部覆盖。表22.3给出了详细的结果。

表22.3 子弹成分分析

描述	观察
.22, Eley, 标准速度, 底火, .22 曳光弹头	Pb、Ba、（Al、Ca、Cu、P、Si）Pb 芯含 Ba、Sr、Mg, 含曳光成分
德国军用弹头（无细节）	黄铜覆膜 Fe 被甲 /Fe 芯
12 bore, 金属基弹壳	许多为 Sn 覆 Fe, 如 Eley
Silvalube 弹头（Mountain & Sawden）	Al 覆 Pb（痕量 Sb、Cu、Fe、Si）
9 mm P, MEN−83−25, 底火	Pb、Sb、Ba（Al、Ca、Cl、Cu、Fe、K、Si、Sn、Zn）
9 mm P, OXO43, 弹头	黄铜覆膜 Fe 被甲 /Fe 芯
9 mm P, K582Z, 弹头	黄铜覆膜 Fe 被甲 /Pb 芯
9 mm P, Ch（比利时）, 弹头	黄铜覆膜 Fe 被甲 /Pb 鞘, Fe 芯
9 mm P, SF178, 弹头	黄铜被甲 /Pb 芯（痕量 Sb）
9 mm P, 1X*51.2, 弹头	Ni 覆膜 Fe 被甲 /Fe 芯 Pb 鞘
9 mm P, Mauser, 弹头	Ni（痕量 Cu）覆膜 Fe（痕量 Mn）被甲 /Pb 芯（痕量 Sb）
.30 M1, Norma triclad, 弹头	Cu/Ni 覆膜 Fe 被甲 /Pb 芯（痕量 Sb）
.38 S&W, Kynoch, 弹头	非被甲 Pb（痕量 Sb）
.38 Equaloy, 弹头	Al 弹头, 外层（Al、Ti 主要成分, Cl、Fe、P、S 痕量成分）, 内层只含 Al
.38SPL, Winchester Silvertip, 弹头	Al 被甲 /Pb 芯

描述	观察
.38SPL, W−W Lubaloy, 弹头	Cu 被甲 /Pb 芯
.38SPL, W−W, 弹头	非被甲 Pb（痕量 Sb）
.38SPL, Kynoch, 弹头	非被甲 Pb（痕量 Sn）
.357Mag, KTW 金属穿透弹头	均质黄铜带绿色塑料（特氟龙）覆膜含 Al、Cr、Ti 主要成分，Ca、Cl、Cu、K、S、Si、Zn 痕量成分
.357 Mag, W−W Super, 弹头	实心黄铜，头部暴露部分覆以黄色塑料（特氟龙）含 Cr、Ti
.450, Eley, 弹头	非被甲 Pb
.450, Kynoch, 弹头	非被甲 Pb（痕量 Sb）
.455, Kynoch, 弹头	非被甲 Pb
7.62 NATO, RAUFOSS, 弹头	黄铜被甲 /Pb 芯（痕量 Sb）
7.62 NATO, 47−RA−77, 曳光弹头	Cu 被甲 / 尾部为 Sr、Fe，Pb 鞘，头部为 Fe 芯
.308 WIN, PMC, 底火	Pb、Sb、Ba（Al、Ca、Cl、Cu、K、S、Si）
7.9 mm, Mauser, 弹头	Cu/Ni 覆 Fe 被甲 /Pb 芯（痕量 Sb）
.30−06, SL53, AP 弹头	黄铜被甲 /Pb 鞘，Fe 芯（痕量 Mn）
12 bore, Eley International, 底火	Pb、Sb、Ba（Al、Ca、Cl、Cu、K、Fe、Mn、Ni、S、Si、Zn）注意：Fe 常为主要成分
12.7 mm, Russian 188/83 AP/I 弹头	Cu 被甲（痕量）/Pb 鞘，Fe 芯；燃烧药含 Mg、Al、Ba
7.26 NATO, L5A3, 曳光弹头	曳光成分含有 Cl、Cu、Sr（痕量 Al、Ba、Bi、Ca、Fe、K、Ni、S、Si、Zn）
.50 曳光弹头	曳光成分含有 Ba 和痕量 S
223, 84.SF, SFM, 子弹	含 Cu/Sn 易碎弹头，Al 壳，Pb、Sb、Ba 底火，单基推进剂（DPA）
.223 NATO, RORG88, ROTA 子弹	含 Cu/Si/W 易碎弹头，黄铜壳，Pb、Sb、Ba 底火，含 DPA、DBP 双基推进剂
.25 AUTO, R−R, 子弹	Cu 被甲 /Pb 芯，双基推进剂
.32 AUTO, GECO LT, 子弹	Ni 覆黄铜被甲 /Pb 芯，黄铜壳

描述	观察
.32 AUTO, RWS, 子弹	非被甲 Pb 弹头, 黄铜弹壳, Cu 底火帽, 黑火药
.32-20, UMC, 子弹	润滑非被甲 Pb 弹头, 黄铜弹壳, Cu 底火帽, 黑火药
.297-, 230, 无头印, 子弹	非被甲 Pb 弹头, 黄铜弹壳, Cu 底火帽, 黑火药带纤维填充
9 Mk, *HP*, 子弹	Fe 被甲 /Pb 芯 (痕量 Sb、Fe、Cu、Al、Si), 覆 Al 钢壳, 覆 Ni 黄铜底火帽, 推进剂含有 K、S、Pb、Sb、Ba 底火
9 mm P, CCI.NR, 子弹	Cu 被甲 /Pb 芯 (痕量 Sb、Fe、Cu、Al、Si), 覆 Al 钢壳, 覆 Ni 黄铜底火帽, 推进剂含有 K、S、Pb、Sb、Ba 底火
9 mm P, Eley 83, 子弹	Ni 覆黄铜底火帽, 黄铜壳 (痕量 Al), Pb、Sb、Ba 底火
9 mm P, SBP, 子弹	Fe 被甲 /Pb 芯 (痕量 Si、Fe); 黄铜底火帽、砧和壳; Pb、Ba 底火 (痕量 Sn)
9 mm P, *11,50,9, 子弹	Ni 覆 Fe 被甲 (痕量 Zn) /Fe 芯, 黄铜底火帽和壳; Pb、Sb、Hg 底火
9 mm P, NATO, RG85 子弹	黄铜被甲 /Pb 芯 (痕量 Si), 黄铜底火帽和壳
9 mm P, W-W, 子弹	Ni 覆黄铜被甲 /Pb 芯 (痕量 Si), 黄铜壳, Ni 覆黄铜底火帽
9 mm P, 12* 49×51, 子弹	Fe 被甲 /Fe 芯, Pb 鞘, 黄铜壳
9 mm P, SFM-THV, 子弹	实心黄铜弹头, 黄铜壳, Pb、Sb 底火
9mm P, SANDIA, 子弹	黄铜被甲 /Pb 芯 (Si), 黄铜壳; Pb、Ba 底火
9 mm P, R.P, 子弹	Cu 被甲 /Pb 芯, 黄铜壳, Ni 覆黄铜底火帽
9 mm P, GECO*, 子弹	黄铜覆 Fe 被甲 /Pb 芯, 黄铜壳, Ni 覆黄铜底火帽
9 mm P NATO, RG84.2Z, 子弹	Cu 被甲 /Pb 芯, 黄铜壳和底火帽
9 mm P NATO, FFV88, 子弹	Cu 覆 Fe 被甲 /Pb 芯, 黄铜壳和底火帽
9 mm P NATO, FNM84-12, 子弹	Cu 覆 Fe 被甲 /Pb 芯, 黄铜壳和底火帽
9 mm P, NORMA 子弹	Cu 覆 Fe 被甲 /Pb 芯, 黄铜壳, Ni 覆黄铜底火帽

描述	观察
9 mmP, WIN, 子弹	Cu 被甲 /Pb 芯，黄铜壳，Ni 覆黄铜底火帽
9 mmP, S&B, 子弹	Ni 覆 Fe 被甲 /Pb 芯，黄铜壳，Ni 覆黄铜底火帽；Pb、Sb、Ba 底火（痕量 Sn）
.380 AUTO, W–W, 子弹	黄铜被甲 /Pb 芯（痕量 Si）；黄铜壳，Ni 覆黄铜底火帽；Pb、Sb、Ba 底火（痕量 Sn）
.380 REV L345.2Z, 子弹	Cu 覆 Fe 被甲 /Pb 芯，黄铜壳和底火帽
.380 REV, K66.2Z, 子弹	Cu 被甲 /Pb 芯，黄铜壳和底火帽
.38 S&W, Kynoch, 子弹	非被甲 Pb 弹头（痕量 Sb），黄铜壳和底火帽
.38 S&W, Kynoch, 子弹	润滑非被甲 Pb 弹头（痕量 Sb），Ni 覆黄铜底火帽
.38 SPL, SBW, 子弹	非被甲 Pb 弹头（痕量 Al、Ca、Si）；黄铜壳、底火帽和砧；Pb、Sb、Ba 底火
.38 SPL, S&W, 子弹	塑料（特氟龙）全覆盖 Pb 弹头，Ni 覆黄铜壳
.38 SPL, LAPUA, 子弹	润滑非被甲 Pb 弹头，黄铜壳和底火帽
.38 SPL, W–W, 子弹	Cu 被甲 /Pb 芯（痕量 Sb），Ni 覆黄铜壳和底火帽
.38 SPL, NORMA, 子弹	Cu 被甲 /Pb 芯，Ni 覆黄铜壳和底火帽
.38 SPL, R.P, 子弹	润滑非被甲 Pb 弹头，Ni 覆黄铜壳
.38 SPL, CCI.NR, 子弹	润滑非被甲 Pb 弹头（痕量 Sb），Al 壳（痕量 Cu、Fe、Mn）
.38 SPL+P, W SUPER W, 子弹	Al 被甲 /Pb 芯，Ni 覆黄铜壳
.38 SPL+P, W SUPER W, 子弹	润滑非被甲 Pb 弹头，Ni 覆黄铜壳和底火帽，黄铜砧
.38 SPL+P, CCI.NR, 子弹	Cu 被甲 /Pb 芯（痕量 Sb），Al 壳，黄铜底火帽（痕量 Fe）；Pb、Sb、Ba 底火
.38 SPL +P, SFM–THV, 子弹	实心黄铜弹头，黄铜弹壳，Pb、Sb、Ba 底火
.357 MAG, CCI.NR, 子弹	Al 壳，Ni 覆黄铜底火帽；Pb、Sb、Ba 底火
.357 MAG, NORMA, 子弹	黄铜被甲 /Pb 芯；黄铜壳、底火帽和砧；Pb、Sb、Ba 底火

描述	观察
.357 MAG, W-W SUPER, 子弹	非被甲 Pb 弹头（痕量 Si）；黄铜壳、底火帽和砧；Pb、Sb、Ba 底火
.357 MAG, W-W SUPER, 子弹	黄铜被甲 /Pb 芯（痕量 Sb），Ni 覆黄铜壳（痕量 Al）
.357 MAG, W-W SUPER, 子弹	黄铜被甲 /Pb 芯（痕量 Sb），Ni 覆黄铜壳和底火帽
.45 ACP, WAR 68, 子弹	Cu 覆 Fe 被甲 /Pb 芯，黄铜壳和底火帽
.45 ACP, WCC73, 子弹	Cu 覆 Fe 被甲 /Pb 芯，黄铜壳和底火帽
.45 ACP, SF14.56, 子弹	黄铜被甲 / Pb 芯，黄铜壳和底火帽
.45 ACP, NF45*, 子弹	Cu 被甲 / Pb 芯，黄铜壳和底火帽
.45 ACP, RA68, 子弹	Cu 覆 Fe 被甲 /Pb 芯，Ni 覆黄铜壳和底火帽
.45 ACP, R.P., 子弹	Cu 被甲 /Pb 芯，Ni 覆黄铜壳
.45 ACP, W-W, 子弹	Cu 被甲 /Pb 芯，黄铜壳
.30 Mauser, Kynoch, 子弹	Cu 被甲 /Pb 芯（壳上有"K"标记），黄铜壳
.30MI, DAG.VL, 子弹	Cu 覆 Fe 被甲 /Pb 芯，黄铜壳
7.9 STEYER, 无头印, 子弹	Ni 覆 Fe 被甲 /Pb 芯，黄铜壳
.223, FN79, AP 子弹	Cu 被甲 / 钢穿透，带 Pb 鞘，黄铜壳
.223, FNB83, 子弹	Cu 被甲 /Pb 芯带钢尖，黄铜壳和底火帽
.223, TW72, 子弹	Cu 被甲 /Pb 芯，黄铜壳和底火帽
.223, LC72, 子弹	Cu 被甲 /Pb 芯，黄铜壳和底火帽
7.62 × 39, VPT73 子弹	Cu 被甲 /Pb 芯，黄铜壳
7.62 ×39, BXN51, 子弹	Cu 覆 Fe 被甲 / 钢芯带 Pb 鞘，色漆钢壳，黄铜底火帽
7.62 NATO, RG84, 子弹	Cu 被甲 /Pb 芯，黄铜壳
7.62 NATO, 47-RA-74, 子弹	Cu 被甲 /Pb 芯，黄铜壳
7.62 NATO, FN78, 子弹	Cu 被甲 / 钢穿透带 Pb 基，黄铜壳
7.62 × 51, LB78, 子弹	黄铜被甲（痕量 Ni）/Pb 芯，黄铜（痕量 Al）壳和底火帽；Pb、Sb、Ba 底火
7.62 × 51, 89-070, AP, 子弹	黄铜覆 Fe 被甲 / 硬钢芯，底部包 Al 杯，黄铜壳和底火帽

描述	观察
.30-06, K53 子弹	黄铜覆 Fe 被甲 /Pb 芯，黄铜壳和底火帽
.30-06, K58, 子弹	黄铜覆 Fe 被甲 /Pb 芯，黄铜壳和底火帽
.30-06, DM42, 子弹	黄铜覆 Fe 被甲 /Pb 芯，黄铜壳和底火帽
.30-06, K54, 子弹	黄铜覆 Fe 被甲 /Pb 芯，黄铜壳和底火帽
7.62 NATO, 12-RA-78, 曳光弹头	Cu 覆 Fe 被甲 /Pb 头，曳光成分含 Sr、Mg、Cl，曳光点火成分含 Sr、Cu 和痕量 Zn，底部用 Cu 圆片包裹
.38 SPL, WCC, 底火	Pb、Sb、Ba (Al、Ca、Cu、Fe、K、Mn、Ni、S、Si、Ti、Zn)
.357 MAG, FEDERAL, 底火	Pb、Sb、Ba (Ca、Cu、K、Fe、Mn、Ni、S、Si、Ti、Zn)
.357 MAG, HP, 底火	Pb、Sb、Ba (Ca、Cu、K、Fe、Ni、S、Si、Ti、Zn)
9 mm P NATO, RG83, 底火	Pb、Sb、Ba (Al、Ca、Cu、Fe、S、Si、Ti、Zn)
.32 ACP, S&B 底火	Pb、Sb、Ba (Ca、Cu、Fe、K、Mn、Ni、P、S、Si、Ti、Zn)
7.65 mm, GECO, 底火	Pb、Sb、Ba (Al、Ca、Cu、Fe、K、Mn、Ni、S、Si、Sn、Ti、Zn)
.30 MI, DAG, 底火	Pb、Sb、Ba (Ca、Cu、Fe、K、Mn、P、S、Si、Ti、Zn)
.30 MI, WINCHESTER, 底火	Pb、Sb、Ba (AL、Ca、Cu、Fe、K、Mn、S、Si、Ti、Zn)
TW 72, .223 " 口径子弹	Cu、Zn 被甲 /Pb 芯（痕量 Al）；Cu、Zn 底火杯；Pb、Sb、Ba 底火；含 DPA、DNT、邻苯二甲酸酯塑化剂的双基推进剂
WRA70, .223 " 口径子弹	Cu、Zn 被甲 /Pb 芯（痕量 Sb）；Cu、Zn 底火杯；Pb、Sb、Ba 底火；含 DPA、DNT、邻苯二甲酸酯塑化剂的双基推进剂
LC 72, .223 " 口径子弹	Cu（痕量 Al）被甲 /Pb 芯（痕量 Al）；Cu、Zn 底火杯；Pb、Sb、Ba 底火；含 DPA、DNT、邻苯二甲酸酯塑化剂的双基推进剂

描述	观察
FNB 83, .223 " 口径子弹	Cu、Zn 被甲 /Pb 芯（痕量 Al），Fe（痕量 Al）穿透； Cu、Zn 底火杯；Pb、Sb、Ba 底火；含 DPA、 DNT、邻苯二甲酸酯塑化剂的双基推进剂

注：枪支 / 子弹相关缩写见词汇表。

子弹分析结果的解释

子弹的定量分析为获得一般结论提供了很好的数据库。第 3 部分的文献综述主要得到图 22.1、图 22.2 和表 22.1~ 表 22.3 分析结果的支持。

黄铜是最常见的弹壳和底火杯材料，第二常见的弹壳制造材料是钢。遇到的软铜底火杯都是来自旧的含有黑火药的子弹。

铜合金弹头被甲是迄今为止最常见的，覆铁被甲也经常使用。铅是迄今为止最常用的弹芯材料，还常用碲硬化，但是没有原来设想的常见，在弹头中只有 25% 检出碲。只有 1 例弹头检出用锡硬化。在曳光弹头中还同时检出钡、锶、镁、铁、氯等元素。

综述提出，二苯胺（DPA）是单基推进剂中最常见的稳定剂，而乙基中定剂（EC）是双基推进剂中最常见的稳定剂。表 22.1 和表 22.2 显示 DPA 及其衍生物出现在大多数的推进剂中：94.5% 的单基和 82.5% 的双基推进剂。乙基中定剂和 DPA 常常同时出现，而 EC 单独出现在约 2% 的单基和约 14.5% 的双基推进剂中。必须记住这些射击过的推进剂，其来源很大程度上未知，数据仅限于北爱尔兰；所以百分比数据必须小心看待。甲基中定剂出现在约 8% 推进剂中，根据文献可能用作塑化剂或温和剂。甲基中定剂总是和别的塑化剂如影相随，很可能是温和剂而不是塑化剂。在 3 个推进剂中检测到磷酸三丁酯，而在文献中没有提到过，其功能还不确定，但是在一些工业过程中被用作塑化剂。另外，综述中提到的许多化合物作为推进剂成分在推进剂中没有检测到。但是必须记住，表22.1和表22.2中的推进剂只是北爱尔兰发过的推进剂的一小部分。

分析过的推进剂主要来自用手枪射击膝盖报复（kneecapping）的事件中。共分析了194个推进剂，其中92个是单基。边缘发火的子弹和步枪很少用于此类案件。

从北爱尔兰收集的子弹覆盖了超过50年时间的子弹制造跨度，许多残留在射击过的弹壳内的残留物得到分析。检验的残留物不一定完全来自底火，因为推进剂和弹头底部都可能有贡献。但是，在大多数实例中残留物似乎反映了底火的类型。一个更加令人满意的测定底火种类的方法是除去和打开射击过的底火帽，用SEM/EDX测定内部的底火种类。这在办案时并不实际，因为这意味着破坏证据，并且费时耗力，在大多数情况下没有必要。更令人满意的方法是从实弹中取出弹头和推进剂，激发底火，然后对射击过的弹壳取样。但是，在案检中提取案件中射击过的弹壳，因为不能假设同样口径和头部印记的子弹就有相同的组成。

从参观不同军火制造厂获得的信息表明，厂家会使用当时可以得到的任何来源的任何材料完成订单，提供满足弹道性能需要、不产生对枪支造成损害的残留物的产品。在战争年代，材料的短缺意味着生产商使用材料的许多变化。由于这些原因，假定子弹成分和组成不变，即使是对同样的口径和制造商进行比照，都是不明智的，因为不同批次之间组成和成分都可能变化。具有同样头部印记的子弹的差异可以见表22.3，如 .38 Special Winchester Western 和 .357 Magnum 口径和图22.2中 .30 MI caliber VE 54 F 1 和 VE 2–61 S。

底火分析支持东欧国家常用雷汞底火，值得注意的是这同样适用于法国制造的子弹，至少在涉及的这段时间。根据文献，从1898年起美国军用子弹不再含有雷汞，但是雷汞又于晚些时候用于一些美国商业底火中。虽然图22.1和图22.2中的子弹数据强烈支持这一点，但也有异常，如30-06 caliber SL-42、.30M 1 caliber RA 42、.303 " caliber WRA 41和43以及 WCC 1940、.45 ACP caliber RA 42，所有这些都含有汞并生产于战争年代。

13年间（1975—1987年）遇到的底火类型详细结果见表22.4，检验了1300个射击过的弹壳，涉及310种不同的头印和58家制造商，基于案件检验结果，部分结果见图22.1、图22.2和表22.3。

底火可以分为6类：（a）腐蚀性含汞（氯酸钾和雷汞），（b）无腐蚀性含汞（硝酸钡代替氯酸钾），（c）腐蚀性不含汞（斯蒂芬酸铅代替雷汞），（d）无腐蚀性无汞（现代 Sinoxyd 类），（e）不常用/其他底火组成，以及（f）最近无毒的底火（Sintox）。

表22.4中射击过的弹壳没有检测到钾和氯，难以解释含氯酸钾。然而，表22.4不支持第9章中概述的底火开发历史。

第（f）类 Sintox 底火可以排除不予考虑，因为其使用较晚，在案件中还没有遇到。（a）类中汞可能出现，钡可能不出现。从表22.4可知，大约76.5%的含汞底火有腐蚀性。（b）类中汞和钡都可能出现。因此，大约23.5%的含汞底火是无腐蚀性的。

（c）类可能不出现汞和钡，可能会出现铅。现代类型的底火可能是铅、碲、钡；以及铅、钡。据此，这段时间案检涉及的底火类型某种程度上的推测是：

约67.5% 现代底火；

约24% 雷酸汞底火；

约6% 无汞但有腐蚀性的底火；

约2.5% 其他底火。

这也支持底火开发的历史。

这些数据反映了1988年前的情况。随着恐怖主义双方获得大量

表 22.4 射击过的弹壳中 Pb、Sb、Ba、Hg 分析

口径	Pb/Sb/Ba	Pb/Ba	Pb/Sb	Sb/Hg	Pb/Ba/Hg	Pb/Ba/Sb/Hg	Pb/Sb/Hg	Pb	Sb	Pb/Hg	Ba/Sb/Hg	头印数
.22 LR	2	37	4	–	–	–	–	5				7
.32 ACP	42	7	3	–	–	–	–					1
9 mm P	103	15	3	26	–	7	31				3	58
9 mm K	46	34	7	8	–	–	–					28
.380 Rev	18	4	–	–	–	2	2					10
.38 Special	12	–	–	–	–	–	–					5
.223	278	3	11	1	–	–	–	3				25
8 mm Mauser	–	–	–	1	–	–	8					2
.30 MI	34	12	1	34	–	32	10		27		2	31
.30-06	49	2	18	4	–	2	5		1		2	21
.303	4	1	3	15	1	6	28			2		34
7.62×39 mm	16	–	9	33	–	–	–	4	3			14
7.62×51 mm	54	3	1	2	–	–	–					20
.45 ACP	61	3	1	1	2	1	2					16

口径	Pb/Sb/Ba	Pb/Ba	Pb/Sb	Sb/Hg	Pb/Ba/Hg	Pb/Ba/Sb/Hg	Pb/Sb/Hg	Pb	Sb	Pb/Hg	Ba/Sb/Hg	头印数
.450 Rev	–	–	–	–	–	–	9			3		3
.450 Rev	3	1	–	–	–	11	9					11
12 Bore	24	7	3	–	–	–	–					10
其他	57.35	–	3	–	–	1	–	2	1	1		5
总计	749	129	66	125	3	62	104	14	35	6	7	310
%	57.5	10.0	5.0	9.5	<0.5	5.0	8.0	1.0	3.0	0.5	0.5	

注：见枪／子弹相关缩写见词汇表。

军火，从1988年3月起 IRA（爱尔兰共和军）和相关集团常使用7.62
× 39 mm caliber AKM 类步枪和 Yugoslavian nny 82 子弹，而政府军
军事集团使用7.62 × 39 mm caliber VZ 58P 步枪和 Chinese 351/73
子弹。

用之前详细描述的方法分析 nny 82 子弹显示其使用含汞腐蚀性
底火。分析 Chinese 351/73 子弹揭示其含有铜覆铁被甲弹头、铁芯
铅尖头，弹壳为钢，黄铜底为棕色色漆上色的火帽，推进剂为单基
含 DPA、2 种硝基二苯胺、樟脑，不含无机添加剂。射击过的底火
按从高到低顺序依次含碲、钾、氯、硫、铁、锰、磷、锌和铅（铅、
碲、汞类）。

近年经常使用两种子弹显著地提高了涉及使用雷酸汞底火子弹
枪击案的比例。使用单基推进剂的枪击案的比例也显著增加。值得
注意的是两种推进剂都含有樟脑。

参考文献

186.T.G.Kee, D.M.Holmes, K.Doolan, J.A.Hamill, and R.M.E.
Griffin, The identification of individual propellant particles, *Journal of
the Forensic Science Society* 30（1990): 285.

23　含汞子弹

颗粒分类法，如参考文献[187]所述，不包括雷酸汞作为底火的子弹；最近在北爱尔兰经常遇到东欧制造的雷酸汞底火的子弹。

在案件检验中检测枪击残留物时，涉及的子弹即使已知含有汞，颗粒含的汞也很少。这点已经被关注了很多年，在很多案件中都是如此。原因可能是汞的挥发性、汞的化合物雷酸汞的分解、在底火帽或弹壳中通过与锌汞齐化而损失。当射击含有雷酸汞底火的旧子弹，由于汞和锌汞齐化，造成黄铜变脆，出现一些弹壳碎裂，这种情况并不少见。

为了弄清含汞子弹的情况，做了一系列的实验，收集了一些案件统计数据。

发生的频度

为了确定含汞 FDR 颗粒出现的频度，检验了即刻收集的含雷酸汞底火的子弹残留物，结果见表23.1。在首发射击中，一小部分颗粒还含有下列元素：钴（痕量）、镁（痕量）、镍（痕量）、硫（次要和痕量）。

1~7 发射击中检测的含汞颗粒类型见表23.1和表23.2。正如表23.1中看到的，即使即刻采集残留物，含汞颗粒的比例也很低。注意到有趣的是，在第一次射击中，子弹为非被甲弹头，产生的只含铅的颗粒比预期的少得多，但是确实产生了大量的铅、碲颗粒。这说明主要的铅、碲颗粒来自弹头，而不是来自底火。

在其他场合，对含汞子弹进行了射击试验，迅速采集，样品用 SEM/EDX 法分析，结果在所有颗粒中都没有检测到汞。根据对射击过的弹壳内部进行提取，其中 1 个这样的试验涉及射击的子弹底火中含有碲和汞。在其他任何射击颗粒中都没有检测到汞，但一些颗粒中检测到铅和钡。铅被认为来自弹头（FMJ），来自推进剂的无机添加剂。这支持了子弹中任何东西都能对枪击残留物的组成产生贡献的观点。任何颗粒中的锡都说明底火含有汞，锡来自密封雷酸汞的锡箔圆片（锡也应用于现代子弹，如存在于 Sellier & Bellot 的一些推进剂中）。

案检中含汞颗粒

环境中含汞颗粒相对少见。之前测定的唯一非子弹来源是补牙填料。快速查询使用汞的文献显示，汞用于杀菌剂、汞齐、催化剂、特殊模具（和铅、锡一起使用）、补牙、电气设备、电解制造氯和氢氧化钠、政府或化学实验室、油漆（防霉、防污染）、纸浆（黏稠抑制剂）、制药（软膏、杀菌剂、利尿剂）、制造温度计气压计、木材防腐、摄影和制造雷酸汞。表 23.3 中展示了涉及使用雷酸汞底火子弹案件中检测的部分代表性含汞颗粒及其组成类型的变化。

射击后汞的分布

检验了具体子弹类型，测定总汞含量，结果见表 23.4。

检验射击过的来自同样的子弹类型的弹壳，测定弹壳内汞的含量，结果见表 23.5。

用同样的子弹类型，测定弹孔周围沉积的汞的量，结果见表 23.6。

当弹头穿过目标，测定留在弹头上汞的含量，结果见表23.7。

测定射击后留在枪上汞的量，结果见表23.8。

这些试验给出了一颗子弹射击前含有的总汞的估计（4070 μg）和沉积在弹头上的量（2.15+16.78=18.93 μg），留在弹壳里的量（533 μg），留在枪里的量（6.5 μg）。汞量的差值～3511 μg（85%）在射击过程中释放到环境中了。为了确定有多少部分的汞能够用 SEM/EDX 法检测到，进一步设计了试验。开始试验包括底火枪击残留物检验，以确定在1 μm 以上颗粒中多大比例的汞可以被测定（见图23.1），结果在表23.9中给出。

表 23.1 含汞颗粒出现频度

子弹	Pb、Sb、Ba	Sb、Ba	Ba、Ca、Si	Pb、Sb	Pb、Ba	Pb	Sb	Ba	黄铜	Fe主要成分	其他	Hg	颗粒总数
1. 非被甲 K.455 2Z Pb、Sb、Ba、Hg	1 <0.5%	无 —	无 —	218 71.0%	2 0.5%	45 14.5%	1 <0.5%	1 <0.5%	2 0.5%	17 5.5%	3 1.0%	16 5.0%	306
2. FMJ(Cu) K64 6Z Pb、Sb、Ba、Hg	22 11.0%	1 0.5%	无 —	30 15.0%	1 0.5%	88 45.0%	1 0.5%	3 1.5%	6 3.0%	33 17.0%	11 5.5%	无 —	196
3. FMJ(Cu) K58 6Z Pb、Sb、Ba、Hg	7 2.0%	无 —	无 —	193 65.0%	4 1.0%	36 12.0%	3 1.0%	3 1.0%	8 2.5%	33 11.0%	无 —	8 2.5%	295
4. FMJ(Cu) RG56 9 mm 2Z Pb、Sb、Ba、Hg	8 2.5%	无 —	2 0.5%	13 4.5%	8 2.5%	139 47.0%	无 —	1 <0.5%	9 3.0%	99 33.5%	15 5.0%	1 <0.5%	295
5. FMJ(Cu) RG59 9 mm 2Z Pb、Sb、Ba、Hg	11 3.5%	1 <0.5%	1 <0.5%	24 8.0%	20 6.5%	103 34.5%	2 0.5%	无 —	25 8.0%	81 27.0%	27 9.0%	3 1.0%	298
6. FMJ(Cu) RG55 9 mm 2Z Pb、Sb、Ba、Hg	14 5.0%	无 —	3 1.0%	42 14.0%	9 3.0%	101 34.5%	— —	1 <0.5%	30 10.0%	63 21.5%	23 8.0%	5 1.5%	291
7. FMJ(Cu) RG56 9 mm 2Z Pb、Sb、Ba、Hg	24 8.0%	2 0.5%	10 3.5%	39 13.0%	27 9.0%	84 28.5%	1 <0.5%	1 <0.5%	35 12.0%	52 18.0%	19 6.5%	1 <0.5%	295

注：见枪支 / 子弹相关缩写词汇表。

表23.2　含汞颗粒

主要成分	次要成分	痕量成分	颗粒类型
Pb	Si、Sb	Cl、K、Cu、Fe、Hg	Pb、Sb、Hg
Pb、Sb	—	Cu、K、Si、Cl、Zn、Hg、Fe	Pb、Sb、Hg
3×Pb	Si	Cl、Sb、Cu、Hg	Pb、Sb、Hg
Pb	Sb、K、Cl、Si、Al	Cu、Zn、Hg	Pb、Sb、Hg
Pb	Sb、Si、Al	Cu、Hg	Pb、Sb、Hg
Pb	Sb、Cl、K、Si	Cu、Fe、Zn、Al、Hg	Pb、Sb、Hg
Pb、S、Sb、K、Cl	Si、P、Al、Cu	Hg、Fe	Pb、Sb、Hg
Sb、Pb、S	Cu、Si、Al、K、Cl	Fe、Zn、Hg	Pb、Sb、Hg
Si、Al	K、Ca、Fe	Hg	Hg
Pb、Cl	Sb、K、Si	Cu、Co、Hg	Pb、Sb、Hg
Pb、S	Sb、Si	Cu、Fe、Hg	Pb、Sb、Hg
Pb、S、Cl、K、Sb	Si	Cu、Hg	Pb、Sb、Hg
Pb、S	Si、Sb、Cl	K、Mg、Cu、Fe、Hg	Pb、Sb、Hg
2×Pb、S、Sb	Cu	Cl、Hg	Pb、Sb、Hg
Pb、Cl、Sb	K	Cu、Si、Fe、Hg	Pb、Sb、Hg
Pb、S、Sb	Cl、K	Cu、Fe、Hg	Pb、Sb、Hg
Pb、S	Sb、Cu	Si、K、Hg、Fe、Cl	Pb、Sb、Hg
Pb、S、Sb	Cu	Si、Hg、Fe、Cl	Pb、Sb、Hg
2×Pb	Sb	Cu、Cl、K、Fe、Hg	Pb、Sb、Hg
Pb	Sb、Hg	Cu、Si	Pb、Sb、Hg
2×Pb	Cu、Zn	Hg、Si	Pb、Hg(Sn)
Ba、Ca、Si	Pb、S	Cl、K、Cu、Hg	Pb、Ba、Hg
Pb、S、Sb、Ba	Si、K、Cl、Cu	Zn、Fe、Hg	Pb、Sb、Ba、Hg
Pb、S、Sb、Ca、Cu	Ba、Cl、K、Si、Fe	Zn、Hg	Pb、Sb、Ba、Hg
Pb	Si、Sb、Hg	Cl、Cu	Pb、Sb、Hg
Pb、S	Sb、Hg、Cu	Si、Zn、Fe	Pb、Sb、Hg
Pb、Sb	Hg、Cl	Si、Fe、Cu、Zn	Pb、Sb、Hg

主要成分	次要成分	痕量成分	颗粒类型
Pb、S、Sb	Hg	Cu、Si、Cl	Pb、Sb、Hg
Pb、S、Sb	K、Cl	Cu、Hg	Pb、Sb、Hg

表23.3 案件中含汞颗粒

主要成分	次要成分	痕量成分	颗粒类型
Si、Pb、Fe	Ca、K、Cl	Cu、Hg	Pb、Hg
Sn	Cu	Zn、Hg	只含Hg
Sb、Sn、Cl、S	—	Fe、Cu、Hg	Sb、Hg(Sn)
Hg	Cu、Zn	Cl、K、Ca	Hg
Hg、Cu、Zn	Sb、Zn	Cl	Sb、Hg
Hg	—	Cu、Zn	只含Hg
Hg	—	Cu、Zn、Si、Cl	只含Hg
Hg	Cl、K	Sb、Cu	Sb、Hg
Hg、S、Sb	K、Cl、Cu	Si	Sb、Hg
Hg	Cl、K、Cu、Sb	Zn、Si	Sb、Hg
Sb	Cu、Hg、Cl	—	Sb、Hg
Sb、Hg	Cl、Cu	K、Zn	Sb、Hg
Hg	Sb、Cu、Cl、K	Zn、Si	Sb、Hg
Sb、Cu、Hg	Cl	K	Sb、Hg
Sb、Cl、Cu、S、Hg	K、Si	Zn、Al	Sb、Hg
K、Cl	Hg、S、Cu	Sb、Si	Pb、Hg
Si、Pb	Ca、Cl	Al、P、Hg、K、Ti	Pb、Hg
Hg	Ca、Si	Al、K、Fe、Cu、Zn、Ti、Mg	只含Hg
K	Hg、S、Sb、Cu	Si、Zn	Sb、Hg
Sb、Cl	K、Hg、S、Cu	Si、Al、Zn	Sb、Hg
Si	Ca、Hg、Ag、Al	Fe、Cu	补牙成分
Pb、Sb、Hg、Ca	Si、Cu、Cl、Fe、Al	K、Mg、Cr、Ti	Pb、Sb、Hg
Hg、Sb	Cu	K、Cl、Zn	Sb、Hg
Sb	Hg、Cu	Cl、Si	Sb、Hg
Cu、Cl	Hg、K、Sb、Zn	—	Sb、Hg
Cu、Hg、Sb	K、Cl	Zn	Sb、Hg

主要成分	次要成分	痕量成分	颗粒类型
Cu、S、Sb	K、Cl	Zn、Al、Hg	Sb、Hg
Hg、Cu	Zn、K、Cl	Si、Fe	只含 Hg
Hg、Cl	Cu、Zn	K、Si	只含 Hg
Cu、Zn	Cl、Sb、Pb、Hg	K、Si	Pb、Sb、Hg
Cu	–	Cl、Hg、Pb、Zn	Pb、Hg
Hg、Pb、Cu、Sb、Cl	–	Zn	Pb、Sb、Hg
Hg、S、Cl、K、Sb	Cu	–	Sb、Hg
Hg	–	Cl、K、Sb	Sb、Hg
Cl、K、Hg	Sb	Cu	Sb、Hg
Sb、Hg、S	Cu	Fe、Cl	Sb、Hg
Sb、Hg、S	K	Ba、Fe	Sb、Ba、Hg
Sb	K、Hg、S、Cl	–	Sb、Hg
Sb、Sn	Cu	Hg、Cl	Sb、Hg(Sn)
Sb	S、Sn	Cu、Hg、Al	Sb、Hg
Cl、K	Hg、S、Sb、Cu	Si、Zn	Sb、Hg
Cl、K、S、Hg、Sb	Cu、Si	Al、Zn	Sb、Hg
Sb、K、Cl、Pb、S	Cu、Al、Hg	–	Pb、Sb、Hg
Pb、S、K、Sb、Cl	Al、Cu	Si、P、Hg、Zn	Pb、Sb、Hg
Cu、Cl、Zn、Hg、Pb、S	K、Sb	–	Pb、Sb、Hg
Pb、S	Sb、Cl、K、Si、Hg	Cu、Zn、Fe	Pb、Sb、Hg
Pb、Sb	Hg、Cu	Si、Al	Pb、Sb、Hg
Hg、Si、Ca	Fe、Cu、Zn、K、Al、Mg、Cl	–	只含 Hg
Sb、Si	S、Cl、K、Ti、Al、P、Fe	Hg、Cu、Zn	Sb、Hg
S、Pb、Hg、Sb、Si	Fe、Al、K	Cu、Cl、Mg	Pb、Sb、Hg
Hg、S	Al、Si、K、Ca、Fe、Cu	–	只含 Hg
Pb、Hg、Sb、Ca	Si、Cu、Cl、Fe、Al	K、Mg、Cr、Ti	Pb、Sb、Hg
Pb、Hg、Cu、Sb	K、Cl、Ba	Al、Zn	Pb、Sb、Ba、Hg

主要成分	次要成分	痕量成分	颗粒类型
Cu、Sb	Pb、Hg	Cl、K、Al	Pb、Sb、Hg
Sb、Cl、Cu、S、Hg	K、Si	Zn、Al	Sb、Hg
Hg	Si、Ca	Al、Fe、Cr、K、Cu、Zn	Hg
Hg	Cl、K、Cu、Sb	Zn、Si	Sb、Hg
Hg、S	Si	Ca、Ti、Mg、Fe、Cu	Hg
Pb、Sb	Ca、Hg、Cl、Cu	K、Fe	Pb、Sb、Hg
Hg、Ca	Si、Al	K、Fe、Cu、Zn	只含Hg

表 23.4 总汞含量

样品号	汞（μg）	平均（μg）
1	3850	
2	3500	
3	3900	
4	4150	
5	4200	4070
6	4550	
7	4450	
8	4150	
9	4050	
10	3750	

表 23.5 留在射击过的弹壳内的汞

样品号	汞（μg）	平均（μg）
1	490	
2	710	
3	555	
4	470	
5	465	
6	695	
7	550	
8	405	533
9	680	
10	520	
11	510	
12	545	
13	460	
14	510	
15	425	

表23.6 弹头拭子上的汞

样品号	汞（μg）	平均（μg）
1	1.32	
2	2.95	
3	3.00	
4	1.85	
5	1.51	2.15
6	2.10	
7	2.23	
8	2.17	
9	2.35	
10	1.97	

表23.7 留在弹头上的汞

样品号	汞（μg）	平均（μg）
1	11.6	
2	20.8	
3	10.2	
4	20.8	
5	13.9	16.78
6	17.7	
7	16.3	
8	17.7	
9	14.2	
10	14.6	

表23.8 留在枪上的汞

样品号	汞（μg）	平均（μg）
1	5.7	
2	7.1	6.5
3	6.8	
4	6.3	

表23.9 底火射击汞水平

测试编号	弹壳（μg）	滤膜（μg）	液体		
			捕集阱1（μg）	捕集阱2（μg）	捕集阱3（μg）
1	969.0	51.6	225.0	23.6	8.1
2	1030.0	50.9	271.0	30.3	9.7
3	941.0	73.0	277.0	28.2	7.9

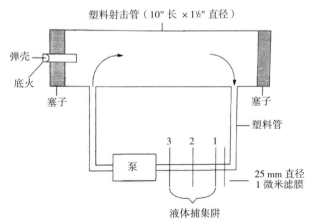

图 23.1 底火射击取样系统

平均结果显示，大约24%的汞留在弹壳/底火帽中，大约7%的汞收集自液体捕集阱，只有1.5%的汞出现在滤膜上。大约68%的汞以大颗粒物质呈现，一定是沉积在枪管内。

留在射击过的弹壳内汞的浓度比之前的经验高得多。这个试验没有再现射击子弹时的条件，射击子弹时温度和压力高得多，还有击发子弹时可能有吸引作用。为了模拟真实条件，又设计了进一步的试验（见图23.2）。

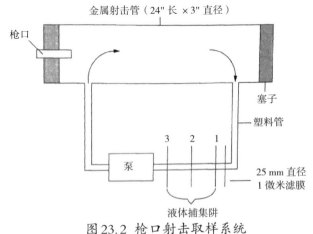

图 23.2 枪口射击取样系统

这个试验射击一发完整的子弹，然后检验从枪口射出的枪击残留物。检验的主要目标是测定 SEM/EDX 法可能检测的含汞枪击残留物颗粒物质的比例，结果见表23.10。

从枪口射出的枪击残留物 SEM 能检测到的比例（三次测试）分别为12.2%、11.7%、13.5%。给定实验误差范围，这些数据能很好地重复。滤膜和液体捕集阱之间，在滤膜上的分布分别为17.7%、17.2%、20.2%。

最后用与前面实验同样的泵、滤膜和捕集阱，研究和检验了能够用 SEM/EDX 检测到的含汞颗粒（见图23.3），结果见表23.11。

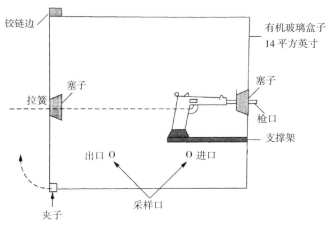

图 23.3 后座残留物采样箱

结果显示，从枪托部位逸出的汞为6.60 μg（不考虑射击过的弹壳），其中48% 为颗粒（大约40% 保留在滤膜上）。表23.12给出了射击后测得的汞的定量分布的汇总。百分数是根据原来量4070 μg 计算的。

48.73% 的回收率不能令人满意。原来子弹中所含的汞量的变化（见表23.4）可能是由于长时间内雷酸汞的分解，这些子弹制造于

1943年。这个变化也是残留在射击过弹壳内的量变化的主要因素。理想的做法应该用最近生产批次的子弹，但是无法得到，在英国获得近期生产的手枪口径的子弹很困难。从开始就知道子弹中汞水平的变化将会产生大的回收百分误差，大约在 ± 16%。但是主要目标是枪击残留物中含汞颗粒的消失，所以主要担心是用 1 μm 孔径滤膜对颗粒物质的回收。

正如所料，数据确认主要残留物从枪口发出，只有12%出现在滤膜上，55.5%在液体捕集阱里被检测，剩余的保留在设备中。最重要的方面是，从枪托部发出的枪击残留物，其中一部分很可能沉积在射击者身上。只检测到6.6 μg的汞（不包括射击过的弹壳），其中滤膜上的占39.1%，液体捕集阱内的占52%，剩余的可能残留在射击箱内。射击箱出现射击过的弹壳已经造成汞保留在箱内，或对残留在箱内的汞量有贡献。

只有底火的射击试验产生了有趣的结果：只有1.5%的汞留在滤膜上。射击过的弹壳比正常枪支射击的弹壳上汞的浓度更高。这被认为是由于无子弹射击和有子弹射击的温度和压力有很大的差异，而且无子弹没有子弹射出时的吸引作用。射击过的子弹的退膛和撞击地面时可能导致含汞颗粒从其表面脱落。试验中只有弹壳的内表面暴露于枪击残留物，因为外表面被橡胶塞包围，而枪支正常使用的弹壳外表面可能也暴露于残留物沉积的环境。

表 23.10 枪口枪击残留物中汞水平

测试编号	内管（μg）	滤膜（μg）	液体		
			捕集阱1（μg）	捕集阱2（μg）	捕集阱3（μg）
1	444.0	171.0	786.0	6.92	3.66
2	521.0	194.0	919.0	10.70	4.10
3	403.0	165.0	641.0	6.12	4.11

表23.11 底火射击汞水平

测试编号	内盒（μg）	滤膜（μg）	液体		
			捕集阱1（μg）	捕集阱2（μg）	捕集阱3（μg）
1	0.68	2.05	2.56	0.51	0.11
2	0.50	3.01	2.97	0.55	0.11
3	0.57	2.73	2.55	0.73	0.19

　　设想和其他实验相比，颗粒来源只有底火，射击管的体积很小，提取效率应该增加，滤膜上低浓度的汞令人吃惊。这倾向提出主要的汞存在于大颗粒中，这些颗粒沉积于射击管，因为颗粒太大无法被泵循环。

　　底火是汞的来源；平均量为4070 μg，相当于大约5775 μg雷酸汞，在高温和高压下燃烧，主要从枪口射出。实验中使用的手枪遵守反冲原理。这包括用气体压力移动滑块向后运动，将射击过的弹壳退出弹膛。排弹机构将射击过的弹壳通过排出口排除，滑块在弹簧压力下向前运动，从弹匣将另一发子弹上膛。在正常环境下由于反吹气体很容易沉积到射击者身上。表23.13给出了滤膜上和液体捕集阱中检测到的汞的数量的比较。

　　底火发射残留物和枪口残留物在滤膜和液体捕集阱上的比例相当一致，而后座残留物比例差异较大，在滤膜上残留的汞的含量较高，这难以解释。三个实验应该类似，所以这不可能。

　　射击过底火和弹头后，在发射管内有残渣，是含有颗粒物质的烟灰。使用后滤膜都变脏了，有灰色/黑色残留，但是放大镜观察在滤膜表面没有大的颗粒。有三类残留物：没有被采样系统运送的大颗粒，通过采样系统运送的大于1 μm的小颗粒，能够通过滤膜留在液体捕集阱里的蒸气或亚微米颗粒。

　　很明显，在后座发射实验中对颗粒物质有浓缩作用。当枪发射一发子弹，产生较大的压力，压力作用于各个方向包括向后方向。

弹壳向后对枪托的压力推动滑块向后。这种始于发射过程的向后的压力可能也含有大量底火颗粒，产生向后运动的含较多底火颗粒的射击残留区域。不管出于什么原因，从后座发出的残留物比枪口射出物含有较小可以检测颗粒的浓度较高。

从试验可以清楚地看出，大量汞以蒸气/亚微米颗粒形式出现，因此无法被 SEM 检测到。大部分汞以大颗粒物质呈现，因为从枪口射出，离射击者距离较远，不大可能沉积在射击者身上。只有 2.6 μg 汞从后座逸出，可能只有 0.55 μg 出现在采样箱中（可能来自射击过的弹壳），有可能出现在射击者身上被检测到。现实中只有很少部分沉积在射击者身上，因为它还向各个方向散布。假如即刻采集在理想的实验室条件下室内射击的残留物中含汞颗粒的比例都很低，那么案件中含汞颗粒很少就没什么惊奇的了。

实施实验的性质决定了涉及大量实验误差。所有设备空气密封，所有操作、提取、清洗等需尽可能小心。尽管小心翼翼，产生的汞的回收百分率还是很低。一些汞很可能被金属（射击管）、橡胶（塞子和垫圈）、塑料（管道）、玻璃（液体捕集阱）吸附/吸收而损失。一些汞射击后可能通过手枪损失，因为手枪不是气密的。射击和吸附采样后，清洗射击管很困难可能也没有效果，没有想要清洗液体捕集阱上的玻璃管道，也没有清洗塑料管道。子弹离开射击管在上面的颗粒可能无法排除。可能从子弹表面损失的少量汞已经进入了收集介质中。

实验使用的泵功率不是很大（18 l/min）。这是有意的选择，大功率泵可能使大颗粒进入采样系统，但是不符合实际情况，因为大颗粒不可能在空气中停留很长时间。

尽管有实验误差，很明显高百分比的汞（86%）释放到空气中了，大多数通过枪口。从枪口发出的大多数汞 SEM 检测不到。从后座发出的低百分比（0.16%）的汞中只有40%能被 SEM 检测到。

实验显示，汞主要以亚微米／蒸气形式和大颗粒形式存在，不可能沉积在射击者身上。所有这些观察解释了含汞射击残留颗粒为什么很少。含汞射击颗粒在射击者身上的稀少也被其他作者证实[188]。

令人吃惊的结果是弹头通过一叠纸后，留在弹头上和弹头回收介质上汞的量。汞也容易在弹孔周围试验中检测到（见表23.12和表23.13）。

表23.12　击发后汞的分布

分布	汞（mg）	%
射击后的弹壳	533.00	13.10
弹头试子	2.15	0.05
射击后的弹头	16.78	0.40
枪内残留	6.50	0.16
枪口	1,412.00	34.86
后膛	6.60	0.16
总计	1,977.03	48.73

表23.13　滤膜和液体捕集阱定量比较

	滤膜		液体捕集阱	
	数量 Hg（μg）	%	数量 Hg（μg）	%
底火射击	58.50	17	293.60	83
枪口残留物	176.70	18	793.90	82
后座残留物	2.60	43	3.43	57

通过比较弹孔周围沉积物和升级过的弹头上的沉积物的化学组成将弹头受害人（物）和具体的弹头联系在一起的可能性还需要研究。

除了汞以外，还想用近期制造的弹头重复试验铅、碲和钡。还想检验系列子弹和手枪，以满足不同大小和射击产生的压力的需要；用步枪比较困难，虽然不是不可能。不幸的是时间不允许。改进的设备适应选择封闭或开放的底座射击机制，弹头回收也包括在设计中，采样区体积保持最小，示意图见图23.4。

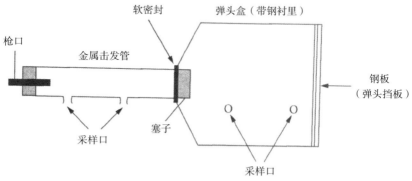

图23.4 改进的残留物取样装置

还想研究使用酸化高锰酸钾作为吸收汞蒸气的方法，再用双硫腙滴定。

确定汞的分布的系列实验最后进一步是，测定沉积在射击者身上的汞的量。结果见表23.14。结果表明了 FDR 沉积的随机性质；但是，在所有射击中，射击的手测试都呈阳性。

补充试验包括测试了用于汞分布试验的子弹枪击残留物颗粒。检测到大约260个颗粒，其中8个（约占3%）含有次要或痕量成分的汞。

这个颗粒数量不可能解释之前试验中射击手上汞含量。一些沉积在射击者手上、非 SEM 可以检测到的汞可能不能排除。

表23.14 沉积在射击者身上的汞的数量

射击编号	汞（ng）				
	右手	左手	脸	头发	衣服
1	87	无	无	无	无
1	40	无	22	无	70
3	56	无	20	无	68
3	25	无	无	无	79
7	66	无	29	无	88
7	170	11	42	44	60

使用过的弹壳中汞损失

检验射击过的弹壳中汞流失的速度，看是否可以帮助估计射击时间，结果见表23.15。可以看到汞的流失速度太慢，对估计射击时间没有实际价值。另外，在弹壳中起始汞量变化较大反映在残留在射击过的弹壳中的量上。残留在射击后即刻在射击过的弹壳中的量和分布实验测定的量大致符合（大约13%）。较低的汞流失速度（69天流失大约32%）加上起始量较大的变化排除了汞量作为射击时间的衡量依据。

进一步的实验包括射击过的弹壳在80℃保存3天。温度增加大大提高了汞的流失速度；重量范围为351 μg～432 μg，平均378 μg。这说明气候条件（温度）应该纳入到影响射击过的弹壳中汞流失速度的因素中。

表23.15 汞随时间的流失

时间间隔	重量范围（μg）	平均（μg）
未射击	3813 ～ 5938	4952
中间	710 ～ 860	787
3 天	655 ～ 905	789
10 天	710 ～ 890	780
69 天	444 ～ 631	537

参考文献

187.G.M.Wolten，R.S.Nesbit，A.R.Calloway，G.L.Lopel，and P.E.Jones，Final report on particle analysis for gunshot residue detection，The Aerospace Corporation，El Segundo，CA.Aerospace report no.ATR-77(7915)-3 (September 1977).

188.A.Zeichner，N.Levin，and M.Dvorachek，Gunshot residue particles formed by using ammunitions that have mercury fulminate based primers，*Journal of Forensic Sciences* 37，no.6 (November 1992): 1567.

24　无铅子弹

空气中子弹射击产生的铅，包括颗粒和蒸气形式，可能对那些经常长时间暴露的人有健康危害。诸如射击教练处于危险中，因为铅在体内有累积作用，最终可以导致严重的疾病。从健康的观点来看，锑和钡最好也不要产生，虽然其浓度在枪击残留物中比铅低得多。尽管室内安排了考虑周到的抽提和排风系统，这确实大大降低了风险，但是数年持续暴露也不好，许多组织在监测相关人员的血铅水平。

1978 年 Smith &Wesson 首次严肃地考虑解决这个问题，他用黑色尼龙覆盖全部弹头（ Nyclad 子弹）。这大大地减少了射击中释放到空气中铅的量，和最干净的传统弹头子弹相比减少了60%。如前面提到的，大多数铅来自弹头，来自底火的只占很小的一部分。

分析一发 .38 Special 口径 Smith & Wesson Nyclad 子弹显示，弹壳和底火帽是镍覆黄铜，没有检测到在推进剂中有无机添加剂，底火含铅、锑、钡，弹芯为锑硬化的铅，弹头被甲含有痕量的钙、钴、钛和硫。

北爱尔兰法庭实验室（ NIFSL ）参与为警察评估这样的子弹，试验比较了使用 Nyclad 和传统子弹的铅水平。不幸的是，1992 年实验室恐怖爆炸中试验结果未能幸免于难，但是总体结果是 Nyclad 子弹减少铅水平好于传统子弹（其他 Nyclad 弹头造成的衣服上的弹孔周围的检验显示，FAAS 容易反复检测到钴）。

在开发环境友好型子弹方面，下一阶段是 Geco 生产全被甲

（Full jacketed bullet, TMJ）以及底火中铅、锑、钡水平大大降低的子弹。这种子弹和最接近的常规子弹比较显示了其有效性，结果见表24.1。

表 24.1 Geco 底火分析

子弹细节	Pb(μg)	Sb(μg)	Ba(μg)
Geco .38 ″ Special，带封闭底部的金属穿透弹头	4.2	1.4	0.06
Geco .357 ″ Magnum，暴露底部的金属穿透弹头	91.5	130.0	4.4

.38 ″ Special 子弹弹头底部是密封的，底火中铅、锑、钡含量相当低，在射击产物中铅锑钡的水平明显比 .357 ″ Magnum 口径子弹的低。

Smith & Wesson 尼龙覆盖的弹头和 Geco TMJ 弹头/新底火组成，虽然有效地减少了铅水平，但是没有全部消除问题。1983年 Dynamit Nobel 引进了带 TMJ 和无铅锑钡底火的9mm P 口径子弹。新底火类型叫 Sintox。典型的 Sintox 底火组成含有15% 重氮二硝基酚（DDNP）和3% 特屈拉辛作为炸药成分、50% 过氧化锌作为氧化剂、5% 40 μm 金属钛粉、20% 硝酸纤维素作为推进剂[189]。正如所料，其他军火制造商最终引进了类似的子弹，有的底火不含铅但是还含有锑和钡，还有的不含铅、锑、钡。目标是生产各方面性能满意而射击不产生任何有毒产物的子弹。

选择的"无铅"子弹被拆解和分析，结果见表24.2。

分析底火中的有机成分可能受到推进剂干扰，虽然结果显示不是这样的。二硝基酚很可能是使用 GC/MS 条件下 DDNP 的分解产物。

环境友好型子弹开始是因室内范围的射击训练目的而引进的，但是现在被作为正常子弹使用[189]。在美国为小型武器设计的子弹俗称"绿色"子弹（Green bullet, green ammo, green ammunition），借此消除危险材料，也就是臭氧消耗物质、挥发性有机物和重金属。重金属存在于子弹和底火组分。挥发性有机化合物和臭氧消耗化学品存在于密封剂、油漆和防水化合物。

文献中提到的和底火有关的有毒物质包括汞、铅、钡、碲、铍、镉、砷、铬、硒、锡和铊。氧化剂包括过氧化锌、二氧化镁、过氧化锶、硝酸锶、碳酸钙、氧化铜、氧化亚铁、硝酸铈、草酸钠、氧化锆、氧化锡等。

传统的子弹含有铅、碲、钡。铅的化合物被 DDNP 或亚稳态中间体取代，如 Al/BiO_3 或 Al/MoO_3。用于底火的碲的化合物被 DDNP 和钡的化合物取代，曳光剂和燃烧组分也被 DDNP 取代。

铅弹头和含有碲的铅弹头被钨—锡或钨—尼龙成分代替。还试验了钨—铜、钨—锡、钨—铜—锡、钨—铜—镍组分，其中钨—铜—镍被选为铅的最佳替代品。铜弹头也被试验用于取代铅弹头，但是铜的价格不利。有人称"绿色"弹头比铅弹头更有效。

含钨的子弹被称有致癌风险，但是证据有限。

已经进行了大量替代铅弹头的研究和试验。试验了含有高密度无毒聚合物树脂，树脂的密度低，所以要使用填料（金属粉末）。试验了将碳化物陶瓷和其他陶瓷分散在聚合树脂中，含有 63% 体积铜和 37% 体积聚醚酰亚胺具有很好的结果。聚合物和高密度陶瓷可以用于开发低价、高密度、环境友好型弹头。许多碳化物陶瓷坚硬、致密、价廉、化学稳定。

使用这种子弹在北爱尔兰案检中还没有遇到，但是将来非常有可能遇到。这对于现行的颗粒分析法鉴定射击颗粒的方法、确定射击距离、鉴定弹孔都会产生问题。一些研究已经在解决这些问题[190-194]。

为了预期其在案件中的应用，决定考察无铅子弹射击颗粒的类型，典型结果见表24.3。

表 24.2 无铅子弹分析

子弹	弹壳	底火帽	弹头	推进剂	底火
1.9 mmPIVI 92 Greenshield TM	黄铜	Ni 覆黄铜	己内酰胺黏合脆铜粉；检出许多硝基亚硝基铅化合物和长链硅醇	NG、EC、痕量 DPA；还检出 K、S	Sb、Ba、S（痕量 Fe、K、Cl、Si、Cu、Zn、Na、Ca）；二硝基酚
2.CCI 9 mm Luger Speer-Lawman CF	黄铜（痕量 Fe）	Ni 覆黄铜	铅芯（痕量 Cu、Fe、Sb）全铜被甲	NG、NC、痕量 DPA；还检出 K、S	Sr、Ti、S（痕量 Ba、Fe、Ca、K、Cu、Zn、Cl）；二硝基酚、EC、DPA（痕量 DNT、硝基 DPA、一种邻苯二甲酸酯塑化剂）
3.CCI NR 9 mm Luger Blazer	Al（痕量 Cu、Mn）	Ni 覆黄铜	铅芯（痕量 Al、Fe）全铜被甲	NG、NC、痕量 DPA；还检出 K、S	Sr、S、Al、Fe（痕量 Ca、Cl、Ti、Cu、Si、Mg、Zn）；EC、DPA（痕量 DNT、一种邻苯二甲酸酯塑化剂、硝基 DPA、邻苯二甲酸 DPA、邻苯二甲酸苯基丁基酯）
4.GFL 9 mm Luger Fiocchi	黄铜	黄铜	铅芯、Al 基底、黄铜被甲	NG、EC；还检出 K、Cl（痕量 Cu、Zn、Cl、K、Ca、Fe、S、Ti、Mg、P）	Sb、Ba、S（痕量 Al、Si、Fe、Cu）；二硝基酚
5.◇－◇ 9 mm Luger Delta	黄铜（痕量 Al）	Ni 覆黄铜	己内酰胺黏合脆铜粉和痕量 W；检出许多硝基亚硝基铅化合物	NG、EC、痕量 DPA；还检出 K、S	Sb、Ba、S（痕量 W、Cu、Ca、Fe、Si、Zn、Al、Mg）；二硝基酚、NG 和许多直链烃

子弹	弹壳	底火帽	弹头	推进剂	底火
6.Sintox 9 mm ⊗ Luger	黄铜	Ni 覆黄铜 (痕量 Fe)	铝芯 (痕量 Fe、Sb) 黄铜帽，全黄铜覆 Fe 被甲 (痕量 Al)	NG、DPA、一种邻苯二甲酸酯塑化剂 (痕量 DPA) 和一种硝基 DNT；还检出 K、Ca (痕量 S)	Zn、Ti (次要 S、痕量 Cl、Al、Cu、Ca、Fe、Si、Na)；二硝基苯酚，甲基丙酸酯酚、DPA、一种邻苯二甲基酯塑化剂，痕量 DNT
7.9×19 SX DAG 88	黄铜 (痕量 Al)	Ni 覆黄铜	实心黄铜带塑料填充空头	NG、DPA、一种邻苯二甲酸酯塑化剂 (痕量 DNT 和其他邻苯二甲酸酯塑化剂)；还检出 K 和痕量 S	Zn、Ti (痕量 Cu、Ca、K、S、Fe、Si)；NG、DPA、一种甲基丙基酚、痕量 DNT
8.WIN 9 mm Luger Delta	黄铜	Ni 覆黄铜	己内酰胺黏结脆铜粉和痕量 W；还检出许多烷基亚硝基化合物	NG、EC、痕量 DPA，还检出 K、S	Sb、Ba、S (痕量 Fe)；二硝基酚 (痕量 DPA、EC)
9.CCI NR 38SPL +P Blazer	Al (痕量 Cu、Mn)	Ni 覆黄铜	铝芯 (痕量 Fe)，全铜被甲	NG、EC、痕量 DPA，还检出 K、S	Sr (痕量 Na、S、Al、Ca、K、Ti)；二硝基苯酚、EC、DPA、2×硝基 DNT、一种邻苯二甲酸酯塑化剂
10.WIN 9 mm Luger Winchester Super X	黄铜 (痕量 Fe)	Ni 覆黄铜 (痕量 Fe)	铝芯 (痕量 Fe)、黄铜基板、被甲 (痕量 Fe、Zn)	NG、DPA、一种邻苯二甲酸酯塑化剂 (痕量 DNT、EC)；还检出 K、S、Ca	Zn、Ti (次要 S、Ca、K、Si、Mg、Al、痕量 Fe、Cu)；系列直链烷烃和邻苯二甲酯塑化剂
11.M&S 38 Special	黄铜 (痕量 Al)	黄铜	己内酰胺黏结合脆铜粉和 Al；还检出多烷基亚硝基化合物	NG、EC2×硝基 DNT、二月桂酸甘油酯塑化剂 (痕量 DNT 和 EC；还检出 K、S	Pb、Sb、Ba、Al (痕量 S、Ca、Cu、Fe、Si)；NG 和系列直链烷烃

子弹	弹壳	底火帽	弹头	推进剂	底火
12. 223 IVI⊕91	黄铜（痕量 Fe、Al）	Ni 覆黄铜（痕量 Fe、Al）	己内酰胺黏合脆铜粉和痕量 Al；还检出许多烷基亚硝基链合物和长链醇	NG、DPA、一种邻苯二甲酸酯塑化剂和痕量 EC、DNT、一种硝基 DPA；还检出 K、S、Ca	Sb、Ba、S、Ca（痕量 Al、Cl、Cu、K、Fe）；NG、一种邻苯二甲酸酯塑化剂和许多直链烷烃
13. HP .223 5.56 CF	黄铜（痕量 Fe）	Ni 覆黄铜	塑料芯，全 Fe 被甲，铜覆	NG、DPA、一种邻苯二甲酸酯塑化剂（痕量 DNT、EC、一种硝基 DPA）；还检测到 Ca、K、S、Cl	Sr（次要 Ti、痕量 Cu、Ca、S、Zn、K、Fe）；二硝基酚 DPA、EC、邻苯二甲酸酯塑化剂（痕量 DNT、甲基丙基苯酚）

注：枪支和子弹相关缩写见词汇表。

表24.3 无铅子弹的射击颗粒类型

子弹	典型颗粒类型			评论
	主要	次要	痕量	
表24.2中第1、4、5、8、12号，Sb、Ba底火	S、Sb、Ba、Cu	—	K、Cl、Si	大小范围 1μm～14μm 大量Sb、Ba颗粒 第5号产生大量含钨颗粒 主要为不规则颗粒
	S、Sb、Ba	—	K、Cl、Si、Cu	
	Cu、Zn	S	K、Sb、Ba、Si	
	S、Cl、Sb、Ba	Cu	Si、Na	
	Ba、S、Cl	—	Cu、K、Si、Ca	
	Sb、S	—	Cu	
	Ba	Sb、S	Si	
	Sb、Ba	S	Cu	
	Sb	—	—	
表24.2中第2、3、9、13号，Sr、Ti底火	Cu、S、Ba、Sb	Zn、Si	Fe	大小范围 1μm～10μm 检测到大量Sr、Ti颗粒和只含Sr的颗粒 注意到几个只含Ti颗粒 不规则形、球形、橄榄形颗粒混合
	Sr	S、Ca	Ti、Cu、K	
	Sr、Ti、S	Ca、K	—	
	Sr	—	S、Ca、K、Ti	
	Sr、S	Ti、Cu	Zn	
	Cl、Sr、Ti	S、Cu、K	—	
	Sr、Al	—	—	
	Sr	—	Ca、K、S	
	Ca、Ti、Si、S	Zn	Cl、Cu、Al	
	S、Zn	—	Cl、Al、Cu	
表24.2中第6、7号，Zn、Ti底火	Zn、Ti	Ca	Cu、S	大小范围 1μm～6μm 检测到大量Zn、Ti颗粒 检测到相当多的只含Zn和含Ti颗粒 大多数为球形和橄榄形
	Ti、Ca	Zn	S、Cu、Si	
	Ti	—	Zn、Ca、K	
	Zn、Ti	S、Al	—	
	Zn、Ti	—	S、Na	
	Ti	Ca	—	
	Zn	Ti	Ca	
	Zn	—	—	
	Zn	—	Cu	

含有锑和钡底火的子弹应该不会产生问题，因为产生的射击颗粒含有锑和钡，这些颗粒被划分为子弹射击的独特性颗粒。但是，其他底火会产生问题。来自 Sintox 子弹射击颗粒的研究显示，形态是基本的鉴定标准，钛和锌主要产生球形颗粒，可以用于鉴定来自 Sintox 子弹的射击颗粒[189]（据报道，Dynamit Nobel 已经用钛代替硅化钙 Sintox 类型底火。因此在射击颗粒中可能会遇到钛以及铅、锑、钡）。

检验环境和工作场所含有 Sr、Ti、Zn 的颗粒，并和射击颗粒比较，以确定是否可以和 FDR 颗粒相区分。如果不能，颗粒分析方法还是提供支持证据的有用工具，特别是在嫌疑人身上还检测到有机推进剂成分。

参考文献

189.L.Gunaratnam, and K.Himberg, The identification of gunshot residues particles from lead-free sintoxammunition, *Journal of Forensic Sciences* 39, no.2 (March 1994): 532.

190.R.Beijer, Experiences with zircon, a useful reagent for the determination of firing range with respect to leadfree ammunition, *Journal of Forensic Sciences* 39, no.4 (July 1994): 981.

191.G.M.Lawrence, Lead-free or clean-fire, *Southern Association of Forensic Scientists Journal* 15, no.2 (October 1993): 44.

192.W.Lichtenberg, Examination of the powder smoke of ammunition with lead-free priming compositions, *Kriminalistik* (December 1983): 44.

193.Examination of the powder smoke of a recent type of ammunition with conventional priming composition and changed projectile, Paper 9, *Proceedings of the Conference on Smoke Traces*, Bundeskrimi-

nalamt (Weisbaden, Germany: Federal Criminal Investigation Office),
June 1985.

1 9 4.W.Lichtenberg, Study of the powder smoke of the CCI,
Blazer, cal. 3 8 ammunition, by the film transfer method and X-ray
fluorescence analysis, *KT-Material-Information*, no. 4 (October
1986): 4.

VI　嫌疑人处理方法

25 枪击残留物颗粒的采集

和 FDR 检验有关的系列事件通常如下：案件发生、抓捕嫌疑人、将嫌疑人带到警察站、在警察站对嫌疑人取样（棉签提取手、脸、头发，扣押衣服）、将提取物品送到实验室、在实验室对衣服取样、样品准备、分析样品、解释结果、准备目击报告陈述、在法庭上呈现物证。

对涉及取样的任何过程，如果采样错误，后面所有的操作、观察、结论可能都是无效或无意义的。所以决定从嫌疑人处理重新评估全部过程（在开发有机 FDR 检测方法之前的重新评估，希望能够改进和确定嫌疑人处理过程，因此在大多数法庭案检中增加获得阳性结果的机会，包括现有的无机 FDR 系统和任何新的有机 FDR 系统）。考虑从抓捕时间到采样时间处理嫌疑人的方法，应找到系统中可能导致外加或丢失法庭证据的任何缺陷。推荐消除这些缺陷的方法，如果实施这些方法就可以增加获得法庭证据的机会，增强获得证据的价值。

为了证据，在处理嫌疑人时涉及两个非常重要的因素：

1. 时间的延误。这可以大大减少获得证据的机会。
2. 污染和风险。这可以显著减少获得证据的价值。

时间的延误

时间的延误会大大减少获得阳性结果的机会，这在科学文献中已经有很多记载[195,196]。这或多或少可用于来自嫌疑人的证据。枪支和炸药残留物特别容易随时间而迅速损失（即使在正常活动中，90% 的枪击残留物会在射击后第一个小时内从手上丢失），对嫌疑人必须尽快取样。

延迟的原因包括缺乏专业的取样人和材料、组织协调问题和地理位置等。

由于地理位置的原因，在一定案件中可能发生大规模时间延误。嫌疑人应该带到最近的取样点而不管管辖范围，取样后如果需要再送到适当的处所。尽管这可能产生很多的审批手续和不便，但是必须优先考虑获取证据。

在每一个取样地点，应该在任何时间都容易获得必需的材料。在取样地点受过培训的取样人越多，把时间延迟减少到最低的可能性就越大。

在每一个取样点，应该随时准备好必需的取样材料。在每一个取样点应该提供干净的存储区，用于保管提取嫌疑人样本所需的材料，这样可以避免采集包或包装材料存储到别处或者带在车上造成污染的可能性。

位置方便、大小适中的储存区就够了，但是必须光滑、色彩柔和、铺上塑胶地板、带塑料层板、无热源、干燥（记住，一些采样包含有可燃性溶剂）。储存间应该可以上锁，受指定人员控制，只用于存放该点嫌疑人样品的采集材料，必须有对所有材料严格记账的系统。

这是解决时间问题最明显的方法。有全面培训的采样人员永久在岗，每天24小时，加上所有必需的常备采样材料，是目前为止解决许多时间延迟问题最快捷有效的方法。

避免污染

微量物证相关的主要问题是从不相关来源到嫌疑人的交叉转

移。在北爱尔兰比在联合王国其他地方有更多的污染风险，因为这里枪支和炸药相对更多。法庭上辩方声称交叉污染是经常有的事。污染被夸大到全部，这方面所有问题来自提供基本事实、知识和统计，说明不可能避免发生交叉污染。这个说明基于法庭经历和最主要基于接受枪支和炸药残留物检验的嫌疑人呈阴性的事实。如果确实会有污染，但是肯定没有出现在实验室结果中。这不意味着可以自鸣得意。这些阴性嫌疑人是理想的控制样本，因此对辩方交叉污染提供了很好的反击。这些辩解常常无效但是很难完全反驳。为了解决这种情况应该在计算机中编辑好案件检验的统计数据以便用于法庭。

在有多个嫌疑人的案件中，应该迅速分开嫌疑人并一直保持分开。用警车将嫌疑人带到取样的警所。

最重要的是，在逮捕和取样时间间隔内，要单独专人看管每一个嫌疑人。到达取样点后应该直接单独带到房间，一直有人看管直到完成取样。这可以避免处理阶段的交叉污染。在每个采样点，应该提供干净的房间，更换嫌疑人前要清洁房间。实验室人员应该不断提取控制样本，监测房间的清洁度。材料储存区、监所、监所办公室、医疗检查室、警车内部也应该经常监测。

证据保护试剂盒

在处理嫌疑人上一个巨大的进步就是使用特别设计用于保存嫌疑人身上物证的采样盒。很长时间一直困扰的就是，在抓捕嫌疑人时现场没有可用的有效措施保全可能的重要物证。一些警察部队使用塑料罩在射击嫌疑人的手上。这样，手容易出汗，导致大多数FDR从手上脱落，沾到袋子表面，反而影响FDR检测。除了保护手，还没有保护嫌疑人其他采样部位的措施。

现有系统无法防止物证在抓捕嫌疑人和采样时间之间从大多数

重要地方丢失，以及防止产生交叉污染。如果有人能够防止物证丢失，在开始抓捕阶段减少污染风险，其优点将是巨大的。

　　一种在采集枪支和炸药残留物之前保护嫌疑人手的采样包在北爱尔兰已经使用多年。该采样包包括将嫌疑人手放在纸袋内，防止采样前残留物丢失。用起来有点碍手碍脚，因为在约束嫌疑人手臂之前要使用纸袋。不幸的是，嫌疑人一般在射击后数小时内才被抓捕到，因此这样的痕迹从手上脱落速度快，成功率很低。嫌疑人上身外套是容易成功检测枪支和爆炸残留物的地方，由此产生采样前保护上身外套和手的方法，以努力减少所有类型物证丢失的速度。因此设计和商业化生产了警察抓捕嫌疑人时使用的采样包，从1993年使用至今没有问题。采集包的相关细节已经发表[197]。

评论

　　在避免污染问题上唯一最重要的因素是保持室内整洁。这也适用于所有痕量残留物检验方法，包括警车内部、监所办公室、监所、取样室和取样人处所。

　　强烈建议法庭科学实验室经常参加监测取样过程和警察取样环境工作，以便说明实验室结果的可靠性。这包括正在使用的实验室资源，如监测取样点、取样人处所、警车、采样包和产品制造场所，监测 FDR 和炸药的存在，另外汇编所有案件检验工作的计算机记录，包括检验嫌疑人身上的 FDR 或炸药残留物。

　　这样做的好处是，可以有效反驳法庭上交叉污染的辩解，因而提升涉及的每个人相信实验室结果和解释。

　　警方实施的进一步改进避免污染的方法是，对进入犯罪现场的所有人强制使用防污染包。我致力于设计这样的包，开始的想法是：用热封将尼龙包分为两个区域，第一部分（上部）含有指导说明、X 射线媒介胶带、一副大号一次性塑料手套、一只面具。第二部分（下部）含有大号一次性集成头罩和鞋套。防污染包的说明已经准备，该设计近期已经被警方采用。

总之，我的观点是不能独立地看待实验室结果，而应该用已经获得的可靠的正在实施和经常监测为基础的避免污染程序的知识解释。

参考文献

195.R.Cornelis, and J.Timperman, Gunfiring detection method based on Sb, Ba, Pb, and Hg deposits on hands.Evaluation for the credibility of the test, *Medicine, Science, and Law* 14, no.2 (1975): 98.

196.J.W.Kilty, Activity after shooting and its effect on the retention of primer residue, *Journal of Forensic Sciences* 20, no.2 (1975): 219.

197.J.S.Wallace, Evidence protection kit, *Science & Justice* 35, no.1 (1995): 11.

26　皮肤和衣服表面枪击残留物的采集

引言

检测 FDR 有机成分值得研究有几个原因。由于颗粒分析法费力，速度慢，因此常常不能满足警方需要，他们在案件调查的早期常需要快速得出结论。而有机物检测快得多，特别是对涉及大量样品的多嫌疑人案件，在无机分析前对有机物进行筛选得到警方调查可用的初步结果，可以部分地解决时间问题。

如果有机系统和无机系统灵敏度同样高（即使不更高），有机和无机 FDR 间有很好的相关性，那么就可以灵敏地运用有机分析决定哪些样品值得用漫长的颗粒分析法（SEM/EDX）分析。实验室检验的样品大多数无机 FDR 呈阴性。筛选方法使用自动 SEM/EDX 技术[198,199]，该方法漫长。阳性样品用手动，也很费时。

北爱尔兰恐怖袭击案件主要是使用单基推进剂，一直沿用至今的有机 FDR 分析是根据双基推进剂中的 NG，使用的方法为 GC/TEA 和 HPLC/PMDEr，很明显 GC/MS 是最可能满足单基推进剂成分的仪器。从开始就认识到，主要问题是单基推进剂可检测成分的浓度低，因为燃烧后可能在枪击残留物中的浓度很低。为了增加成功的机会，决定优化系统的所有方面，从减少警方对嫌疑人的采样时间，到增加警方和实验室采样技术的效率。从开始就计划，接下来的改进主要基于优化和标准化采样技术。

检测来自单基推进剂子弹的 FDR 有机成分是最终目标。如果这被证明是不可能的，研究至少会弄清楚情况，并改进 NG 的检测方法，检测 NG 的方法可以作为 SEM/EDX 技术有用的补充。指示性类型的颗粒加上 NG，可能显著提高这些颗粒的重要性。

在 NIFSL，两个部门处理枪击残留物和爆炸残留物的检测问题。枪支痕量分析部门和爆炸部门在一个实验室，叫作微量化学实验室。每个部门有2套采集包，一个用于嫌疑人采集，另一个用于其他项目采集，每个部门还有一个嫌疑人衣服采集包。决定是否可以用同样的采集包采集枪支和爆炸物残留，研究是否可能采集服装用一个包。两个包和服装采集方法必须和现有残留物检测系统兼容，主要是炸药场合的有机物、枪支场合的无机物。还必须保证 FDR 的有机成分可以用现行的仪器，单个样品可以分析枪支也可以分析炸药残留物。过去要采集两个样品，一个用于测定枪支残留物，一个用于测定炸药残留物。应该记住想要常规筛选所有恐怖嫌疑人身上的 FDR（无机物和有机物）和炸药残留物。

更新了用于衣服的公用采集包，将先前的四个采集包减少到两个，一个用于嫌疑人，一个用于其他物品。

衣服的采集

衣服采样包的开发，既可以用于炸药残留物又可以用于枪击残留物。

以前对衣服的实验说明吸附采样法对于除去 FDR 比胶贴法和棉签法有效。实验重复用于采集 FDR 污染的衣服，然后用 FAAS 法分析 Pb、Sb、Ba。使用胶带的回收率为衣服（~20%）、手（~37%）；棉签法衣服（~25%）、手（~70%）；吸附法衣服（~65%），手没有检验。（吸附采样法也适用于收集头发上的 FDR）。因此，从1979年开始 NIFSL 一直用吸附法采集衣服上的 FDR，采集装置（见图26.1）连着 Edwards E 2M 6 真空泵（泵速 = 108 *l*/min）。

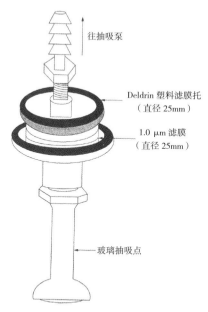

往抽吸泵

Deldrin 塑料滤膜托
（直径 25mm）

1.0 μm 滤膜
（直径 25mm）

玻璃抽吸点

图 26.1 吸附采样装置

　　以前，当一件衣服要测定枪支和炸药残留物，一些地方用棉签蘸丙酮擦拭提取炸药残留物，其他地方吸附提取 FDR。现在决定研究用吸附法提取两种残留物的可能性，并看看是否能改进现有吸附取样系统的效率。由于许多推进剂为炸药和相关化合物，有理由假设有机 FDR 的实验结果也可以用于炸药残留物。重新设计了一系列实验，比较和试验了衣服采样方法。

　　第一步是直接比较现有方法，即吸附提取法和棉签提取法。表26.1 给出了比较数据。结果显示，在三个棉签取样的样品上检测到NG，而 NG 没有出现在第三个吸附提取的样品上。开始吸附提取除去了大多数的 NG，而和开始的棉签提取相比第二次棉签提取显示了相当多的 NG（~40%）。吸附提取检测到 2，4-DNT，虽然含量很低，但是棉签提取无法显示 2，4-DNT 存在。

表26.1 衣服上有机 FDR 回收

样品	NG（ng）	2,4-DNT（ng）
棉签 1	272	ND
棉签 2	110	ND
棉签 3	26	ND
滤膜 1	876	17
滤膜 2	58	ND
滤膜 3	ND	ND

ND= 未检出。

所以，吸附提取比棉签提取更有效，这个结果说明吸附提取也适用于炸药残留物取样。为了确认，进行了进一步的实验，包括在新的实验室外套上加入炸药化合物混合物，然后用吸附法提取。混合物含有已知浓度的 RDX、PETN、EGDN、NG、NB、TNT、2,3-DNT、2,4-DNT、2,6-DNT、DPA、EC 和 MC，喷到衣服上，采样前让溶剂挥发。吸附取样的样品送到炸药实验室用 GC/TEA、HPLC/PMDE 和 GC/MS 分析。炸药部门的结论是，吸附法提取适用于回收衣服上的炸药残留物[200]。

吸附提取法比其他提取法（如胶带粘取、棉签提取法）优越，所以决定尝试和优化现有提取方法系统。为了这个目的，用图26.2显示的设备研究了滤膜的孔径大小对 NG 回收效率的作用，结果见表26.2。

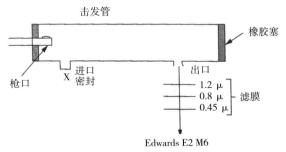

图26.2 采集枪击残留物的设备

表26.2 枪口残留物实验的滤膜孔径大小

测试号	孔径大小（μm）	NG（ng）
1	1.2	8600
	0.8	355
	0.45	17
2	0.8	7400
	0.45	200
3	1.2	9050
	0.8	570
4	1.2	8100
	0.45	315

ND= 未检出。

虽然结果不确定，相当多数量的 NG 通过了 1.2 μm 和 0.8 μm 滤膜，虽然每次试验第一个滤膜保留了大量的 NG（实验时实验室没有孔径小于 0.45 μm 的滤膜，用更小孔径的滤膜，如 0.2 μm，重复实验将是很有意思的）。怀疑 NG 既以蒸气又以颗粒形式存在，颗粒物质大小范围较宽。

为了弄清情况，确定评价系统的可靠性，对射击时穿的衣服进行重复实验，结果见表 26.3 和表 26.4。

因为 1.2 μm 和 0.8 μm 滤膜允许相当多的 NG 通过，决定使用 0.45 μm 滤膜和功率更大的泵（Edwards E2M12：泵速 ~240l/min），泵容量的增加使两条吸附管吸附两个区域，因而改进了取样能力（后来的经验证明，0.45 μm MCE 膜在用于有机 FDR 方法时受到容积影响，故改为 0.5 μm PTFE 膜，该膜至此证明是完全令人满意的）。

可更换的玻璃烧结滤头提取装置开始用于方便口袋内的提取，但是随着实验进行确定玻璃烧结滤头没有必要，因为其限制了吸附区域，降低了提取效率，延长了衣服样品采集时间。因此，改进的取样装置见图26.3。

表26.3 衣服实验（1次射击）的滤膜孔径大小

测试号	孔径大小（μm）	NG（ng）
1	1.2	100
	0.8	ND
	0.45	ND
2	0.8	160
	0.45	5
3	1.2	90
	0.8	3
4	1.2	200
	0.45	20

ND＝未检出。

改进的吸附取样装置和之前的设备进行了比较试验，结果见表26.5。和表26.4比较，NG的回收率良好，说明装置是有效的。但是，这时吸附管线中只有滤膜，因此比较是不对等的。改进的回收率可能是各种因素共同作用的结果。

最后的试验用每天穿的衣服模拟实际情况。设计实验是为了证实吸附提取优于棉签提取，也检验全部系统，包括无机颗粒检测，结果令人满意。对同样的FDR污染的衣服，试验使用两种提取技术，结果见表26.6。

结果显示，吸附提取除去了几乎全部可以检测的NG，而前面提取除去的少得多。吸附提取之前用棉签提取很可能对收集的无机颗粒有不利影响。

表 26.4　衣服实验（6 次射击）的滤膜孔径大小

测试号	孔径大小（μm）	NG（ng）
1	1.2	320
	0.8	5
	0.45	ND
2	0.8	480
	0.45	15
3	1.2	270
	0.8	8
4	1.2	335
	0.45	17

ND= 未检出。

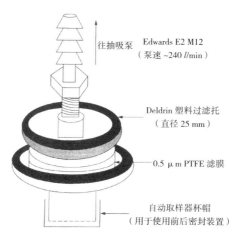

图 26.3　更新的吸附采集装置

表 26.5　从衣服上收集的 NG（6 次射击）

测试号	NG（ng）
1	720
2	660
3	670
4	615

表26.6 棉签和吸附采样技术比较

采样方法		NG（ng）		无机颗粒（吸附采样）			
		吸附	棉签	Pb、Sb、Ba	Sb、Ba	Pb、Sb	Pb、Ba
夹克1	先棉签采样，再吸附采样	1080	495	8	2	8	7
夹克1	先棉签采样，再吸附采样	915	810	13	1	24	2
夹克2	先吸附采样，再棉签采样	1555	无	27	无	16	无
外套2	先吸附采样，再棉签采样	2670	痕量	15	无	7	4

采集包

之前采集嫌疑人皮肤表面的炸药残留物用棉签蘸取丙酮提取，而之前枪击提取方法用丙烯氰纤维蘸取石油醚提取。两种之前提取其他物品的通用提取包使用同样的技术和材料，除了枪支提取包中使用干棉签。当一个嫌疑人需要检验两种残留物，提取手掌和指甲缝用于检测炸药残留物，擦拭手背的棉签用于检验FDR，擦拭脸和头发的棉签也用于检验FDR。这是必要的，因为使用一个提取方法就排除了之后在同样地方使用另一种方法，造成了混乱和不便，因为两种类型的采样包不得不用于同一个嫌疑人。对于炸药残留物，枪支采集包和实验室制备方法不兼容，反之亦然。提取衣服也遇到了类似的问题。

实验室现在使用的方法—炸药残留物用色谱法（GC/TEA：HPLC/PDME），FDR使用颗粒分析法（SEM/EDX）。后面的方法涉及检验和鉴定FDR颗粒。因此，任何提取方法必须是非破坏性的。

在提取包设计阶段必须考虑许多因素，包括提取效率、和现行实验室方法兼容、避免采样区域和可能的其他来源的交叉污染，如取样人和取样房间之间的交叉污染，便于使用和准备、费用、纯度和材料的易得性、寿命以及健康安全方面等都很重要。最后，需要法院和其他科学检验人员接受。之前的提取包因为溶剂蒸发而寿命短。为了解决这个问题，新提取包使用预先浸有溶剂、密封在金属箔袋中的聚丙烯氰纤维。通用的提取包在警方签发使用前进行了设计、试验、制备。更新研制的取样包和取样方法细节已经发表[201]。

衣服检验

如前面讨论的，满足衣服上两种类型残留物需要的单一提取方法现在被提出来了。实验室人员日常要提取嫌疑人上外衣外表面（一个样品）和口袋内部（一个样品）的枪支和炸药残留物样品。另外，根据案件的性质和情况还可能需要提取其他地方和其他衣服。还要提取控制样本，一个是从含有衣服尼龙袋的外面提取，另一个是来自取样人、工作面和取样室空气的联合样品。现在使用的设备见图26.3。

这套设备含有25 mm 直径 Deldrin 滤膜头（Gelman 产品，编号1109），带一个尼龙管接头。使用的滤膜是25 mm 直径0.5 μm 孔径的 Fluorpore 滤膜（Millipore 产品号 No.FHLP 025 00）。自动样品杯帽用于使用前后密封设备。使用中，滤头连着 Edwards E2M 12真空泵。

讨论

在开始阶段，嫌疑人提取包设计成自带的、安全的。采样中需要的任何东西都放在包内，包括送检到实验室需要的包装材料、标签。这降低了污染的可能性，因为所有涉及的材料都在实验室控制之下，使其使用方便。提取包密封在尼龙袋内，棉签样品袋含有防篡改密封，返还需要类似的方式，这些都提升了安全性。所有的棉签密封在金属箔小袋内，使用过的和没用过的棉签都必须返还到实验室。所有提取包上面都有条形码和标记，签发须签字。因此实验室记录会显示签发了多少提取包、什么时候签发的、签发给谁的。回收的提取包和签发记录核对。真实的标签包括提取包开始封到尼龙密封袋内，送检到实验室。

在射击阶段，假设采样人和采样室都是被污染的。避免污染的可能性因使用的方法而改进。提取包含有三种控制棉签：一种是采样人不碰、作为采样材料控制样品，另一种作为采样人控制样品，第三种作为采样环境控制样品。使用聚乙烯手套，因为其他手套有滑石粉，可能污染样品，在 SEM 法搜查 FDR 颗粒时可能产生问题。采样包密封在尼龙袋内，这种袋子比塑料袋渗透性弱，一批提取包装在大的尼龙袋内，根据需要取出，取出后尼龙袋再密封起来。采样人穿着外套，避免衣服上的任何残留物转移到嫌疑人身上或工作面上。使用前打扫工作面，另外，在工作面上使用塑料"桌布"。

提取包内含有详细的案件报告表。取样人在提取包指导上签署名字和日期作为采集过程真正和准确的记录，采样人保留的一联作为法庭上使用的同时签字的记录。这个提取包适用于无损和有损试验，也可以用于涉及盗窃金属的犯罪嫌疑人的样品提取。

改进的嫌疑人样品提取包和通用提取包使用了12年，在使用中和后面的实验室样品制备和分析中都没有遇到问题。

嫌疑人样品采集时间为 30 min~40 min，脱下和包装嫌疑人外衣需要 5 min。这种提取包比先前同样的包较贵和准备时间较长，但是因为2个包代替了先前的4个包，总费用和准备时间还是减少了。两个提取包的材料都不能再利用。

在新的嫌疑人样品提取包中，小心避免交叉污染，在对采样程序方面消除交叉污染辩护上起到了重要作用。提取包的质量通过严格的制备和包装程序控制。可能在法庭上有必要说明，在制造中已经采取了所有合理的措施避免交叉污染的发生，也没有发现污染的证据。为了达到这个目标，在准备和包装阶段有清楚明确的书面程序需要遵守，包括洗手、使用一次性外套、一次性手套、某些元件的清洁程序。另外，对人员、保护性穿戴、设施（桌子、凳子、椅子等）都用棉签随机取样。分析结果留作将来可能需要。棉签和塑料管包括在每一个提取包中作为（材料）控制，样品采集人不得触碰。

从1979年起，实验室使用吸附法提取衣服供 FDR 检验。如前面的讨论，介绍的吸附采样设备是从以前使用的设备改进的，增加了效率，并和炸药残留物检验相匹配。这样的采样效率高，容易使用，但是作为一次性使用的 Deldrin 滤头太贵是缺点。因此，必须严格清洗保证无有机和无机残留物的残留。这不存在问题，因为通过流动的水，第一在2% v/v Decon 里浸泡过夜，第二在2% v/v 盐酸中浸泡过夜，第三在2% v/v 漂白剂中浸泡过夜，再用去离子水和丙酮浸泡，可以除去所有枪支和炸药的残留物痕迹。日常提取设备空白和控制样品，证明清洗的效果。统一程序的总体结果是，所花的金钱和时间适中，但是更重要的是实验室和警方人员从简单的系统受益。

总的改进是：两种衣服采样方法合二为一；两种一般目的的采样包合二为一；两种嫌疑人样品采集包合二为一。

参考文献

198.T.G.Kee, C.Beck, K.P.Doolan, and J.S.Wallace, Computer controlled SEM micro analysis and particle detection in Northern Ireland Forensic Science Laboratory-A preliminary report.Home Office Internal Publication.Technical note no.Y 85 506.

199.T.G.Kee, and C.Beck, Casework assessment of an automated scanning electron microscope/microanalysis system for the detection of firearms discharge particles, *Journal of Forensic Science Society* 27 (1987): 321.

200.Private communications.

201.J.S.Wallace, and W.J.McKeown, Sampling procedures for firearms and/or explosives residues, *Journal of Forensic Science Society* 30 (1993): 107.

27　枪击残留物检测方法的开发

检测有机 FDR 的方法不得妨碍现有颗粒分析方法，研发能够日常分析所有有机炸药以及有机和无机枪击残留物、集成两种现有检测炸药残留物和枪击残留物的系统。因为大部分案检工作涉及单基底火的子弹，要研究使用 GC/MS 检测底火成分的可能性，而单基推进剂成分用现有的炸药残留物分析系统无法检测。这些成分包括 DPA、MC、EC、樟脑和邻苯二甲酸酯。因为和双基推进剂相比这些成分原来含量较低（典型的 0.5%~2.0%），需要优化系统萃取、净化 / 浓缩推进剂以及仪器参数。

如前面介绍的，现有用于炸药残留物硝基化合物检测的系统可能适用于推进剂中类似的化合物。开始使用了 Lloyd 方法[202,203]，但是发现净化 / 浓缩方法费力而耗时，对于大量 FDR 负荷的日常应用不够耐用。另一个主要缺点是回收无机颗粒 SEM/EDX 分析的反吹方法，发现反吹后大量无机颗粒留在 Acrodisc 上，而 Acrodisc 还要用于衣服的吸附采样。决定反吹后去除打开的 Acrodisc，用 SEM/EDX 检验其内部。在开发有机 FDR 方法中主要考虑的是不能妨碍现有的颗粒分析方法，因为反吹方法不能用，因此有必要开发我们自己的系统[204]。

虽然关于鉴定和检测推进剂的文献很多，但是还几乎没有致力于同时分析案件中采自手上和衣服上的有机和无机 FDR 的文献。分析有机 FDR 集中于用 HPLC/PMDE 法检测 NG 和 2,4-DNT。HPLC/PMDE 系统需要净化和浓缩含有有机残留物的样品，以获得最佳性能。

评价了 Lloyd 开发的净化和浓缩有机 FDR 和炸药残留物的方法，发现该方法费力耗时，不适用于本实验室大量样品处理。因此，采用和优化了萃取系统。改进的吸附提取法设备带有自动化的机器人系统（Millilab 1A 工作站），将含有 Chromosorb 104 和 Amberlite XAD-4 的固相萃取（SPE）用于提取和净化 / 浓缩有机 FDR。开发了灵敏的 GC/MS 系统分析 DPA、EC、MC、樟脑、邻苯二甲酸酯。使用现有的 HPLC/PMDE 系统自动脱附和注射样品完成 NG 和 2,4-DNT 检测。GC/MS 和 HPLC/PMDE 分析用不同分量的同样萃取液。该系统在日常枪支案件检测中已经试用一段时间，以评估其证据价值。

SPE 系统的开发

Millilab 1A 工作站是个人计算机控制的自动机器人系统，能根据用户定义的程序完成用滤膜和 SPE 进行样品萃取。用于比较不同 SPE 材料的效率，大大减少了手动操作误差，结果见表27.1。

注意：Chromosorb 104-Amberlite XAD-4 柱有机残留物百分回收率的相对标准偏差 1,3-DNB 为 3.5%，DPA 为 5.5%。

表27.1 Millilab 工作站上 10 ng/μl 含有机 FDR
标准的 SPE 平均回收率

有机 FDR	SPE 载体材料回收率（%）		
	Chrmosorb-Amberlite	C₁₈	氨丙基
NG	95	47	5
1,3-DNB	96	36	9
2,4-DNT	96	35	9
DPA	98	42	7
EC	95	39	2
MC	96	32	5

这说明 Chromosorb 104-Amberlite XAD-4 对残留物的回收率（>95%）比商品化 C18（32%~47%）和氨丙基（2%~9%）SPE 柱好。

这确证了 Lloyd 的工作[205]，Lloyd 发现对提取有机炸药残留物，使用相对极性高的溶剂，Chromosorb 104 和 Amberlite XAD-4 是最有效的载体。为了减少从实验室制备的 1.5 ml SPE 柱上洗脱有机残留物使用的溶剂的最小体积，使用了 40 mg 载体材料。使用这些萃取柱，从 Deldrin 单元上收集的 1.4 ml 萃取液净化和浓缩到 300 μl。

实验室制备的 Chromosorb 104 和 Amberlite XAD-4 SPE 柱在 Millilab 工作站提取过程中能够全部自动化。后面的实验就是用这些 SPE 柱做的。

Millilab 提取的效率

评估了用 Millilab 在 Deldrin 单元和 SPE 上净化浓缩有机 FDR 的效率，结果见表 27.2。

表 27.2 使用 Millilab 工作站的 Deldrin/SPE 有机 FDR 回收率

有机 FDR	提取率（%）
NG	78
1,3-DNB	72
2,4-DNT	74
DPA	57
EC	60
MC	67

发现当使用 Deldrin 过滤单元时，FDR 回收率降低（57%~78%，而 SPE 柱的回收率为 95%）。这可能是因为衣服上有纤维和残渣。Deldrin 单元上材料越多，用一定体积的乙腈（总提取液 1.4 ml）提取 FDR 就越困难。用较大体积的乙腈产生的问题是要 1:9 稀释 SPE 提取液。Millilab 工作站限于使用 160×10 根试管稀释（总工作体积为 14 ml）。

检验脏的衣服时，可能需要多个 Deldrin 单元来覆盖全部面积，因为氟多孔滤膜被材料堵塞，降低了吸附效率。虽然希望使用 20 μm 预滤膜来防止堵塞，但是没有用，因为这会导致无机 FDR 回收率下降。

检验棉签来测定有机 FDR 的回收率，包括有和没有 SPE 净化步骤，四次测定的平均回收率结果分别见表27.3和表27.4。

这展示了棉签上的 FDR 回收率令人满意。衣服上的回收率较低被认为是因为衣服上的残渣阻碍了有机物的提取。和棉签提取设备相比，Deldrin 的体积较大，就是说不同溶剂体积比可能是（衣服上回收率较低的）另一个因素。必须记住纯净的化合物不可能反映实际有机 FDR 的行为。

表27.3 棉签（滤膜）上10 ng/μl 标准的平均回收率

有机 FDR	回收率（%）
NG	94
1,3−DNB	97
2,4−DNT	100
DPA	98
EC	88
MC	101

表27.4 棉签（滤膜和 SPE）上10 ng/μl 标准的平均回收率

有机 FDR	回收率（%）
NG	88
1,3−DNB	82
2,4−DNT	80
DPA	93
EC	81
MC	94

从衣服上回收和分析 FDR

评价了穿过的不同类型衣服用左轮手枪射击6发子弹回收和检测 FDR 时该技术的效率，结果见表27.5。

从所有衣服上采集 FDR，毛衣和实验服比羊毛衫的回收率高。在所有情况下，有机和无机 FDR 容易鉴定。在实验开始曾经设想羊毛衫会对 FDR 有较好的保留，但是这没能反映在结果中。原因可能是吸附法取样分析对平纹/密纺的衣服，如实验服和汗衫，效果更好。

重复用吸附法取样分析，用左轮手枪射击一发子弹，测定所穿衣服上的有机和无机 FDR，结果见表27.6。

从实验服上采集了可检测的有机和无机 FDR 残留物。检测的 NG、DPA 和 EC 大大高于系统的检出限。和6次射击的衣服相比，实验服上收集的无机 FDR 颗粒数量较少。

表27.5 衣服上回收的 FDR 分析（6次射击）

衣服	有机 FDR（ng）				无机 FDR（颗粒数）			
	NG	2,4-DNT	DPA	EC	Pb、Sb、Ba	Sb、Ba	Pb、Sb	Pb、Ba
实验服	976	39	4.6	1	3	2	71	3
汗衫	1273	39	7.4	2.2	30	5	175	13
羊毛衫	730	10	1.7	0.5	1	–	34	6

表27.6 衣服上回收的 FDR 分析（1次射击）

衣服	有机 FDR（ng）			无机 FDR（颗粒数）			
	NG	DPA	EC	Pb、Sb、Ba	Sb、Ba	Pb、Sb	Pb、Ba
实验服 1	775	3.5	2.6	2	1	1	–
实验服 2	910	8.7	4.3	3	–	7	14

送检到实验室检验 FDR 的衣服的调查

在3个月的试验期内，分析了送到实验室的衣服上无机 FDR 和有机 FDR。试验期内检测到的有机 FDR 没有作为刑事诉讼的证据。在所有13个不同枪支相关的案件中（F1~F13）检验了186个样品中的汞。案件 F1 有100个样品，阳性结果列在表27.7中。

只有一个样品，标记为案件 F13样品（a），该项目无机 FDR 呈阳性，而未检测到有机 FDR。在4个案子17个样品中检测到指示性的 Pb、Ba 颗粒，但是没有任何独特的无机颗粒，因此报告结果为阴性。

不幸的是，不可能在186个样品的提取液中检测到DPA、EC、MC、樟脑和邻苯二甲酸酯，因为在实验室GC/MS分析之前被破坏了。

根据本工作，案件中检测无机和有机FDR的关联性不好，有机物检测的灵敏度似乎比无机物好。但是检测的一个案件（F1）不够典型，有100个样品，因此没有足够数据得到关于检测有机FDR价值的可靠结论。

颗粒分析法还是检测FDR偏爱的方法，但是可以通过检测有机FDR而得到增强。检测有机FDR是对我们在该领域能力的有益补充，因为其具有显著提高FDR鉴定中无机颗粒分类法中特征无机颗粒重要性的潜力。这使日常筛选嫌疑人成为可能，包括棉签和衣服上的有机炸药残留物和有机/无机FDR，可以用于有恐怖主义问题的国家。但是，将有机FDR结合到无机FDR系统可能令所有涉及枪击残留物检验的人都感兴趣。

可能想将该方法用于数年的案件检验中，以弄清在"现实世界"中的情况。新系统开发后不久，爱尔兰共和军宣布停火。因此，该系统在案件中的应用经验非常有限，但是时至今日结果仍然令人鼓舞。

表27.7　送检到实验室的衣服上FDR分析调查

案件	衣服	有机FDR（ng）		无机FDR（颗粒数）			
		NG	2,4-DNT	Pb、Sb、Ba	Sb、Ba	Pb、Sb	Pb、Ba
F1	(a) 上身前面/袖口	124	93	—	—	—	—
F1	(b) 口袋	300	4	—	—	1	—
F3	(a) 一般外套/身体	124	—	—	—	—	—
F3	(b) 一般外套/身体	2068	4	—	—	—	—
F8	(a) 前口袋	1685	—	—	—	1	—
F13	(a) 面具	—	—	1	1	1	1

有机 FDR 的现行检测方法

虽然自动提取和 SPE 有优点，但是不适用于许多案件，因为比较耗时（每个样品40 min），需要过夜运行，Millilab 每次只能处理12个 Deldrin 样品。有的紧急案件可能在午夜要做检测，而警方想在访问嫌疑人前得到口头报告，这是个缺点。这时就要放弃自动过程，而用手动操作样品。

还确定 GC/TEA 优先于 HPLC–PMDE，有几个原因。GC/TEA 对含氮基团有选择性，更适合自动化，更快，使用更简单，不需要样品净化和浓缩步骤，样品操作少，提供更好的定量结果。因此，改进的分析方法需要再改进，细节见本章后面。

为了评价有机 FDR 相对于无机 FDR 有明显更好的灵敏度，决定进行室外射击试验。为了达到该目的，有必要确定子弹是含有单基还是双基推进剂的。分析了新的盒装的子弹推进剂。进行了定量而不是定性分析，因为结果信息不仅为现在的试验感兴趣，也可能用于将来的试验，结果见图27.1。

进行了2个室外试验，检验了有机 FDR。第一系列实验的有机 FDR 分析结果见表27.8，第二系列分析结果见表27.9。

必须采取细致措施防止交叉污染。但是尽管如此，还是在一些单基推进剂的射击样品中检测到 NG。很明显污染确实发生了，来源不得而知，但不是方法的瑕疵。这些试验是在室外并且刮着很大的风的时候进行的，在进行第一系列实验时还下着雨。实验条件对 FDR 沉积不理想。射击后立即对手和脸取样，脱下实验服进行包装，所以取样很快。

在这样的射击条件下，独特性和特征性无机 FDR 颗粒容易在所有棉签和吸附样品中被检出。这个结果反映在先前的研究中，即有机物比无机物容易检出（见表27.5至表27.7）。无机和有机 FDR 检出的相关性似乎不佳，这可能是由于这两类残留物具有不同的附着性质。

值得注意的是，通过这个研究，很少检测到来自射击单基推进剂的有机残留物。在 LAPUA .223 ″和 .357 ″ Magnum 口径的子弹推进剂的 FDR 中检测到 EC（见表27.8和表27.9）；但是 EC 在两种子弹推进剂中的比例都比较高（分别为5.7% 和2.32%）。因此，由于在单基推进剂中检测成分的浓度很低，用现在的仪器和方法在沉积于射击者皮肤和衣服表面的枪击残留物中不可能可靠地检测出来。检测的 NG 和其他推进剂有机成分（如 DPA 和 EC）有很好的相关性。

本工作使用了下列系统：

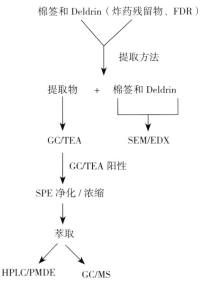

虽然无法可靠地检测单基推进剂成分，但是有机推进剂检测是有用的补充技术，现在的系统采用 GC/TEA 作为 NG 和2, 4–DNT 的快速筛选方法，只有阳性的样品需要 SPE 净化 / 浓缩。方法灵活，提取液可以用不同的仪器方法分析。有机和无机 FDR 检测相关性似乎不好，这需要使用不同方法，如 GC/TEA、GC/MS 和 SEM/EDX。改进的方法细节如下。

Sample	Calibre	NG%	DNT%	DPA%	EC%	A nitro DPA	Other
72	7.62 × 39 mm	–	–	0.8	–	Present	Camphor 1.1%
LAPUA 7.62 × 39	7.62 × 39 mm	–	–	0.7	3.3	Present	
L1 T z A3	.223"	11.1	–	0.96	–	–	Large phthalate and glycol peak
HP 84 5.56	.223"	9.4	0.1	0.43	–	–	Large phthalate peak
PSD 88	.223"	9.6	–	0.62	–	Present	Large phthalate peak
91 RORG	.223"	6.8	–	0.01	1.3	–	MC 4.3%
IMI .223 REM	.223"	5.8	–	0.6	–	Present	Large phthalate peak
Winchester .223 REM	.223"	4.92	0.24	0.5	0.08	Present	Large phthalate peak
LAPUA .223 REM	.223"	–	–	0.45	5.7	Present	
NORMA .357 MAG	.357" Magnum	–	–	0.46	0.42	Present	Large phthalate
GECO .357 MAG	.357" Magnum	–	–	0.83	–	Present	
PMC .357 MAG	.357" Magnum	6.33	–	0.73	–	Present	Large phthalate peak
IMI .357 MAG	.357" Magnum	6.5	–	0.79	–	–	Large phthalate peak
LAPUA .357 MAG	.357" Magnum	–	0.01	0.64	2.32	Present	
Winchester 12 12 Winchester	12 Bore	9.4	0.08	0.32	–	–	Large phthalate peak
Martichoni 12 H Geneva	12 Bore	–	–	0.54	0.4	–	Large phthalate peak

Sample	*Calibre*	*NG%*	*DNT%*	*DPA%*	*EC%*	*A nitro DPA*	*Other*
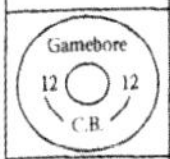 Gamebore 12 12 C.B.	12 Bore	–	0.11	0.52	–	Present	
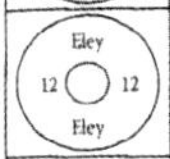 Eley 12 12 Eley	12 Bore	–	0.06	1.27	–	–	MC 0.021%
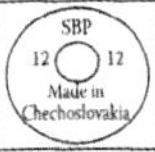 SBP 12 12 Made in Chechoslovakia	12 Bore	–	–	1.0	1.43	–	
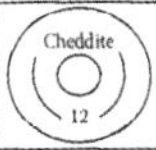 Cheddite 12	12 Bore	–	–	0.85	–	Present	
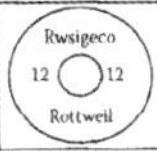 Rwsigeco 12 12 Rottweil	12 Bore	–	1.91	0.47	–	Present	
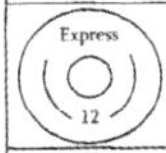 Express 12	12 Bore	–	0.02	0.53	–	Present	
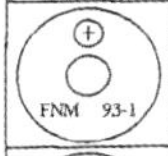 FNM 93-1	9 mmP	18.1	0.1	0.29	–	–	Large phthalate peak
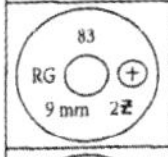 83 RG 9 mm 2	9 mmP	14.2	–	–	–	–	Large phthalate peak
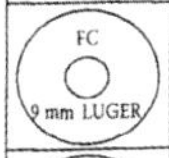 FC 9 mm LUGER	9 mmP	12.5	0.03	0.33	0.03	Trace	Small phthalate peak
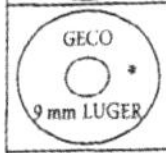 GECO 9 mm LUGER	9 mmP	–	–	0.81	–	Present	
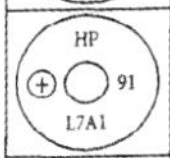 HP 91 L7A1	9 mmP	15.7	–	0.17	0.03	–	
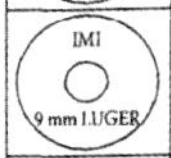 IMI 9 mm LUGER	9 mmP	15.0	–	0.24	–	–	Small phthalate peak
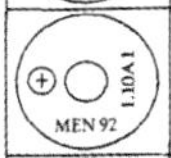 L10A1 MEN 92	9 mmP	10.4	0.05	0.26	–	–	Phthalate peak
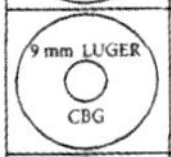 9 mm LUGER CBG	9 mmP	12.5	0.03	0.3	–	–	
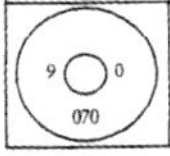 9 0 070	9 mmP	–	–	1.08	0.05	–	

图 27.1 推进剂的定量分析

表27.8 用单基和双基推进剂室外射击

枪支	样品	GC/TEA	GC/MS
冲锋枪		—	—
猎枪	棉签提取包	—	—
左轮手枪	6发单基	—	—
手枪		—	—
步枪		NG 14 ng 左手	—
冲锋枪		NG 320 ng	DPA 144 ng
猎枪	外套	—	—
左轮手枪	6发单基	—	EC 51 ng
手枪		—	—
步枪		—	—
冲锋枪		—	—
猎枪	棉签提取包	—	—
左轮手枪	6发单基	—	—
手枪		NG 48 ng 左手	—
步枪		—	—
冲锋枪		NG 500 ng	DPA 120 ng
猎枪	外套	NG 300 ng	—
左轮手枪	6发单基	—	—
手枪		NG 240 ng	—
步枪		NG 300 ng	DPA 66 ng

—，未检出。

表27.9 用单基推进剂室外射击

枪支	样品	GC/TEA	GC/MS
		棉签提取包	
冲锋枪	2、6、10 发	—	—
猎枪	2、6、10 发	—	—
左轮手枪	2、6、10 发	—	—
手枪	2 发，右手	NG 29 ng	—
手枪	6、10 发	—	—
步枪	6、10 发	—	—
步枪	6 发，右手	NG 200 ng	EC 3 ng
		外套	
冲锋枪	2、6 发	—	—
冲锋枪	10 发	NG 680 ng	DPA 150 ng
猎枪	2、6、10 发	—	—
左轮手枪	2、6、10 发	—	—
手枪	2 发	—	DPA 36 ng
手枪	6、10 发	—	—
步枪	2、10 发	—	—
步枪	6 发	—	EC 33ng

—，未检出。

对衣服的采样

使用改进的吸附取样设备对衣服进行吸附取样（见图27.2）。使用前，采集的样品置于 -25℃保存。Deldrin 可以反复使用，根据参考文献[206]的方法清洗。

对一件衣服吸附取样时间至少需要 10 min。污染检测措施包括一只干的聚丙烯腈棉签擦拭送检包（打开前）的外面，检验前对空气、桌面和取样者的手和衣袖一起吸附采样（通过对不同空间空气采样，吸附采样设备也可以用于监测实验室场所 FDR/炸药残留物污染）。避免污染的措施包括在检验前后洗手、穿干净的一次性实验服、在工作台上使用一次性纸桌布、依次用2% v/v 盐酸、2% 漂白剂、丙酮清洗工作台。

从 Deldrin 装置回收有机残留物

提取设备见图27.2，所有组件贴上样品号。

首先，把含有0.6 ng/μl 1,3–DNB（内标）的异丙醇溶液500 μl 用移液管加入 Deldrin，放置2 min。然后移取500 μl乙醚，加入 Deldrin，放置5 min，1500 rpm 转速下离心2 min。再加入500 μl乙醚，放置5 min，再用1500 rpm 离心2 min。更换 Deldrin 单元的盖子，保留此单元做无机 FDR 分析。有机提取液转移到2 ml CV 玻璃小瓶做 GC/TEA 分析，之后阳性样用 SPE 净化和浓缩，用 HPLC/PMDE 确证分析，然后用 GC/MS 分析。在等候分析中提取液置于−20℃保存。

从工作台、Deldrin、用棉签提取有机物的操作者身上提取控制样品。

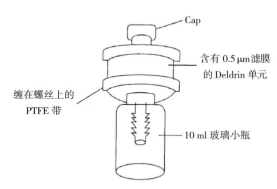

图27.2 Deldrin 提取有机物设备

棉签上有机残留物的回收

提取设备见图27.3，所有组件贴上样品号。

首先，用移液管吸取含有0.4 ng/μl 1,3–DNB（内标）的乙醚

750 μl，加入到含有棉签的针管中，放置 2 min，然后在 3000 rpm 转速下离心 1 min。提取液用 GC/TEA 分析，然后阳性样品用 SPE 净化和浓缩，再用 HLPC/PMDE 确证分析，然后用 GC/MS 分析。将含有棉签的 Swinnex 和针管包装起来，留着供无机 FDR 分析。提取液在 −20℃下保存。

注意：在线 1 μm 滤膜是为了保留有机提取液从棉签上除掉的无机颗粒。如文献[207]概述的，滤膜和滤头是接下来浓缩/净化过程的集成部件。过滤单元含有一个直径 13 mm Swinnex 一次性滤头以及一个直径 13 mm、1 μm 孔径的氟孔滤膜（Fluoropore）（Millipore FALP 01300）

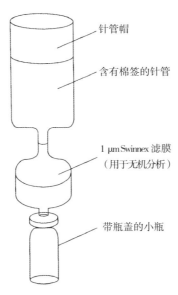

针管帽

含有棉签的针管

1 μm Swinnex 滤膜
（用于无机分析）

带瓶盖的小瓶

图 27.3　从棉签上提取有机物的设备

固相萃取（SPE）法

Chromosorb 104，筛孔大小为 125 μm~150 μm，Amberlite XAD–4 为 SPE 材料，使用前都根据参考文献[208]推荐的程序进行清洗。在清洗方法中，40 mg Chromosorb 104 和 Amberlite XAD-4 3:1混合物装入1.5 ml SPE 管内筛板之间（见图27.4）。管子上贴上样品标签。

SPE 管和 Visiprep D-LTM 真空腔通过一次性流量控制阀线相连。

在使用前，用1.5 ml 乙腈（ACN）快速清洗 SPE 管，除去可能的污染。小管然后用1.5 ml 去离子水老化，以激活载体材料上的活性点。为了保证活性点活化，要有足够的水保留在管子内，没过上部筛板。用氮气将棉签的有机提取液吹至近干（约20 μl），再溶解到100 μl 的乙腈中，按1:10用去离子水稀释 [去离子水减少有机 FDR 和炸药残留物对 CAN 和异丙醇（IPA）的亲和力，能够结合到固定相上]。然后样品以大于4 ml/min 的速度通过 SPE 管。用去离子水冲洗 SPE 管，放至干燥。

用300 μl CAN 洗脱将 SPE 内的内标和任何有机 FDR/ 炸药残留物，洗脱液放入1.1 CTVP 带盖小瓶，萃取液供 HPLC/PMDE 和 GC/TEA 分析用。内标浓度应大约为1 ng/μl。

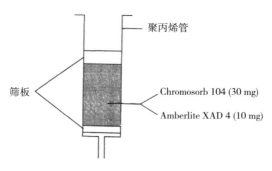

图27.4　固相萃取管

从 Deldrin 上回收无机残留物

提取有机 FDR/ 炸药残留物后，从 Deldrin 单元上取下0.5 μm 滤膜放入150 ml 玻璃烧杯中。滤膜头内部和帽内部用石油醚清洗，清洗液倒入同样的烧杯中，体积到20 ml，超声处理20 min，静置。

悬浮液经含有两层13 mm 直径滤膜的浓缩/净化系统过滤[207]，使用25 μm 筛孔的起始粗过滤膜和1 μm 氟孔滤膜（Millipore SX 0001300）。过滤后，1 μm 滤膜放入13 mm 直径带双面胶的铝质 SEM 样品盘，用 Biorad E6430 自动真空控制器镀碳，然后用 SEM/EDX 分析存在的无机 FDR。

Deldrin 滤头和玻璃器皿用参考文献[206]的方法清洗后可以反复使用。

从棉签上回收无机残留物

萃取有机 FDR/炸药残留物后，棉签放入玻璃瓶，加入75 ml 二甲基甲酰胺（DMF）。放置足够长时间，让 DMF 溶解聚丙烯腈纤维，颗粒悬浮液通过已经介绍的同样方法浓缩/净化，使用有机 FDR/炸药残留物提取所用 Swinnex 支架。然后将 1 μm 滤膜放到样品盘上，并用 SEM/EDX 法测定。

避免污染

在检验 FDR 和炸药残留物样品时，有三个独特的阶段：采样、样品制备和分析。在所有阶段，都要细心地避免污染。另外，在经历的各个阶段都要采集控制样本，包括"空白"，"空白"用于检查使用的设备、材料、试剂以及样品和样品之间可能存在的残留。如果污染确实存在，不仅要在很早的阶段确定它，还要确定是在什么过程、什么地方出现的。

目击者陈述（SOW）报告

案件检验曾经采用了下列风格枪击残留物报告。

SOW 报告内容引言分为下列四种主要类型：（1）做了什么；（2）结果；（3）评论；（4）结论。推荐的目击者陈述报告措辞类似于以下形式：

第一类

"检验了检材中的子弹（如枪支、空包射击）枪击残留物。根据元素组成和形态鉴定主要来自弹头和底火的无机枪击残留物，颗粒分为两类，即毫无例外地鉴定为枪击残留物的，也可以来自工作场所和环境来源的射击指示物。还检验了检材中来自推进剂的有机枪击残留物。"

第二类

"项目 ＿＿ 中检测到的 X 颗粒为独特的枪击残留物，Y 颗粒为指示性枪击残留物。"

"项目 ＿＿ 中检出指示性枪击残留物 X 颗粒，但是没有发现独特的枪击残留物。"

"项目 ＿＿ 中没有检测到重要的无机枪击残留物。"

"项目 ＿＿ 中检测到化合物'a'和'b'，为已知的制造推进剂的有机化合物。"

"项目 ＿＿ 中未检测到重要的有机枪击残留物。"

第三类

"尽管枪击残留物是很随机的过程，依赖于许多因素，包括环境条件、类型和枪支条件、子弹类型等。附着取决于表面类型、射击后的活动和环境条件。在不同表面之间可能发生迁移，迁移的难易影响附着性。因为涉及的因素，没有出现枪击残留物不能排除某人与射击枪支事件相关，出现枪击残留物应该结合其他可以得到的信息解释。"

第四类

"本案提供给我的信息和结果，强烈支持/不支持受试客体涉及枪支。"

参考文献

2 0 2.J.B.F.Lloyd, High-performance liquid chromatography of organic explosives components with electrochemical detection at a pendant mercury drop electrode, *Journal of Chromatography* 2 5 7 (1983): 227.

2 0 3.J.B.F.Lloyd, Clean-up procedures for examination of swabs for explosives traces by high-performance liquid chromatography with electrochemical detection at a pendant mercury drop electrode, *Journal of Chromatography* 261 (1983): 391.

2 0 4.S.J.Speers, K.Doolan, J.McQuillan, and S.J.Wallace, Evaluation of improved methods for the recovery and detection organic and inorganic cartridge discharge residues, *Journal of Chromatography* 674 (1994).

2 0 5.J.B.F.Lloyd, Adsorption characteristics of organic explosives compounds typically used in clean-up and related trace analysis techniques, *Journal of Chromatography* 328 (1985): 145.

2 0 6.J.S.Wallace, and W.J.McKeown, Sampling procedures for firearms and/or explosives residues, *Journal of Forensic Science Society* 30 (1993): 107.

207.J.S.Wallace, and R.H.Keeley, A method for preparing firearms residue samples for scanning electron microscopy, *Scanning Electron Microscopy* 2 (1979).

2 0 8.J.B.F.Lloyd, Liquid chromatography with electrochemical detection of explosives and firearm propellants traces, *Analytical Proceedings* (London) 24 (1987): 239.

28　不正确 GSR 证据的后果

　　1989年1月，澳大利亚一位高级警官在回家途中走出福特轿车时被射击致死。他的头部被 .22 口径弹头击中了两次：一次在头的后部，被确定为第一次射击击中的；另一次在头的右边。受害人瘫在驾驶室座位上，车门还开着。很明显该警官走出汽车时受到近距离射击，第一次射击击中头后部，子弹没有穿过身体。

　　该警官先去看望兄弟，以组织一次打猎和户外射击活动，之后下班回家。该警官带了猎枪设备到过他兄弟的住所，凶杀现场有两盒 .22LR 口径 RWS 子弹，放在汽车前排乘客座位。出于这些考虑，这辆车不能被认为是不含 GSR 的区域。

　　凶杀现场的保护很差，有多位警官和其他官员参观了现场。现场经过很长时间才得到警察法庭团队保护。团队在草地上找到了 PMC 制造的 .22LR 口径边缘底火弹壳。射击过的弹壳位置和射击情景相符（显微镜检验射击过的弹壳最终揭示，两枚弹壳由相同枪支射出，枪支为 Ruger 10/22 来复枪，该枪支一直没有找到）。最终，一位法庭科学家查看了现场，检验了汽车和受害人身体。这位科学家检验了血痕模式和死者伤口，并在驾驶员一侧车门周围的地上用吸附法采集了 GSR 检材，行凶者可能在该区域站过。经过后面的实验室工作，这位科学家的结论是头后部伤，射击距离为 18 " ，旁边伤的射击距离为 24 " 。

　　尸体被送去尸检，车子被送到警察局做详细的检验。

　　该警官近数周内负责为与黑手党（Mafia）有关的 11 人毒品流窜

案出庭作证，因此这些人是明显的嫌疑人，但是注意力很快转向有严重人格问题的一个人，他之前和该警官发生过争吵。

警方把注意力集中到这个人身上，检验了这个人公寓内的任何重要的东西，扣押了他的衣服做 GSR 检验，但是结果都是阴性的。还查扣了他的马自达汽车，带到警察署做详细检查。

该案进行了两次审讯、一次审判，法庭证据在指控嫌疑人上起到了非常重要的作用，该嫌疑人被判处终身监禁（在第一次审讯中指控嫌疑人谋杀罪证据不足）。

1995 年，我还在爱尔兰法庭科学实验室枪支部工作，嫌疑人律师接触了我，直言是主任同意我可以作为法庭科学家受雇于辩方。在我们收集的枪支中有合适的枪支，但是对案件我无法做任何实际工作，因为在北爱尔兰我们没有 .22LR 口径的 PMC 子弹。嫌疑人法律团队无法把这些东西送到北爱尔兰。值得注意的是，这样的子弹被从澳大利亚送到了以色列供原告雇用的法庭科学家使用。

嫌疑人经常雇用和解雇律师，因此我被雇用和解雇了数次，以至于实验室主任决定本实验室撤出此案。不久后我被解雇，但是我对此案保持兴趣，因为我对法庭证据的质量和客观性持有严格的保留意见。

退休后，我因此案四次访问澳大利亚。第一次到访是在 1997 年，嫌疑人的法律团队接触我，要我在联邦上诉法院提供证据。不幸的是，三个法官中两个认为我不能提供证据，因为我的报告只是个人观点。

第二次到访是审讯嫌疑人，他承认杀人并被判处终身监禁。我想做和本案相关的射击试验。我向 DPP（公诉署署长）和能接触到 Ruger 10/22 来复枪、相关子弹和射击范围的警察寻求帮助，遭到了拒绝。我向 DPP 申请两次审讯和一次审判卷宗的誊印本，起初受到了拒绝，但是付出了可笑的费用后得到了允许。

我后来见了《堪培拉时报》（Canberra Times）的法律记者，他曾在很长一段时间报道此案，他和另外两位作者就本案写了一本书。他向我提供了很多本案的信息，让 DPP 免费提供了案件卷宗的誊印本。他的帮助富有价值，不幸的是他后来去世了。

我根据誊印本写了几份报告呈给 DPP。在审讯卷宗的誊印本中记载，那位科学家说他用肉眼在嫌疑人车子行李箱内观察到推进剂及其所在位置（大量的）。其重要性是暗示凶杀后枪被扔到行李箱中，枪口朝下，推进剂脱落到行李箱中，还引申出这不是陈旧性附着，就是经过了较长时间的许多小沉积。我知道不可能用肉眼在铺毯子的行李箱中看到这样的推进剂，因为颗粒很小。在审判的时候有其他法庭专家，他改变了观点，说不借助显微镜不可能看到行李箱里的推进剂。这导致我担心他的客观性。

与 GSR 和推进剂沉积相关的法庭证据是公诉案件的重要部分，主要证据见表28.1。

表28.1　案件中的主要证据

现场	嫌疑人
福特车	马自达车
扁平球状推进剂颗粒物理上和 PMC 子弹（123:102 车内和 21 在驾驶员一侧地面）相符	绿色扁平球状推进剂颗粒，物理上和 PMC 子弹相符（行李箱内 21）
无机 GSR 颗粒（数量 N/K）	无机 GSR 颗粒（数量5 ~ 12，卡宾枪）
2×Rogue 推进剂颗粒 ↓	6×Rogue 推进剂颗粒和 1 个碎片
2× 射击过的弹壳，都确定为 Ruger 10/12 来复枪射击（没找到来复枪） ↓	↓
通过来自现场和来自枪支卖家试验射击区射击过的弹壳的显微镜比较，把来复枪追溯到枪支卖家	通过一位目击证人提供的证据，嫌疑人和枪支卖家房子相联系（第一次审讯时目击证人没有给出这个证据，只在第二次审讯和在审判时给出）

唯一可能将嫌疑人和犯罪现场关联的东西就是他的马自达车里的 GSR（有机或无机）。非常有疑问的目击证据试图将嫌疑人和购买 Ruger 10/22 来复枪联系起来。

这个案件比我这里呈现的要广泛、细致和复杂得多。如果我把全部细节写出来，我能让读者泪流满面，并产生庞大的文本。我只集中于基本的东西。

现场有射击过的 PMC 弹壳，推进剂颗粒物理上和福特车内部和车外部地面上的子弹来源相符。福特车中有两种推进剂颗粒（表示为 Rogue 颗粒）；一种在前排乘客座位上和头后部伤区域；一种在射击区福特车车体上，为无机 GSR 颗粒。

有 21 种推进剂颗粒物理上和 PMC 子弹和马自达车上 7 种 Rogue 推进剂颗粒（大多数在行李箱中，少量在后排座区域）相符。多达 12 种无机 GSR 颗粒存在于车子驾驶舱区域。

所有这些都不利于嫌疑人，但是仔细查看 GSR 结果，显示不是这样的。

基本信息

深入讨论之前，有必要知道下列信息：

PMC 底火有两种成分，就是铅和钡。

PMC 推进剂残留物为扁平球形黄色 / 黄色半透明颗粒。推进剂含有硝酸纤维素（NC）、硝化甘油（NG）、邻 - 苯二甲酸二丁酯（DBP）、2- 硝基二苯基胺（2nDPA）、4- 硝基二苯基胺（4nDPA）、二苯基胺（DPA）。

PMC 弹头表面为铅和碲，覆盖着铜。

宏观比较发现，从死者身上提取的两个 .22 口径弹头受到严重损坏。

我把无机枪击残留物叫作 GSR，而有机推进剂相关的残留物叫作推进剂颗粒。二者都是 GSR，但是来自同一枚子弹的不同部分。

详细检验此时澳大利亚能找到的所有 .22 口径子弹，作为另一位法庭科学家理学硕士论文的一部分，形成了 .22 口径数据库。数据库包括151种子弹，包括来自不同制造商的系列类型。数据包括下列内容：

弹壳细节：头印；组成，如黄铜；弹壳长度（口径）。

发射器细节：重量；顶部和底部形状；实心还是空心；覆盖物（如果有）。

底火：未燃烧底火颜色、底火元素（定性）。

底火：未燃烧底火颜色、底火元素（定量）。

未燃烧推进剂描述：形状、颜色、透明度、石墨覆盖。

未燃烧推进剂组成：含有的有机化合物。

部分燃烧的推进剂组成：存在的有机化合物。

该法庭科学家使用这个数据库支持他的结论。

这辆马自达车的历史相当长，嫌疑人是作为二手车购买的。

嫌疑人之前接触过枪支（来复枪）。嫌疑人证实有两支来复枪放在车子的行李箱中（不同时间分别放置），其中一个曾经卡住/射击失败。对于福特车，马自达车不能被视为无 GSR 区域。

马自达车上的 GSR 颗粒

在马自达车内驾驶员手可能接触的区域检测到无机 GSR 颗粒。样品棉签用 SED/EDX 法检验，都是先由澳大利亚法庭科学家检验，再由以色列法庭科学家检验（因此是颗粒数范围）。

在首次审讯中（1989）该澳大利亚法庭科学家陈述，马自达车内发现的所有 GSR 和推进剂颗粒与 PMC 子弹相符，不存在其他类型的推进剂颗粒。他还陈述现场和马自达车内两种类型的 GSR（有机和无机）没有不同。

第二次审讯（1992）他陈述道，在现场发现的推进剂和马自达车内发现的推进剂很可能来自相同批次（有证据显示，直到1993年，他没有对任何推进剂颗粒进行气质联用分析。因此，他作出这样的陈述仅仅根据物理外观）。他还说各处发现的所有推进剂颗粒都是 PMC 推进剂颗粒。结合新引入的目击证据，这导致了嫌疑人被指控杀人。

1995 年审判

该澳大利亚法庭科学家的证据随着审讯的推进变化很大。在第一次审讯中，他（和警察弹道专家）说他们认为没有使用消音器（声音抑制器），而他现在认为在谋杀中使用了消音器。

从1989年扣留的两辆车四年后或超过五年的吸附样品中发现了一些非 PMC 推进剂颗粒。他描述这些新颗粒是"严重炭化的破碎的圆形颗粒"，两个"不正常"颗粒来自现场，一个来自福特车前排乘客座位，一个来自死者后部射入入口区域。如果该位置出现子弹，可能再装弹的射击枪支放在这里，而且来自前排乘客座位的颗粒就值得怀疑。在马自达车上找到了5个"不正常"推进剂颗粒（4个在行李箱，1个在驾驶室地板上）。21个绿色扁平圆形推进剂颗粒出现在行李箱。三年后，找到了这些颗粒，一个绿色扁平球形颗粒在驾驶员座位上，和原来样品一样。后来在马自达车驾驶员座位上发现的其他绿色扁平球形颗粒，也和原来样品中的一样。

消音器理论

使用消音器可以解释在现场和马自达车上存在"不正常"推进剂颗粒，就是已知消音器内部能够保留未燃烧和部分燃烧的推进剂颗粒以及无机 GSR 颗粒，还可以解释存在所谓颗粒表面严重焦化。在现场和嫌疑人车上存在这些颗粒能够提供和现场的另一个联系。这引起了问题：消音器是焦化的推进剂颗粒的唯一来源吗？在努力回答这一问题中，我得到了如下系列枪支枪管内部提取的棉签：30×.22LR 来复枪；4×.22LR 手枪，2×.22z 左轮手枪；1×.350 口径来复枪；1×9 mm 手枪；1×.338 Magnum 来复枪；1×.308 Winchester 来复枪；1×.223 来复枪；1×.38 手枪；1×.45 ACP SMG；1×9 mmSMG，1×7.56 SMG。总共45支枪支。

这些枪在保存前做了正常清洗。显微镜检验棉签发现，20支含有焦化的推进剂颗粒，有的含有多个焦化颗粒，其他有许多焦化颗粒。有的枪支含有非焦化颗粒，6支没有重要颗粒。

我提取了一些焦化的颗粒，拍照后送去进行 GC/MS 分析，以确证这些颗粒为推进剂。GC/MS 分析确证了这些颗粒为推进剂。

我还检验了6×.22LR 消音器，在桌子上的纸上方轻拍消音器。我没有打开消音器。6个消音器中的5个存在焦化的推进剂颗粒，所有消音器都有非焦化推进剂颗粒，但是非焦化推进剂颗粒总数远远超过了焦化的推进剂颗粒。

我还轻拍一系列枪支的枪管，得到一些枪支可以去除部分焦化的推进剂颗粒。

本工作揭示了消音器和枪支中有大量推进剂样的颗粒，颗粒数量随消音器和枪支的不同而异。来自消音器的大部分颗粒都是非焦化的，来自枪支的颗粒大部分是焦化的。这是出乎意料的结果，可能的解释是，棉签可以取出普通清洗方法去不掉、在枪支中存在较长时间的颗粒。

我用 Ruger 10/22 来复枪和 PMC 做进一步试验。在带消音器的来复枪上发射10发子弹，取下消音器轻拍，轻拍枪管取样。

显微镜检验了消音器样品，显示大量推进剂样的颗粒，主要呈黑色（炭焦化），一些略带绿色。

混合颗粒形状和大小变化很大，大多数变化很小。

除了颗粒数量更多，来复枪管样品与消音器显示的结果相同。

明显重要的试验结果，清楚地显示了不是所有消音器都有焦化颗粒（焦化推进剂颗粒可能有其他来源，如工业工具、空白/模拟枪支、其他使用空白推进剂的枪管）。

声障

在射击者身后大约100 m的一位耳闻者能够确定听到他所说的两声未消音的射击声。这个人很熟悉枪支和消音器。

涉及的子弹能够打破音障，因此本案中使用消音器没有意义。这位法庭科学家相信使用了消音器（可能根据他的焦化颗粒理论）（不管警察弹道学家在审讯时阐述，音障在打破前范围不小于1 m，射击太靠近了无法打破音障）。换句话说，根据我的经验，消音器可以在近距离工作，我知道这是对的。如果使用了消音器，耳闻者可能听不到射击。

无机 GSR

以我的经验，射击过的推进剂总是伴随着许多无机 GSR 颗粒。在马自达车里发现的推进剂可能在嫌疑人购买二手车前就沉积在车上了，可能因嫌疑人涉及枪支沉积在车上，可能因凶杀沉积在车上，可能来自其他来源沉积在车上，或者在谋杀和警察缴获车子之间沉积在车上。第一个和最后可能性不太大，但是也不是不可能。

使用 SEM/EDX 法，这位法庭科学家在马自达车车厢内发现了 GSR 颗粒：

1× 铅、碲、钡颗粒，钡、碲浓度低，在驾驶员一侧门内把手上。

2× 铅、钡颗粒，在后视镜上。

1× 铅、钡颗粒，在指示杆上。

1× 铅、碲、钡颗粒，碲为常量，在指示杆上。

SEM 样品台又由以色列法庭科学家重新检验，发现另外7种

GSR 颗粒，其中5种出现在后视镜上、2种在指示杆上。

针对含有主要成分锑的 GSR 颗粒是否来自2 ~ 3种组分底火的子弹，做了很多试验。这位法庭科学家在审讯时说所有 GSR 颗粒都绝对符合来自 PMC 子弹。但是，面对试验他说颗粒符合三组分底火子弹，可能由于来自消音器内部的污染。以色列法庭科学家也倾向于三组分底火来源。

我用干净的 Ruger 10/22 来复枪试验。检验了来自枪支的控制样品，以确保试验前没有锑颗粒存在。一匣 PMC 子弹打到塑料捕集装置内，拍出未燃烧的推进剂后，我用 SEM 样品台导电胶提取了捕集装置内部。样品台用 SEM/EDX 检验，发现了许多铅、锑、钡颗粒，其中锑为主要成分。弹头中的锑很容易进入 GSR 中，这可能是因为离开枪口的 GSR 比离开弹出口的具有较高锑水平，因为更靠枪膛前部，这里由于推进剂持续燃烧，并且摩擦力也产生热，温度更高。

法庭科学家假定车厢内的 GSR 是有人近期（10分钟内）发射了枪，否认了通过驾驶员手从行李箱带来的可能性。这没有考虑一位伦敦大都会警察法庭科学实验室科学家说这是另一种车厢内存在颗粒的解释（记住，车子是谋杀案案发八天后才被警察署发现的。有证据表明在这八天中车子被用过，因此以我个人观点和经验，GSR 这样符合是高度不可能的）。

在马自达车驾驶员座位上发现了一种扁平球形像推进剂的颗粒。用 SEM/EDX 检验，在表面上检测到7个 GSR 颗粒。其中一个颗粒以铁为主要成分，这与 PMC 子弹不符合。在无机 GSR 颗粒中存在铁主要成分，那是在射击有机推进剂颗粒表面，是子弹中存在铁或射击经过生锈的枪膛的体现。

根据我的知识，在任何 .22 " 口径的子弹中，铁不会出现显著含量。这就只剩下枪管生锈的解释了。如果是这种情况，凶杀现场的无机 GSR 颗粒也应该具有较高水平的铁。实际不是这样的，因此在推进剂颗粒表面存在含有主要成分铁的无机 GSR 颗粒，表明不是来自凶杀现场的推进剂颗粒。这可能是车子行李箱转移来的。

这位法庭科学家还声称，在审讯中所有在马自达车中发现的无机 GSR 颗粒（5颗）都与 PMC 子弹符合，另外，他还把子弹缩小到很小的范围（从11个缩小到7~10个），所有都是2组分底火。这是不可能的，是极端的解释。他还声称，在颗粒中出现痕量的钙很重要，因为推进剂制造商 PMC 使用含钙化合物保持推进剂干燥。从本书中伴随元素列表中可以看出，钙经常出现在颗粒中。钙在环境中也非常普遍。

"不正常"推进剂颗粒

注意：

1.DBP 和 DPP 是塑化剂，在推进剂体内，不在表面，不太可能被烧尽。

2.以我之见，在马自达车和福特车内颗粒的任何相关都是不确定的（见表28.2）。

表28.2 "不正常"推进剂颗粒

位置	颜色	分析	评论
马自达行李箱			
颗粒 1	黑色	NG、EC	
颗粒 2	黑色	NG、EC	
颗粒 3	N/K	NG、EC、DEP	
颗粒 4	N/K	NG、EC	
马自达驾驶室地板	N/K	痕量 NG	
福特前乘客位置	清亮 / 透明	NG、EC	化学上和马自达上的三种颗粒相符，但是物理上和两种不符，就是颜色不同
福特死者后脑受伤部位	清亮 / 透明	NG、EC、DEP、DPP	

PMC 推进剂的可靠性

这位法庭科学家声称，他根据物理形态（即大小、性状、颜色和化学成分）鉴定了 PMC 推进剂，这是法庭正常做法。他声称，PMC 推进剂还有另一个物理性质帮助鉴定，就是射击后保持大小、形状，比别的推进剂更稳定。他声称用这些参数、特征使他鉴定了来自马自达车行李箱的21种绿色扁平球状推进剂颗粒，与 PMC 推进剂不完全相符但是为 PMC 推进剂。

为了试验这种说法，我做了两个涉及用一支 Ruger 10/22来复枪近距离射击 PMC 子弹的目击卡（witness card）的试验。

试验1

用消音和未消音的来复枪近距离射击（36 ″，每隔3 ″）目击卡，显微镜和肉眼检验目击卡，得到下列发现：

a. 使用消音器枪口的颗粒数趋于减少。

b. 消音和无消音射击颗粒扩散的范围都很大，甚至达到了6 ″，但是用消音器颗粒扩散的范围较小。

c. 检验一些目击卡，发现许多很小的推进剂碎片。

试验2

现场发现了大量的推进剂颗粒（超过123个），至少102个散布在福特车内部。实际上颗粒到处都是，包括车子的后部所有区域。除了使用的目击卡大得多（60 cm × 110 cm），并在上面使用了新的湿 PVA 型手工胶，其他条件和试验1一样。

检验目击卡，得到下列结果：

a. 一些颗粒达到了可目击卡的边缘，甚至达到6 ″。

b. 与试验1一样，使用消音器时颗粒数目较少。

c.分散在目击卡全部范围的是很小的颗粒，绝大部分是碎片。很少有足够大，被认为是正常法庭检验的推进剂颗粒。

对试验1和试验2的评价

颗粒在枪口扩散范围很广，这有助于解释福特车内颗粒的分散性。在现场用吸附法采集设备可能发现很小的颗粒（像尘埃）。

现场发现存在相对少量的大颗粒和大量的颗粒（大于123个）令人吃惊，倾向的解释是来复枪枪管可能被缩短了。缩短枪管可能会使得来复枪很容易隐藏（很明显，缩短枪管排除了使用消音器，除非重新连接）。

枪管缩短试验

为了估计枪口射出颗粒数量与逐渐缩短的枪管的关系，就做了进一步的试验。

缩短枪管减少了燃烧发生的距离/时间/体积，因此导致更多未燃烧或部分燃烧推进剂的数量，很可能产生较大的颗粒（燃烧程度较小）。这个试验不是用于测定颗粒相对大小随枪管长度逐渐缩短的变化的。颗粒大小分布分析可能值得试验，但是时间不允许。

我称量和统计了射击三轮PMC子弹推进剂颗粒的数据。所有三轮重量为2格令（gn）。计数是漫长而枯燥的任务，一轮PMC子弹射击产生的推进剂颗粒的平均数量为1995。

三轮射击分别用15个推进剂捕集装置，该装置也捕集弹头。取出推进剂捕集装置，称量结果见表28.3。

表28.3 枪管缩短对射出推进剂颗粒数量的影响

枪管长度，英寸（"）	重量（格令，gn）	平均	三次射击后颗粒数量	两次射击后颗粒数量
18.5	0.5			
18.5	0.6	0.6	600	400
18.5	0.7			
15.0	0.7			
15.0	0.8	0.733	731	487
15.0	0.7			
11.5	0.8			
11.5	0.7	0.767	765	510
11.5	0.8			
8.0	0.7			
8.0	0.5	0.8	798	532
8.0	0.9			
4.5	0.8			
4.5	1.2	1.0	997	665
4.5	1.0			

从计算看，8 " / 0.5 gn 的结果明显反常。

可以看到明显的趋势，随着枪管逐渐缩短，推进剂质量（重量）增加。感觉可以预测这一点，假设所有的残留物和推进剂相关，但是可能还含有其他残渣，包括弹头碎片，但是用肉眼无法看到这样的铅颗粒。

司法调查

嫌疑人前律师退休后决定写一本关于本案的书。就在查阅堆积如山的卷宗材料时，他得到了嫌疑人朋友、一位中学教师的信，说他曾经购买过嫌疑人的车用 PMC 子弹去打猎，他在福特车行李箱中带着来复枪和子弹。买车的目的嫌疑人不知道。这样非常重要的信息没有被注意到，很可能因为雇用和解雇了很多律师，他的法律团队没有持续性。

因为这一点和其他18项事情，他准备对本案开展公开调查。调查得到了许可，我被要求到澳大利亚进行试验，对那位澳大利亚法庭科学家以前提供的证据准备法庭报告。这是我第三次去澳大利亚，包括在调查前出庭（因为签证规则，我在澳大利亚只有3个月）。司法调查因为我不知道的原因无法确定时间而被推迟。这迫使我第四次赴澳大利亚，为司法调查提供证据。我为法庭证据准备了100页报告，为.22子弹数据库准备了16页报告。

最终那位法庭科学家不得不说明的是在马自达车行李箱中21颗像推进剂的颗粒与PMC推进剂相符。即使他不这样做，随着检查文书的提交也变得很清楚了，即使没有对这些颗粒做GC/MS分析（马自达车推进剂制造商还不知道）。

在.22子弹数据库中，有46种子弹有绿色扁平球形推进剂颗粒。

令人难以置信的是，本案没有专门的法庭案例报道，只在几个信息来源中有零星片段。

这位法庭科学家对GSR发现的证词在许多方面有瑕疵，他的焦化颗粒/消音器理论很值得怀疑，他对无机GSR颗粒的解释是可笑的，他对来自审讯证据的变化以及他关于PMC推进剂的稳定性理论就是一派胡言。他的证词非常重要，毫无疑问对陪审团印象深刻，但是他的发现经不住细致的审查。

司法调查确定，由于不正确的法庭证据导致嫌疑人受到终身监禁的刑罚，嫌疑人受到了不公正的判决。嫌疑人在监狱服刑了近19个月。澳大利亚首都领地最高法院撤销了定罪，释放了犯人，定于2018年6月重审。

结 论

多年来，在很多国家和对许多研究者来说，FDR 都是研究和开发工作的课题。下面的文字概括了我对 FDR 工作的性质和价值的思考。

一是沉积的可靠性。在射击过程中，在射击者身上可能会沉积残留物，沉积浓度可能变化很大。即使只有观察日期和时间变化，在"同样"的条件下重复射击，也会这样。

NIFSL 在室内和室外相同的条件下进行试验，成功地揭示了变化的程度。有的没有检测到重要的颗粒，有的检测到很多颗粒，大部分颗粒数量适中（值得注意的是，.25 ACP 口径的"儿童"勃朗宁（Browning）手枪，射击一弹匣子弹（6发），在射击者手上总是产生大量颗粒）。

二是保留的时间。FDR 沉积随意性很大，保留时间很短，会很快从手上、脸上和头发上消失，但是在外衣上能保持较长时间。残留物化学稳定，很明显其附着性完全取决于案件发生后衣服的变化。如果衣服没有受到翻动，FDR 会保持不变。如果沉积后衣服还在穿，正常活动时，比如说移动、转移、有风等等，颗粒就会丢失（这对口袋内 FDR 不适用，口袋内是颗粒最多的地方）。

三是分布。除了自杀和嫌疑人死亡，颗粒分布（发现颗粒的地方及其浓度）实际意义不大，解释分布样式需要小心。和脸上、头发、衣服上（包括口袋内）相比，在正常活动中手上的 FDR 会快速转移。在一些非正常案件中，分布是重要的因素。

四是解释。在衣服上的 FDR 可能是案发前就在那里的，也可能是在案发后和抓捕嫌疑人（缴获衣服）之间的时间内沉积上去的，不能直接归因于本案。手上、脸上和头发上的阳性结果强烈表示是近期的沉积。没有 FDR 也不能排除嫌疑，在嫌疑人身上存在 FDR 不一定意味着嫌疑人开枪了。

嫌疑人可能站得靠近射击的枪支，可能拿过近期射击过的枪支，可能擦过枪，可能捡过射击过的弹壳，可能接触过射击目标，等等。但是，存在 FDR 确实需要嫌疑人作出解释，因为 FDR 可能不是来自枪支，例如来自子弹操作工具和来自环境或工作场所，这些都需要考虑。

因为有非枪支来源，FDR 颗粒不再能用"独特"来描述。颗粒分类鉴定标准已有人重新评价过了[222-230]。我建议对射击子弹用"高度指示性"和"指示性"术语代替之前的类型。需要开发研究过的无铅子弹（Sintox）和工作场所／环境来源的锶和钛的鉴定标准，还需要注意弹孔周围和近距离射击目标上残留物的检测，有些作者正在开展这方面的研究。

五是颗粒组成。FDR 沉积是很随机的过程，射击颗粒的组成也很不一致。我曾读到有的科学论文用元素含量和单个颗粒内元素比例鉴定底火，最终确定子弹制造商。以我的观点这些结果有的是非常模糊的，因为某人在案件检验中不可能很幸运地检测足够多的颗粒来得到这样的结论。考虑铅可能来自底火或弹头，碲可以来自底火或弹头，钡可能来自底火或推进剂，汞可能存在但是无法检出，锡可能来自底火、弹头或推进剂，不基于大量颗粒的结论，是有问题的。强烈建议在提出底火类型前检验射击过的子弹或涉案子弹的内部。

六是污染的风险。微量物证的问题之一是可能发生污染或交叉污染。在第24章已经提到过必须首先避免污染。如果不能展示未发生污染，那么实验室阳性结果的重要性就会大大降低。

评论

上述考虑产生了"在嫌疑人身上检验FDR是否值得"的问题，这是难以回答的，将在警察、法庭科学家、那些负责财政工作的人员以及法律职业人士之间产生有趣的争议。

虽然是案件的重要因素，但是嫌疑人身上的FDR是"支持性的"（supporting）证据。在弹头表面和目标上的FDR对鉴定弹孔、区分入射弹孔和出射弹孔、估计射程、确定弹头类型（如曳光弹、燃烧弹等）既有用又可靠。

简单、可靠、便宜和结论性的FDR检测方法还没有找到。毫无疑问，颗粒分析法是至今最想做的信息量最大的方法，但是更适用于案件数量不太多的情况。在北爱尔兰FDR案件很多，有多个嫌疑人的案件很常见。在一个案件中竟然有38个嫌疑人，每人有3~4件外上衣需要检验。在案件数量大的情况下，快速、成本低的FAAS法大宗元素分析系统很有吸引力，特别是考虑使用漫长的、昂贵的、不具独特性的颗粒分析。FDR的性质加上耗时费力的颗粒分析法、阳性结果的限制、案件事实应该经负责的法庭科学家和警察讨论，决定是否继续。早期的讨论结果是至少鉴定应该用最可能成功的方法采集的检材。所有涉及枪支的案件都很严重，需要全力调查是不容置疑的，但是也必须有直觉，要面对现实。

我们注意到有趣的是，汽车特性常常用到FDR结果解释中。在Price的方法中，嫌疑人手上检测到颗粒形式的铅。当发现使用加铅汽油的汽车尾气向环境放出很多铅颗粒时，这个方法就不可信了。开发大宗元素分析方法时发现，铅可能来自含铅汽油和电池两极。锑也存在于电池电极中，钡存在于摩托车油中。最终在颗粒分析中，宣布"独特的"铅、锑、钡 FDR 颗粒可能来自汽车刹车材料中。

修订的颗粒分类系统

下面是我对现在的颗粒分类系统的解释。

在引入新的底火类型之前，寻找用于 GSR/FDR/CDR 的主要元素有铅（Pb）、锑（Sb）、钡（Ba）。如果涉及雷汞底火，可能检测到汞；如果钾和硫的含量高，提示有黑火药。

对含 Pb、Sb、Ba 的弹药，分类指南如下：

三组分颗粒	Pb、Sb、Ba	特征
二组分颗粒	Pb、Ba；Pb、Sb；Ba、Sb	指示
单组分颗粒	"只有" Pb；"只有" Sb；只有 "Ba"	一般相关

这些颗粒也可能含有下列元素：主要、次要或痕量铝、钙、硅、硫；次要或痕量氯、铜、铁、钾、硫、锌（只有铜也存在，并且铜的含量比锌的含量高时，才和黄铜相符）；痕量钴、铬、锰、镁、钠、镍、钛（一般不含，偶尔一种，很少两种）。出现锡说明是雷酸汞底火子弹，但是锡也会出现在一些推进剂中（很少），曾用于硬化弹头的铅，也会出现在一些弹头被甲中。

一些射击过的枪、用过的刹车片、爆炸过的气囊都可能产生类似 GSR 组成和形态的颗粒。有人宣称这些来源的颗粒含有不同于 GSR 的元素。

根据"无铅"子弹分类指南，射击颗粒可能含有下列一种或多种元素：锶、锌、钛、铜、锑、铝、钾、锡、钨，比如，钛、锌、铜颗粒、钛、锌铜颗粒、钛、锌锡颗粒、"只含"锶颗粒、"只含"钛颗粒（钛和锌常用于油漆，因此颗粒形态对于排除油漆非常重要），另见表24.3。

由于小型武器子弹涉及不同元素，因为不同底火成分，不同推進剤成分，不同底火帽/杯、密封漆、弹壳、弹甲、弹芯、弹头种类（常见子弹、曳光弹、AP弹、燃烧弹等）涉及不同元素，可能涉及一系列元素。所以，颗粒形状是非常重要的因素。

一次射击事件可能涉及不同制造商生产的子弹，有的射击颗粒可能来自之前的射击。

如果在射击事件中采集到射击过的弹壳和（或）弹头，射击颗粒元素成分有可能会显示出来。

枪支的未来

枪支的未来会怎样？无壳子弹和合适的枪支现在已经有5.7 mm UCC和6.0 mm口径的，子弹由电击发，相当小，仅为传统子弹重量的1/3。两种子弹和枪支优点明显，特别在战争场合，因为这样一个人可以携带更多的子弹。这样的枪弹组合，结果是可能没有射击过的弹壳可供比对。最近研究了传统子弹的电点火，如果成功，将不需要底火并减轻子弹重量。实施法庭比较检验将可能没有撞击针撞击弹壳。

直接能量武器也在研发中。不通过射出物（动能）传递能量，而通过其他方法传递能量，例如用离子或电磁射线（激光、微波）造成目标的物理损伤。所有这些武器需要高电功率，近期用于手持武器是不现实的。

随着技术的快速进步，毫无疑问，枪支和子弹将继续发展，枪支被一些其他形式的手持武器替代也不是不可能的。

参考文献

209.J.S.Wallace, and J.McQuillan, Discharge residue from cartridge-operated industrial tools, *Journal of Forensic Science Society* 24 (1984): 495.

210.F.S.Romolo, Identification of gunshot residue: A critical revue, *Forensic Science International* 119, no.2 (2001): 195-211.

2 1 1.B.Cardinette, C.Ciampini, C.D'Onofrio, G.Orlando, L.Gravina, F.Ferrari, T.D.Di, and L.Torresi, X-ray mapping technique: A preliminary study in discriminating gunshot residue particles from aggregates of environmental occupational origin, *Forensic Science International* 143, no.1 (2004): 1-19.

2 1 2.P.Bergman, E.Springer, and N.Levin, Hand grenades and primer discharge residues, *Journal of Forensic Sciences* (JFSCA) 36, no.4 (1991): 1044-1052.

213.A.Zeichner, and N.Levin, More on the uniqueness of gunshot residue (GSR) particles, *Journal of Forensic Sciences* 42, no.6 (1997): 1027-1028.

2 1 4.L.Garofano, M.Capra, F.Ferrari, G.P.Bizzaro, D.Di Tullio, M.Dell'Olio, and A.Ghitti, Gunshot residue: Further studies on particles of environmental and occupational origin, *Forensic Science International* 103, no.1 (1999): 1-21.

2 1 5.C.Torre, G.Mattutino, V.Vasino, and C.Robino, Brake linings: A source of non-GSR particle containing lead, barium, and antimony, *Journal of Forensic Sciences* 47, no.3(2002): 497-504.

2 1 6.P.V.Mosher, M.J.McVicar, E.D.Randall, and E.H.Sild, Gunshot residue—similar particles produced by fireworks, *Canadian Society of Forensic Science Journal* 31, no.2 (1998): 157-168.

217.J.R.Giacalone, Continuing the quest for non-firearm source of gunshot residue, *Scanning* 25, no.2 (2003): 69.

2 1 8.G.Price, Firearm discharge residues on hands, *Journal Forensic Science Society* 5 (1965): 199.

译者后记

　　微量物证（trace evidence, microscopic evidence）是犯罪现场发现的量小体微，通常需要借助放大镜、显微镜采集，利用各种显微方法、仪器方法检验鉴定的物证。因为分析仪器的巨大进步和微量物证证据价值理论（如贝叶斯理论）的突破，微量物证的发现、采取、检验和对其证据价值的认识都有了很大的发展，在办案中发挥了独特和不可替代的作用。但是，由于微量物证发现、采取、检验都需要比较专业的知识，检验工作量大时间长，有些地方分析测试仪器条件不具备，微量物证作为证据常常需要借助于其他物证相互佐证才能发挥作用，所以微量物证在办案中的应用远远没有达到预期的效果，作用也没有得到充分的认识。

　　枪击残留物，也叫射击残留物（GSR、FDR、CDR），是一类典型而独特的微量物证。枪击残留物是枪支射击子弹后，在受害人身上，弹头射入口、射出口、弹孔周围，犯罪嫌疑人手上、衣服上、头发上、脸颊上、犯罪现场环境留下的残留物质，主要是底火、推进剂、子弹、枪膛等部件产生的，既有无机化合物，也有有机化合物。枪击残留物检验是判断嫌疑人是否涉枪的重要证据。枪击残留物的检验，有助于确定是否发生了枪击案件（事件），犯罪嫌疑人近期是否接触过枪支，枪支类型、射击距离、枪击弹孔是入射口还是射出口，犯罪现场弹头、弹壳是否为某枪支发射后留下的，对涉枪案件的侦破、审判具有决定性的作用。

　　枪击残留物的检验方法早期有石蜡法和玫瑰红酸钠法等化学显色法，但是因为不具有专一性已经被放弃了。中子活化分析法

（NAA）通过对样品进行中子辐射处理，测定样品发出的 γ 射线能量和强度，对枪击残留物中的元素进行定性定量分析，但是这种方法需要的高能加速器不够普及，对有的元素灵敏度不高。无火焰原子吸收法（FAAS）因灵敏度高、分析速度快、仪器价格相对便宜等而逐渐代替了 NAA 法，用于枪击残留物中金属元素的测定，但是该方法一般无法进行多元素同时分析。电感耦合等离子体原子发射光谱法（ICP-AES）可以进行多元素同时测定，灵敏度高，可以用于枪击残留物中金属元素的测定。电感耦合等离子体质谱（ICP-MS）灵敏度高，可以进行多元素同时分析，是枪击残留物中金属元素分析的有效方法。无论是 NAA、FAAS、ICP-AES 还是 ICP-MS 法，都存在环境中和工作场所元素干扰的问题，通常要采集环境样品，获得相关元素的本底阈值（cutoff），作为枪击残留物分析结果评价的依据。扫描电子显微镜 –X 射线能量色散谱法（SEM-EDX）用于射击颗粒检验，既可以观察颗粒的形态，也可以进行颗粒元素组成试验，并形成了标准的颗粒分类方法，是枪击残留物鉴定可靠的方法，但是该方法消耗的时间长，不利于大量检材的分析。气相色谱—质谱联用法（GC-MS）、高效液相色谱法（HPLC）、液相色谱—质谱联用法（LC-MS）用于有机残留物的检验，分析速度快，可以作为枪击残留物的快速筛选方法。

华莱士（James Smyth Wallace，1943—2018）是枪击残留物分析领域久负盛名的专家，曾是法庭科学协会（Society of Forensic Science）会员。他曾在北爱尔兰法庭科学实验室（NIFSL）枪支部从事枪击残留物、涉枪案件检验、质量保障等工作20多年，承办了大量涉枪案件检验，很多案件富有争议并常常涉及恐怖主义，他对枪击残留物分析进行过系统深入的研究，是该领域名副其实的专家。他的名著《枪支、子弹和枪击残留物的化学分析》（Chemical Analysis of Firearms, Ammunition and Gunshot Residue）是法庭科学系列丛书中的一本，第二版于2018年出版，本书就是根据第二版翻译的。不幸的是，华莱士先生于2018年去世，谨以本书中译本献给这位杰出的法庭科学家。

为了让我国的法庭科学微量物证检验人员比较全面深入地了解枪击残留物分析，本人尝试翻译了这本《枪支、子弹和枪击残留物的化学分析》。本书特别推荐给从事微量物证分析、司法鉴定、刑事物证鉴定的教学、研究、案件检验人员，也可以作为刑事科学技术、公安技术、证据科学、司法鉴定等相关专业的教学参考书，也供办理涉枪案件警察、检察官、法官、律师等人员参考。

本书中文翻译力求准确通顺。所有人名不译，地名等专有名词译名一般在后面附上英文；原著中计量单位有的用英制，采取直译，没有换算为国际单位制单位。为了便于读者深入研究，原著的参考文献在中译本中予以全部保留。原著后面的索引全部省略。

由于译者专业水平有限，书中疏漏错误在所难免，恳请同行批评指正。最后，还要感谢陈六一先生对本书书稿提出的宝贵意见和建议，"十三五"江苏省重点学科建设专项经费资助本书的出版，特别感谢中国人民公安大学出版社为本书出版所付出的努力。

张绍雨

2022年1月